罗克韦尔自动化技术丛书

压气站自动化控制系统应用实例——现代控制工程设计

主　编　钱晓龙　吕喆明
副主编　洪　悦　冯德慧

机械工业出版社

本书是罗克韦尔自动化 ControlLogix 控制系统在天然气管道输送行业中的应用教材，书中言简意赅、通俗易懂地介绍了 ControlLogix 控制系统的硬件和应用软件。通过西气东输项目中臻选出的应用实例来反映 ControlLogix 控制系统的硬件组态方法和系统功能的优势和特点，并编写了大量对工程有针对性的实践内容。

　　全书以天然气压气站站场工艺控制为实例，讲解了 ControlLogix 控制系统的实际应用。首先对 ControlLogix 控制系统的组成及硬件进行了介绍，通过讲解 RSLogix 5000 的编程方法，教会读者如何使用编程软件。通过罗克韦尔自动化网络通信的几个典型应用实例，让读者学会对网络的合理设置和组态，解决在应用中存在的问题；特别是与第三方产品，如 Modbus 网络设备进行通信做了详细的描述。针对当前工业应用中对系统的可靠性要求，介绍了 ControlLogix 控制系统如何实现热备冗余系统的功能；最后以循序渐进的方式，讲解 ControlLogix 控制系统在天然气输送管道站场控制系统中的具体应用。

　　本书立足于提高控制工程领域专业学位研究生和从事自动化专业的工程技术人员对罗克韦尔自动化 ControlLogix 控制系统的综合运用能力。本书既是大学控制工程专业技能课程群的教学用书，也是中石油西部管道联合有限公司员工的培训教材。

图书在版编目（CIP）数据

压气站自动化控制系统应用实例：现代控制工程设计/钱晓龙，吕喆明主编. —北京：机械工业出版社，2017.6
（罗克韦尔自动化技术丛书）
ISBN 978－7－111－57276－3

Ⅰ. ①压… Ⅱ. ①钱…②吕… Ⅲ. ①压气站－自动化－控制系统－研究 Ⅳ. ①TE974

中国版本图书馆 CIP 数据核字（2017）第 157967 号

机械工业出版社（北京市百万庄大街 22 号 邮政编码 100037）
策划编辑：林春泉 责任编辑：林春泉
责任印制：常天培 责任校对：胡艳萍 李锦莉
北京京丰印刷厂印刷
2017 年 7 月第 1 版·第 1 次印刷
184mm×260mm·17.75 印张·426 千字
0 001—3 000 册
标准书号：ISBN 978－7－111－57276－3
定价：56.00 元

前　言

"山间回荡声声驼铃，大漠飘飞袅袅孤烟"，历史的回声仍在回荡。2013 年，中国国家主席习近平提出了"一带一路"的倡议，为这条古老的丝绸之路赋予了新的活力和内涵。"一带一路"建设将带动形成新的能源供应与需求大格局，为中国这样的能源贸易大国、生产大国和消费大国赢得更多话语权和定价权，从此我国进入了输气管道的大发展时期。

本书正是在此背景下，总结了西气东输工程的一些经验，通过六年多的实践和总结，在对站场控制系统的使用与维护方面的了解与体会的基础上，编写了一本针对天然气管道输送自动化控制方面的应用教材。其目的是以工程案例为背景，培养控制工程领域专业硕士在巩固原有理论知识的基础上，熟悉工程实际；充分锻炼和提高学生的设计能力、施工能力和维护能力；为现代企业培养最急需、最实用的人才。同时也满足西气东输工程实际的需要，为企业的员工在系统维护和更新改造方面提供一些指导和借鉴。满足企业培养工程师的需求，期望他们不仅要具备科学研究、技术开发、工程设计和组织管理能力，还具有国际化视野、创新精神和知识的综合应用能力。

全书共分 11 章，详细讲述了 ControlLogix 控制系统在天然气管道输送的站场控制系统中的组态过程和工程应用方法。其中第 1 章介绍了压气站的工艺流程，描述了在站控系统中罗克韦尔自动化的典型集成架构的应用；第 2 章介绍了 ControlLogix 硬件系统，特别是针对站控系统中所使用的模块进行了详细的讲解；第 3 章介绍了数据文件编辑的同时，对标签做了标准化的定义；第 4 章通过编程实验的方法，教会读者对 RSLogix5000 编程软件的使用；第 5 章列举了控制系统通信的几个典型应用案例，通过对网络的合理设置和组态，解决在应用中存在的问题；第 6 章介绍了压气站的启站与停站的站控系统最主要的工艺流程控制；第 7 章介绍了压缩机组的自动化控制采用 AOI 指令完成对压缩机组的逻辑控制；第 8 章介绍了压气站辅助系统的自动化控制，用案例分析的方式讲解了系统的实现；第 9 章介绍了 ESD 控制系统，讲述了 ESD 安全保护逻辑的编写方法；第 10 章介绍了 PID 分输系统，重点分析天然气管道输送的压力控制；第 11 章介绍了组态软件 Viewstar 的使用和软件的编辑和使用。

本书第 1、11 章由吕喆明编写；第 8、10 章由钱晓龙编写；第 2 章由赵强编写；第 3 章由李成铁编写；第 4 章由山西大学的高世红编写；第 5 章由洪悦、钟林生编写；第 6、7 章由冯德慧编写；第 9 章由东北大学秦皇岛分校的杨乐编写。东北大学罗克韦尔自动化实验室的武冰、司维、郭晓明、郭飞、李隆、宋少杰、李鹏伟和冯少恒等参加了部分编写工作和实验设计，同时他们还对书中的所有实验进行了验证。本书也得到了东北大学研究生教材建设立项资助项目和国家自然科学基金重点项目（71032004）的支持，在这里一并表示感谢。全书由东北大学信息学院的钱晓龙教授和中石油西部联合有限公司的吕喆明工程师主编并统稿。

　　本书是在西气东输工程的众多现场工程师的共同关注下出版，他们给予了各方面的帮助，同时也提出了大量宝贵的意见，在此表示最诚挚的谢意。由于编者水平有限，书中难免有错误和不妥之处，敬请广大读者批评指正。

编者于东北大学

2017 年 3 月

目 录

前言

第1章　集成架构在站控系统中的
　　　　应用 ……………………………… 1

1.1　西气东输工程 ……………………… 2
　1.1.1　西气东输工程的时代背景 … 2
　1.1.2　天然气管道的发展 ………… 2
1.2　压气站 ………………………………… 3
　1.2.1　压气站的功能 ………………… 3
　1.2.2　压气站的组成及主要设备 … 4
　1.2.3　压气站控制系统架构 ……… 9

第2章　ControlLogix 硬件系统 …… 13
2.1　ControlLogix 控制器模块 ……… 14
　2.1.1　1756-L5x 系列控制器 …… 14
　2.1.2　1756-L6x 系列控制器 …… 16
　2.1.3　1756-L7x 系列控制器 …… 18
　2.1.4　控制器故障诊断 …………… 19
2.2　I/O 模块 ……………………………… 27
　2.2.1　数字量 I/O 模块 …………… 27
　2.2.2　模拟量 I/O 模块 …………… 39
　2.2.3　I/O 模块故障诊断 ………… 50
2.3　框架及电源模块 …………………… 52
　2.3.1　框架 …………………………… 52
　2.3.2　电源 …………………………… 54

第3章　数据文件 …………………………… 55
3.1　标签地址 ……………………………… 56
　3.1.1　标签的操作 …………………… 56
3.2　I/O 的工程量标定 ………………… 61
3.3　标签别名 ……………………………… 62
3.4　数据结构 ……………………………… 63
　3.4.1　数据区域与类型 …………… 63
　3.4.2　数组 …………………………… 64
3.5　数据文件定义标准 ………………… 66
　3.5.1　标签命名标准 ………………… 66
　3.5.2　数据结构的规划 …………… 68

第4章　RSLogix 5000 编程软件的
　　　　使用 ……………………………… 70
4.1　编程入门 ……………………………… 71

4.1.1　创建工程 …………………… 71
4.1.2　创建程序文件 ……………… 72
4.1.3　创建标签 …………………… 73
4.1.4　编写梯形图程序 …………… 74
4.1.5　下载工程 …………………… 77
4.1.6　运行工程 …………………… 78
4.2　程序文件的结构 …………………… 79
　4.2.1　系统任务 …………………… 79
　4.2.2　任务的注意事项 …………… 84
4.3　梯形图编程指令 …………………… 86
　4.3.1　跳转指令的编程（JSR） … 86
　4.3.2　计时器指令的编程（TON） 87
　4.3.3　计数器指令的编程（CTU） 88
　4.3.4　比较指令的编程（CMP） 89
　4.3.5　计算指令的编程（CPT） 90
　4.3.6　MSG 指令的编程 ………… 90
　4.3.7　GSV 指令的编程 ………… 91
　4.3.8　移动/复制指令的编程 …… 92
4.4　梯形图编程原则 …………………… 94
　4.4.1　项目等命名原则 …………… 94
　4.4.2　程序结构的规划 …………… 96

第5章　控制系统的通信 ……………… 99
5.1　EtherNet 网络组态 ……………… 100
　5.1.1　EtherNet 通信模块 ……… 101
　5.1.2　EtherNet 应用实例 ……… 103
　5.1.3　EtherNet 通信模块的故障
　　　　诊断 …………………………… 106
5.2　ControlNet 网络组态 …………… 109
　5.2.1　ControlNet 通信模块 …… 110
　5.2.2　RSNetWorx for ControlNet 软件 … 112
　5.2.3　ControlNet 网络参数 …… 112
　5.2.4　扩展远程 I/O 应用实例 … 115
　5.2.5　控制网通信模块的故障诊断 … 123
5.3　DeviceNet 网络组态 …………… 129
　5.3.1　设备网通信模块 …………… 130
　5.3.2　扩展远程 I/O 应用实例 … 130
　5.3.3　设备网的故障诊断 ………… 133

5.4　Modbus 通信 ……………… 136

5.5　过程控制系统与 ESD 系统的通信 …… 143

　5.5.1　通信的建立（MSG）……… 143

　5.5.2　通信数据结构 …………… 145

5.6　冗余系统的维护及故障诊断 ……… 145

　5.6.1　通过控制网模块的诊断 … 145

　5.6.2　固件版本附表 …………… 148

第6章　压气站的启站与停站 …… 152

6.1　压气站的启站流程 …………… 153

　6.1.1　压气站的正常启站工艺分析 … 153

　6.1.2　ESD 停站后启站工艺分析 … 156

6.2　压气站的停站流程 …………… 160

6.3　压气站阀门控制流程 ………… 166

第7章　压缩机组的自动化控制 … 171

7.1　起压缩机流程控制 …………… 172

7.2　停压缩机流程控制 …………… 176

第8章　压气站辅助系统的自动化
　　　　控制 ……………………… 181

8.1　压缩机厂房通风系统的控制 … 182

　8.1.1　风机控制的 AOI 指令分析 ……… 182

　8.1.2　厂房通风系统的控制流程 … 183

8.2　空冷器系统的控制 …………… 186

　8.2.1　空冷器 AOI 指令的分析 … 186

　8.2.2　空冷器系统的控制流程 … 188

8.3　火焰和可燃气体的报警系统 …… 190

　8.3.1　火焰和可燃气体检测系统的
　　　　简介 ………………………… 190

　8.3.2　火焰和可燃气体检测系统的
　　　　控制流程 …………………… 191

8.4　过滤分离器系统的控制 ……… 192

　8.4.1　过滤分离器系统的工艺 … 192

　8.4.2　过滤分离器系统的程序设计 …… 193

8.5　自用气撬系统的控制 ………… 194

　8.5.1　自用气撬系统的工艺 …… 194

　8.5.2　自用气撬加热器 AOI 指令的
　　　　分析 ………………………… 195

8.6　仪表风系统的控制 …………… 195

8.7　冷却水系统的控制 …………… 197

8.8　阴极保护系统的控制 ………… 200

8.9　消防系统的控制 ……………… 201

8.10　旁通报警系统 ………………… 201

8.11　通信检测系统 ………………… 202

第9章　ESD 控制系统 …………… 204

9.1　Safety Manager 简介 ………… 205

　9.1.1　Safety Manager 硬件介绍 ……… 205

　9.1.2　Safety Manager 编程组态 ……… 208

9.2　PLC 与 ESD 控制系统的通信说明 …… 213

　9.2.1　AnyBus Configuration 软件中
　　　　的配置 ……………………… 215

　9.2.2　AnyBus 通信在 RSLogix5000 中
　　　　的配置 ……………………… 219

9.3　ESD 保护系统 ………………… 221

　9.3.1　站场 ESD 保护系统 ……… 221

　9.3.2　压缩机 ESD 保护系统 …… 226

第10章　PID 分输系统 …………… 229

10.1　日指定系统 …………………… 230

10.2　PID 控制系统 ………………… 231

第11章　组态软件 Viewstar 的
　　　　　使用 ……………………… 238

11.1　Viewstar ICS 概述 …………… 239

　11.1.1　Viewstar ICS 软件架构 …… 239

　11.1.2　项目控制台 Console ……… 240

11.2　Viewstar ICS 通信驱动 ……… 242

　11.2.1　SCADA 系统数据通信 …… 242

　11.2.2　IEC 104 协议通信驱动 …… 243

　11.2.3　OPC 通信驱动 …………… 245

　11.2.4　MODBUS 通信驱动 ……… 246

11.3　Viewstar ICS 的数据结构 …… 247

　11.3.1　数据结构的分析 ………… 248

　11.3.2　建立数据点类型（Data Point
　　　　　Type）…………………… 250

　11.3.3　建立主数据点（Master Data
　　　　　Point）…………………… 252

　11.3.4　建立普通数据点（Data
　　　　　Point）…………………… 253

11.4　数据库的配置方法 …………… 253

　11.4.1　数据点的配置 …………… 253

　11.4.2　数据归档的配置 ………… 256

　11.4.3　数据报警的配置 ………… 259

11.5　界面的组态 …………………… 260

　11.5.1　界面的规范 ……………… 260

　11.5.2　新建界面 ………………… 260

　11.5.3　界面的组成 ……………… 261

　11.5.4　对象和数据库的关联 …… 263

11.6　脚本语言的应用 ················ 264

11.6.1　脚本语言 ··················· 264

11.6.2　脚本语言的嵌入 ············ 265

11.6.3　脚本语言示例 ·············· 266

11.7　Viewstar ICS 项目的系统管理 ········ 267

11.7.1　手动创建界面的拓扑结构 ········ 267

11.7.2　使用工具创建界面的拓扑

结构 ··················· 269

11.7.3　多级用户权限 ················· 271

参考文献 ························· 273

第 1 章

集成架构在站控系统中的应用

学习目标

- 西气东输工程
- 压气站

1.1 西气东输工程

西气东输工程是我国天然气发展战略的重要组成部分，是西部大开发的标志性工程。截至目前，西气东输工程已建成投产三条天然气管道。对于优化我国能源消费结构，缓解天然气供应紧张局面，提高天然气管网运营水平和推动物资装备工业自主创新具有十分重大而深远的意义。管道的建设投产不仅带动了沿线经济发展和各族人民生活水平的提高，同时有效地促进了管道沿线十几个省市区产业结构和能源结构的调整、经济效益的提升。

1.1.1 西气东输工程的时代背景

"西部大开发"是中华人民共和国中央政府的一项政策，目的是把东部沿海地区的剩余经济发展能力，用以提高西部地区的经济和社会发展水平，努力实现西部地区经济又好、又快的发展，人民生活水平持续、稳定的提高，基础设施和生态环境建设取得新突破，重点区域和重点产业的发展达到新水平，构建社会主义和谐社会迈出扎实步伐。"实施西部大开发战略、加快中西部地区发展，关系经济发展、民族团结、社会稳定，关系地区协调发展和最终实现共同富裕，是实现第三步战略目标的重大举措。"

2013年9月、10月，中国国家主席习近平在出访中亚和东南亚国家期间，先后提出共建"丝绸之路经济带"和"21世纪海上丝绸之路"的重大倡议，得到国际社会的高度关注。"一带一路"战略的提出，表现出党中央对中国西部和东南沿海发展战略的高瞻远瞩，体现了中国西部和东南沿海地区作为国家开放窗口的重要战略意义。

以"西部大开发"为时代背景，在"一带一路"宏伟战略的指引下，中国的社会经济发展迸发出前所未有的活力，同时也正面临着不断创新发展的压力。社会发展离不开能源结构的调整与变革，经济进步更是带来了能源的巨大需求增长。然而，改革开放以来中国能源工业发展迅速，但结构很不合理，煤炭在一次能源生产和消费中的比重一度超过了70%。大量燃煤使大气环境不断恶化，发展清洁能源、调整能源结构迫在眉睫。

中国西部地区的塔里木、柴达木、陕甘宁和四川盆地蕴藏着26万亿立方米的天然气资源，约占全国陆上天然气资源的87%。特别是新疆塔里木盆地，天然气资源量有8万多亿立方米，占全国天然气资源总量的22%。塔里木北部的库车地区的天然气资源量有2万多亿立方米，是塔里木盆地中天然气资源最富集的地区，具有形成世界级大气区的开发潜力。同时，我国和中亚地区天然气贸易往来也日益密切，进口气源逐步具备了稳定供应的条件。

1.1.2 天然气管道的发展

20世纪70年代和80年代是世界天然气管道工程发展的高峰期，全世界现有的天然气管道中，约有三分之一是在80年代建成的，与此相适应，管输技术在这一时期的发展也是最快的。从管道的设计到施工，从布管、弯管、挖沟和管子除锈防腐蚀绝缘、管子对口、焊接、焊缝检测、回填和试压到压气站安装建设等工序均全部实现机械化或部分自动化，施工机具达到标准化、系列化和管道运行自动化，能够适应各种复杂的自然气候以及地理环境下建设和管理天然气管道。

天然气管道可分为矿场输气管道、干线输气管道以及城市输气管道，通常称内部集输管线、长距离和城市输配管网。天然气从气井开采出来后，通过矿场集输——净化硫——长输管道输送到城市输配管网，供用户使用。矿场输气管道所输送的是没有经过处理的原料气，通常具有输送距离短、管径小和压力变化大等特点。干线输气管道是把经脱硫净化处理后的天然气送到城市，链接净化与城市门站之间的输气管道。它输送距离长、管径大和压力高，是天然气远距离运输的主要工具。城市输气管道是天然气的分配管网，它遍布整个城市和近郊，一般总是成环形布置，且根据压力高低严格区分，气体从高压等级的管网输入低压力等级的管网必须经过调压。

输气站场按其功能可分为首站、末站、压气站、清管站、分输站、接收站、联络站和枢纽站。干线长距离输气管道与各类输气站场组成一个复杂的动力系统，由于它所输的气量大，通常采用大口径高压力的输送系统，与矿场输气管和城市管网有很大差别。

1.2 压气站

1.2.1 压气站的功能

压气站是干线输气管道的主要工艺设施，通常具有过滤分离、天然气增压和清管等功能，其核心功能是给管道中输送的天然气增压，提高管道的输送能力。此外，压气站通常还具有安全放空、管路紧急截断等功能。压气站的工艺流程应满足增压外输、清管、站内自用气和越站的需要。如果压气站位于干线输气管道与整个供气系统其他部分的交界处，如管线的起点和终点、干线与支线的连接点，则还应具有计量和调压的功能。

燃驱站场工艺流程示意如图1-1所示。

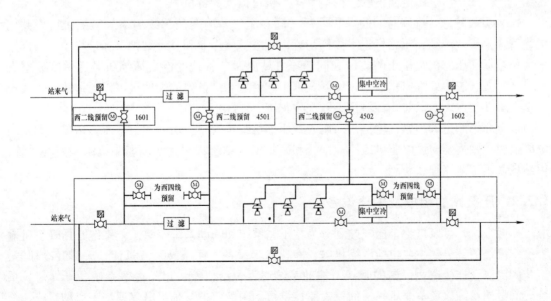

图1-1 燃驱站场工艺流程示意图

　　燃驱站场典型功能设置包括：

　　1）正常输送　上游管道来气经过入口阀进入到站场内，经过滤后进入压缩机组增压，经空冷器冷却后进入下游管道，通过站场出口阀流向下一个站场。各站设置若干台组合式过滤分离器、压缩机组，压缩机出口设集中布置的空冷器。

　　2）压力越站　各站内设压力越站管线，当压缩机组停机时，经过滤分离后的天然气可越过压缩机组，输往下游站场。

　　3）站内循环　设站内循环管线，主要用于机组测试，以及需要较长时间回流时，把部分压缩机出口天然气输回压缩机入口。站内循环和压力越站共用部分管线。

　　4）进出站跨接流程　压气站进、出站设置跨接阀门1601、1602，各合建站场可通过跨接阀门1601、1602的开关实现同一压气站内两条干线管道间的连通或隔离，实现管道系统的联合运行及独立运行功能。两站场联合运行时，跨接阀门打开；两站场独立运行或合建站场执行ESD命令后，跨接阀门关闭。

　　5）与两条管线压缩机组互连，共用备机流程　同一压气站内的两条管线压缩机组进、出口汇管是连通设置跨接阀门4501、4502，以实现两条管线压缩机组的联合运行及互为备用功能。同一压气站内两条管线联合运行时，4501、4502阀门打开，此时可实现机组备用；各自独立运行时，4501、4502阀门关闭。

　　6）天然气全越站　当站内设备检修或发生事故时，气体可通过旁通管线越过该站输往下游站场。

　　7）清管器接收、发送　站内设置清管器接收、发送流程，可接收上游干线站场发送的清管器，并可向下游干线管道发送清管器。

　　8）燃料气处理　燃驱压气站设置燃料气处理橇，为燃驱压缩机组提供燃料气。

　　9）干燥压缩空气供给　设置独立的两台空气压缩机，为机组及站场提供清洁、干燥的压缩空气。同一压气站内两条管线的空气压缩机可以互为备机。

　　10）事故状态及维修时的放空和排污　同一压气站内两条管线的空气压缩机可以共用工艺管道排污残液罐和压缩机组本体排污罐，在维检修作业和日常维护保养过程中，分别用来收集站场和压缩机组排出的废液。同一压气站内两条管线的空气压缩机共用一座放空火炬，在事故状态中或维修作业前，站场全部工艺管道和设备内的天然气可以通过放空管线连接至火炬并被点燃，以防止环境污染和次生灾害。

　　以上介绍的是采用燃气轮机——离心式压缩机组压气站的功能和工艺流程情况。如采用电驱机组，则需要增设电驱机组冷却系统和高压电气系统，同时取消燃驱机组燃料气系统，但站场基本工艺流程和功能一致。

1.2.2　压气站的组成及主要设备

　　一般来说，可以将整个压气站划分为主工艺系统和辅助系统。主工艺系统是指管道所输天然气流经的部分，主要包括压缩机组、净化除尘设备、调压阀、流量计、天然气冷却器、工艺阀门以及连接这些设施的管线。辅助系统通常包括压缩机组的能源系统、干气密封系统、润滑油系统以及整个压气站的仪表监控系统、阴极保护系统、电气系统、通信系统、给排水系统、通风系统、消防系统、事故紧急截断系统、排污和放空系统等。

　　压气站场主要设备包括：

（1）天然气压缩机组

天然气压缩机组是压气站运行的核心，是压气站场实现其功能的关键。在西气东输管道运行中，调控中心根据管道沿线的压力流量关系调节各站运行机组输量，以满足管道不同输量工况的要求。各压气站压缩机所选用的驱动方式不尽相同，在西气东输工程中，压缩机的驱动方式主要有电动机驱动和燃气轮机驱动两种，电驱机组和燃驱机组分别将电能和天然气燃烧释放的能量转化为管道天然气的压力势能。压气站的压缩机工艺区通常具备天然气增压、超压泄放、机组 ESD 放空、增压后天然气冷却（需要时）和压缩机组检维修放空等功能。

压缩机的控制方式有两种，一种是通过机组本体控制系统单独对机组实现起、停、加载和卸载控制；另一种是通过站控系统下发机组操作命令，在机组运行中根据管道运行工况，由站控系统自动调节机组负载，本书后续章节将详细介绍第二种控制方式的实现。在两种控制方式下，压缩机组都会根据命令或条件，按预定程序自动完成压缩机组的起动、加载、卸载和停车等操作，同时还具有负载分配控制、速度控制及保护停车、机组机械状态监测及保护停车、紧急停车、辅助系统控制及保护、出口天然气超温控制及保护停车、出口天然气过压控制及保护停车和机组防喘振控制等功能。从压缩机组起动开始直至机组停机，为保证压缩机组的正常工作，需严密监视压缩机组各配套系统的工作状态。

在西气东输管道运行中，同一站场往往会出现不同的驱动方式，不同功率等级的压缩机组同时运行的情况，即便是相同驱动方式和功率等级的机组，其自身的性能也不尽相同。为了实现机组的联合运行控制，避免发生压缩机偏流和过载等现象，需对站场压缩机组进行统一负载分配。机组负载分配由机组控制系统进行控制。负载分配控制由主控制器和负载分配控制器、防喘振控制器共同作用，使联合运行中的每台机组的工作点与喘振线可保持相同的距离。压缩机组控制系统可对机组状态进行连续监控，当机组起动或有喘振倾向时，喘振控制阀打开，使压缩后的天然气从压缩机排出端经过循环管路至站场过滤设备进口，与进口天然气进行冷热掺混，气体冷却后再回到压缩机入口，提高机组流量防止发生喘振。

（2）过滤分离装置

上游输送来的天然气往往带有一部分液体和固体杂质，这些杂质不仅会腐蚀管道、设备和仪表，而且还可能堵塞阀门管线、损坏设备从而影响正常的生产过程。因此，压气站中旋组合使用风分离器和卧室分离器，从上一站来的天然气先经过旋风离器清除里面的大颗粒固体杂质，然后再经过卧室分离器清除杂质，最后进入压缩机组，加压输送到下游站场。压气站的过滤分离区通常具备天然气分离、除尘以及分离除尘设备检维修放空、排污（液）等功能。

天然气过滤分离装置是以离心分离、丝网捕沫和凝聚拦截的机理，天然气进行粗滤、半精滤、精滤的三级过滤设备，是除去气体中的固体杂质和液态杂质的高效净化装置。具有净化效率高，容尘量大，运行平稳，使用简便等特点。其工作原理是天然气首先进入进料布气腔，撞击在支撑滤芯的支撑管（避免气流直接冲击滤芯，造成滤材的提前损坏）上，较大的固液颗粒被初步分离，并在重力作用下沉降到容器底部。接着气体从外向里通过过滤聚结滤芯，固体颗粒被过滤介质截留，液体颗粒则因过滤介质聚结功能而在滤芯的内表面逐渐聚结变大，当液滴到达一定尺寸时会因气流的冲击作用从内表面脱落出来而进入滤芯内部流道后进入汇流出料腔。在汇流出料腔内，较大的液珠依靠重力沉降分离出来。此外，在汇流出料腔还设有分离元件，它能有效地捕集液滴，以防止出口液滴被夹带，进一步提高分离效果，最后洁净的天然气流出过滤分离器。随着天然气通过量的增加，沉积在滤芯上的颗粒会引起燃气过滤压差的增大，当压差增大到规定值时（从分离器前后压变读出），说明滤芯已被堵塞，应该及时清理更换。

卧式过滤分离器，如图1-2所示。它主要包括滤芯、壳体、快开盲板以及内外部件组成，它的主要工作原理为含有杂质的天然气通过过滤分离器的滤芯，天然气可以顺利地通过，而将一些固体及液体颗粒留在滤芯的一侧。旋风分离器，如图1-3所示。天然气从进气口进入分离器进料布气室，经过旋风子支管的碰撞、折流，使气体均匀分布，流向旋风子进气口。均匀后的气流由切向进入旋风子，气体在旋风管中形成旋风气流，强大的离心力使得气体中固体颗粒和液体颗粒甩脱出来，并聚集到旋风管内壁上，最终落入集污室中。干净的气流继续上升到排气室，由排气口流出旋风分离器。

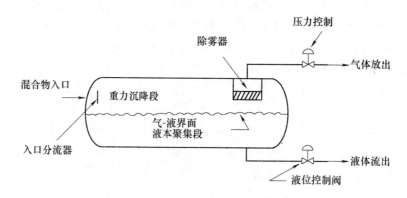

图1-2　卧式过滤分离器

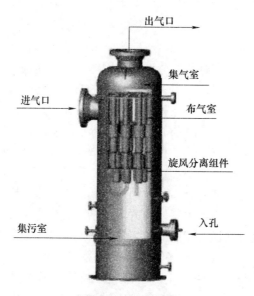

图1-3　旋风分离器

（3）清管器收、发装置

天然气管道长时间运行，管道内部会存有积水、泥沙、锈渣和液态烃等杂质，影响天然气水露点和烃露点，增加天然气中的悬浮物、固体颗粒进而影响气质，同时容易诱发管线冰堵和内壁腐蚀事件。为了保证管输天然气质量，保证工艺设备安全，延长管道使用寿命，降低运行风险，需要定期组织管道清管作业。典型的压气站场设有清管器收、发装置各一套，满足了清管作业的要求。

清管器收（发）装置主要有收（发）球筒、过球指示器、平压阀、收（发）球筒排污及放空管线阀门、收（发）球筒进口阀门和收（发）球筒出口阀门等组成。

清管器发送流程示意如图1-4所示。

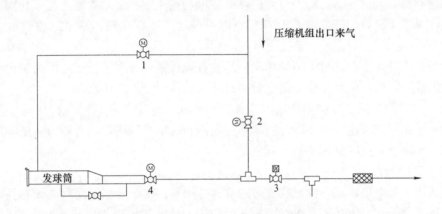

图1-4　清管器发送流程示意图

压气站在正常情况下，1#阀门、4#阀门关闭，发球筒内天然气放空，压缩机出口天然气经过2#、3#阀门出站。需要开展清管器发送作业时，将清管器装入发球筒内，对发球筒及两端管路冲压，平压后打开1#、4#阀门，缓慢关闭2#阀门，高压天然气经过1#阀门推动清管器经由4#、3#阀门进入管道干线，前往下一站。

清管器接收流程示意如图1-5所示。

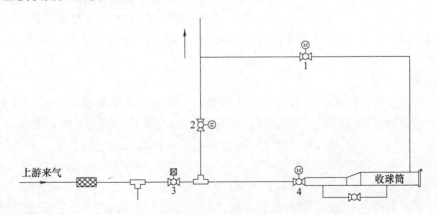

图1-5　清管器接收流程示意图

压气站在正常情况下，1#阀门、4#阀门关闭，收球筒内天然气放空，上游来气经过3#、2#阀门进站。需要开展清管器接收作业时，对收球筒及两端管路冲压，平压后打开1#、4#阀门，待清管器到达3#阀门后三通处时，缓慢关闭2#阀门，高压天然气推动清管器经过4#阀门进入收球筒。打开2#阀门，关闭1#、4#阀门后，即可对收球筒及前后管道进行放空和排污作业，之后打开收球筒，将清管器取出。

（4）紧急截断、放空系统

压气站设有紧急截断、放空系统，当压气站遇到突发事故时，触发ESD信号，紧急截断、放空系统按既定逻辑投入工作，保证压气站的安全。ESD信号触发后，停运压缩机组，紧急放空压缩机内天然气，打开越站旁通气液联动阀，关闭进站、出站ESD阀。进出站ESD阀和越站旁通阀动作到位后，打开进站放空电动截止阀和出站放空电动截止阀，放空站内天然气。紧急工况时，进出站ESD阀门，越站旁通气液联动阀，进出站放空电动截止阀均为联动。

当站场开展特殊作业或设备维检修时，站场各段管路可分别单独放空。为避免站内管线和设备上的放空阀门被误开，放空阀上设明显的标识，用于提醒注意。

站场进出站ESD阀、越站旁通阀以及线路截断阀均采用气液联动执行机构，能够确保在紧急情况下阀门的快速动作。同时，越站旁通阀和阀室截断阀还具有压力、压降速率监测功能，达到设定值后可以自行关断（破管诊断）。

（5）空气冷却器

压气站压缩机组出口汇管设置有成套的空气冷却器，用于冷却压缩后的天然气。天然气流经该装置细分成多个散热管，空气冷却器电动机带动叶片将空气以较高速度吹向散热管，实现空气与高温天然气热量交换，以降低天然气的温度。压缩机组后空冷器下游至压缩机组进口汇管间设置站内循环管线和站循环阀，若需要长时间循环时，可切换至站内循环管线进行循环，此时后空冷器作为循环空冷器使用，以防止天然气介质超温。

空冷器的控制由站控制系统完成，根据压缩机出口温度自动控制空冷器起、停及投用数量，节约能耗的同时保证天然气出站温度在合理范围内。在空冷器的每台电动机上均安装有一个振动开关，当后空冷器运行时，如果振动开关报警，站控制系统应自动停止该报警的风扇电动机。此外，空冷器旁通阀及空冷器出口阀故障信号、空冷器风扇电动机故障和空冷器振动信号均上传至站控室，以方便运行人员实时监控空冷器的工作状态。空冷器振动超标停机，其振动开关自动关闭后，需要人员现场确认空冷器状态，排除故障并就地复位。

（6）空气压缩机

空气压缩机撬装控制系统包括一个联锁控制柜及撬装管路上安装的温度、压力、流量、水露点等传感器和可控电磁阀，对集成撬内的两台空气压缩机、两台干燥机和4只过滤器进行联锁控制。空气压缩机集成撬和空气储罐构成了压气站的压缩空气系统，具备空气增压、过滤、干燥和增压后压缩空气储存等功能，其核心任务是为压气站提供清洁、干燥的压缩空气。

空气压缩机的控制状态（自动或手动）、运行状态（运行或停机）、系统管网总压力、温度、流量和压缩空气水露点实时上传至站控SCADA系统，以便于操作员及时掌握压缩空气系统的运行状态。每台空压机就地控制系统面板还会显示公共报警、停机报警、运行信息、单机/联机运行信息、电源信息、干燥器信息和过滤器差压报警等指示。

空气压缩机及其后处理设备均可接受就地或远程的起、停控制，同时为保证压缩空气压力满足站场需求，空气压缩机控制系统还会根据管网总压力联锁起停机组。整个系统具有主、备用设备的自动切换功能，当运行的主空压机出现故障时，自动开起备用机组。当管网压力或温度高于设定值时，空气压缩机自动保护停机，以避免下游用气设备损坏。当压缩空气的水露点达到报警值时，系统会发出水露点超标报警。

（7）燃料气撬

燃驱机组压气站的燃料气调压区通常具备天然气调压、超压截断或泄放、调压管路检维修放空及备用等功能，为燃驱压缩机组提供清洁且压力和温度均满足需求的燃料气。燃料气撬集成了燃料气过滤器、加热器、紧急截断阀、工作调压阀、监视调压阀、安全阀、流量、压力和温度仪表等设备，具有主用、备用调压气路。当主用调压气路失效后，备用气路自动投用，主备气路也可手动选择投用。

燃料天然气进入燃料气撬先经过过滤器和加热器完成过滤和升温，再进入调压阀降低压力，最后进入燃驱压缩机组供气管路。加热器的运行由设置在管路上的流量开关控制，当燃料气流动触发流量开关时，加热器自动投用，反之加热器停用，同时加热器还具有超温保护的功能。为保证燃料气撬的本质安全，主、备调压气路均具有超压截断和泄放功能。正常情况下只有工作调压阀参与调压，当工作调压阀出现故障时，监视调压阀自动投入运行，若监视调压阀同样出现故障，紧急截断阀会根据调压后的燃料气压力迅速截断管路供气，如果压力进一步升高，则安全阀动作，气路内的燃料气泄放进入放空管线。

1.2.3　压气站控制系统架构

西气东输工程由主调控中心和备用调控中心对管道全线的运行情况进行集中监视控制和生产运营管理。设备采用调控中心远程控制、站场控制和就地控制的三级控制模式设计，达到"远程控制、无人操作、有人值守"的监控管理水平。各站采用以计算机为核心的站控制系统完成站场内工艺过程的数据采集和监控任务，同时将工艺及设备运行状况和各种参数，通过通信系统传送至主调控中心和备用调控中心，并接受调控中心下达的命令。

各压气站新增过程控制 PLC、ESD PLC、压缩机组 UCS 等控制设备，通过以太网交换机与另一条管线中站场控制系统相连接，构成一套站控制系统，以实现合建站场的运行、管理工作。同一压气站内的两条管线设备之间存在控制联锁逻辑，联锁信号采用硬线连接。站控制系统整合后，操作人员通过操作员工作站可实现对站场设备的监控。站场过程控制系统架构如图 1-6 所示。

ESD 控制系统框架如图 1-7 所示。

站场以太网的结构如图 1-8 所示。

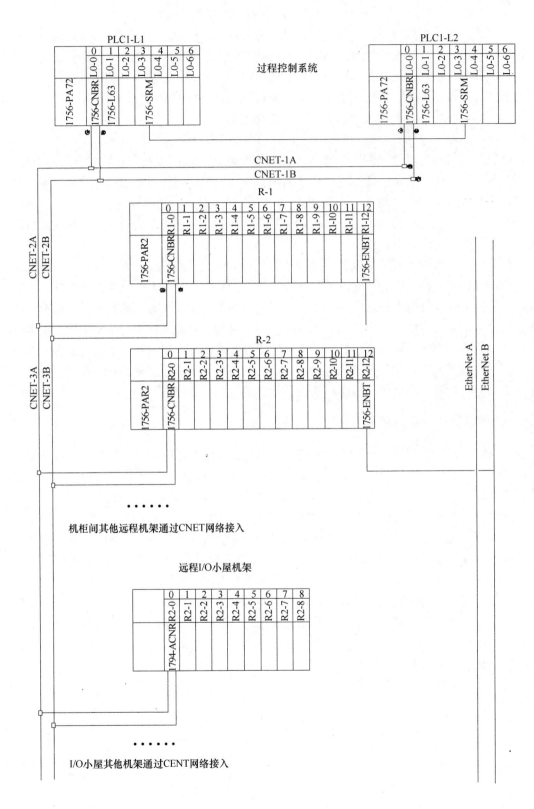

图1-6 过程控制系统框架图

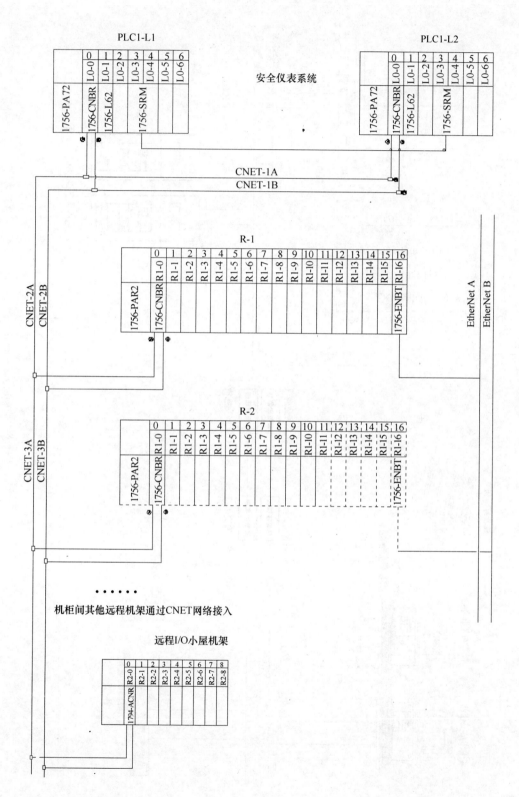

图1-7　ESD控制系统框架图

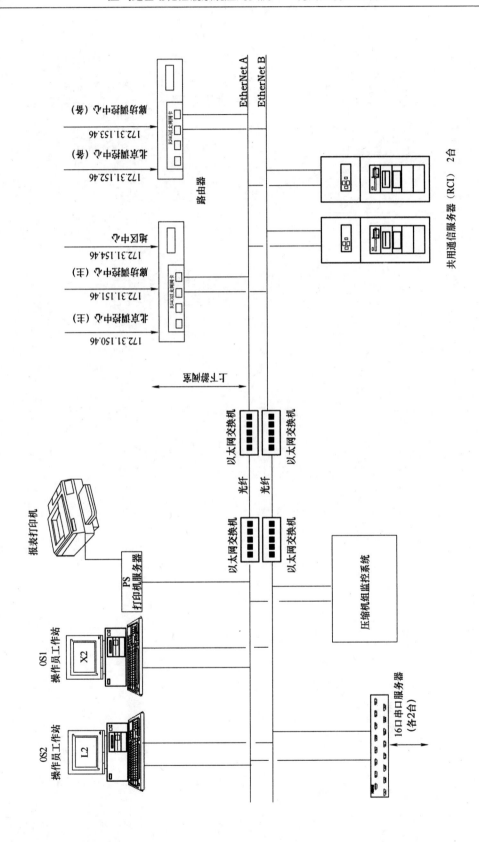

图1-8　站场以太网结构图

第2章

ControlLogix 硬件系统

学习目标

- ControlLogix 的基本组成结构

- ControlLogix 的工作原理

- 各种输入/输出单元的特点

- 1756、1794 系列输入/输出模块使用方法

　　压气站在天然气的运输工程中占据着至关重要的地位，站场控制系统的正常运行能给天然气提供连续和安全的运输环境。站场控制系统主要采用的是罗克韦尔自动化公司的 ControlLogix 系列控制系统，该控制系统具有稳定性高、运算速度快、更换模块时可带电插拔等优点。本章主要针对站场控制系统通常使用的控制器、I/O、框架及电源模块的使用方法和如何对模块故障的诊断进行了介绍。

2. 1　ControlLogix 控制器模块

　　ControlLogix 控制系统有多种类型的控制器，目前占主导地位的主要是 1756-L6x 和 1756-L7x 系列控制器。以 ControlLogix 控制器为核心的 ControlLogix 平台是一个模块化的平台，适用于顺序、过程、安全、传动、运动以及批处理控制应用的任意组合。通过此平台，可无限地混用多种处理器、网络和 I/O，而且随着系统的扩展，可使用 EtherNet/IP、ControlNet 或 DeviceNet 网络将控制设备分布到其他机架或其他 Logix 平台。控制器支持的数字量 I/O 最多可达到 128000 点，模拟量 I/O 最多可达到 4000 点。一个控制器支持 32 个任务（可组态为不同的类型：连续型、周期型和事件型）。ControlLogix 控制系统的控制器模块的内存使用情况如图 2-1 所示。

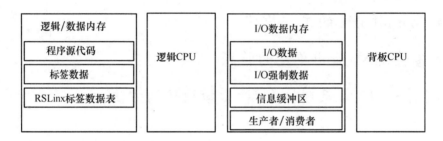

图 2-1　ControlLogix 控制器内存

　　由上图可以看出 ControlLogix 控制器内存分为逻辑/数据内存和共享 I/O 内存。控制器有两个 CPU：逻辑 CPU 和背板 CPU。它们分别用来处理逻辑程序和进行数据通信。这样就能保证既能快速地执行程序，又不影响数据交换。

　　站控系统中使用的控制器为 1756-L5x、1756-L6x、1756-L7x 系列，下面将分别介绍。

2. 1. 1　1756-L5x 系列控制器

　　ControlLogix 控制器模块可以插在 ControlLogix 框架的任意槽内，并且在同一个框架内可以插入多个控制器，控制器之间可以通过背板进行通信。1756-L5x 系列控制器模块外形如图 2-2 所示。

　　ControlLogix 控制器可以通过多种方式访问，最直接的方式是通过控制器上的串口直接同控制器通信。还可以经过 1756-ENBT 通信模块通过 EtherNet/IP（工业以太网）路由到框架的背板，再访问到控制器；同样，也可以经过 1756-CNB（R）模块通过 ControlNet（控制网）路由到背板，再访问到控制器。

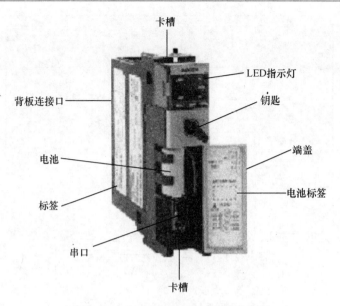

图 2-2　1756-L5x 系列控制器模块外观

模块的 LED 指示灯用于指示控制器模块的状态，分别指示控制器的运行状态、I/O 状态、I/O 强制状态以及控制器的电池信息等。

值得注意的一点是，1756-L5x 处理器上的串口，一般情况下，很少使用串口上传和下载程序，因为串口的速度相对于其他通信方式（以太网）较慢。但是，在特殊情况下，会用到串口和控制器进行通信。关于串口的连接方式，如图 2-3 所示。

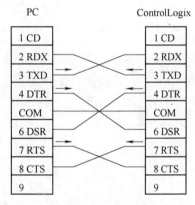

图 2-3　1756-L5x 系列控制器的串口通信

通过串口访问 1756-L5x 系列控制器步骤如下：

1）单击 Start → Program → Rockwell Software → RSLinx，启动 RSLinx Classic 软件。

2）选择 Communication 菜单中的 Configure Drivers，弹出如图 2-4 所示对话框。

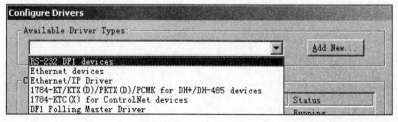

图 2-4　添加驱动

3）从下拉菜单中选择 RS-232 DF1 devices，单击 Add New 按钮，出现添加驱动程序对话框，单击 OK 即可，接着会弹出组态通信口的选项，如图 2-5 所示。按下 Auto-Configure 按钮，如果通信成功，在状态信息栏会显示 Auto Configuration Successful。

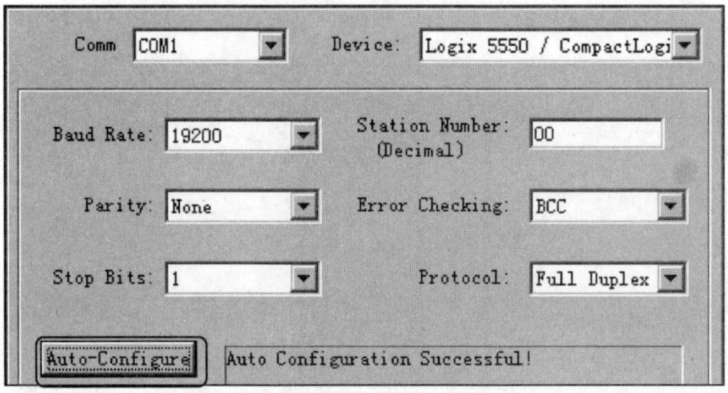

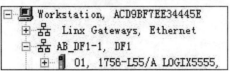

图 2-5   组态通信口

4）单击 OK，这时单击 RSWho 会出现连接上的设备，如图 2-6 所示。

```
□■ Workstation, ACD9BF7EE34445E
  ⊞ 品 Linx Gateways, Ethernet
  □ 品 AB_DF1-1, DF1
      ⊞ ▯ 01, 1756-L55/A LOGIX5555,
```

图 2-6   RSLinx 界面

2.1.2   1756-L6x 系列控制器

1756-L6x 系列控制器模块外形如图 2-7 所示。该控制器有一个 RS-232 串行口，并且可以插入 CF 卡，其控制器连接数为 250。

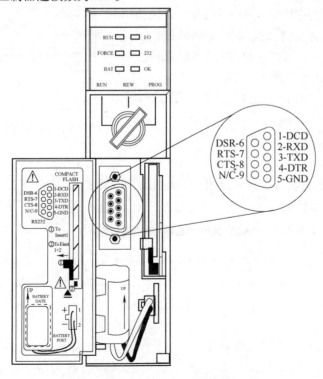

图 2-7   1756-L6x 系列控制器模块外观

　　控制器中的电池能使控制器在没有电源供应的情况下，还能保存控制器中的程序，但一块电池最多可在没有电源供应的情况下，保存程序 2 周，如果希望永久保留控制器中的程序，可在控制器中插入 CF 卡，将程序保存到 CF 卡中。下面将具体介绍 CF 卡的保存与加载控功能。

　　将控制器中内容保存到 CF 卡中的步骤如下：

　　在控制器处于编程模式下，打开 Controller Properties（控制器属性）对话框，单击 Non-volatile Memory（非易失性存储器）选项卡。单击 Load/Store，如图 2-8 所示。

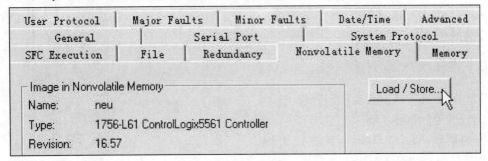

图 2-8　非易失性存储选项卡

　　弹出对话框如图 2-9 所示。根据应用的需要更改 Load Image（加载映像）、Load Mode（加载模式）和 Automatic Firmware Update（自动固件更新）的属性。

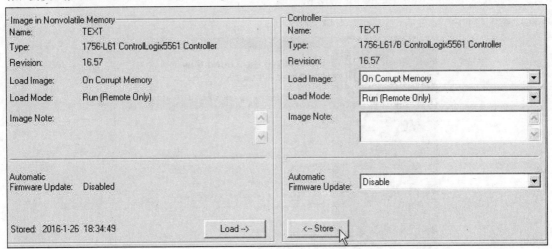

图 2-9　CF 卡保存控制器中内容对话框

　　当 CF 卡保存进行中时，会发生以下事件：
- 控制器 OK 指示灯呈红色常亮。
- Logix Designer 应用程序中的对话框指示保存正在进行中。

　　当 CF 卡保存执行完毕后，会发生以下事件：
- 控制器 OK 指示灯短暂变为红色，然后变为绿色常亮。

注意：保存过程请勿中断。如果中断了存储过程，则数据可能损坏或丢失。

将项目从存储卡加载到控制器中的方法与保存的方法类似。在图 2-9 中单击 Load 按钮即可进行对项目的加载。

当加载进行中时，会发生以下事件：

- 控制器 OK 指示灯呈绿色闪烁。
- Logix Designer 应用程序中的对话框指示保存正在进行中。

当加载执行完毕后，会发生以下事件：

- 控制器 OK 指示灯短暂变为红色，然后变为绿色常亮。

2.1.3　1756-L7x 系列控制器

1756-L7x 系列控制器模块外形如图 2-10 所示。该控制器将 1756-L5x 和 1756-L6x 系列控制器的 RS-232 串行口替换成 USB 口，并且控制器的连接数增加为 500。

通过 USB 访问 1756-L7x 系列控制器步骤如下：

1）使用 USB 电缆连接控制器和工作站，将显示"Found New Hardware Wizard"（发现新硬件向导）对话框，如图 2-11 所示。

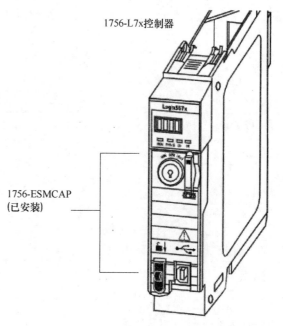

图 2-10　1756-L7x 控制器模块外观

图 2-11　发现新硬件向导

2）单击任意一个 Windows 更新连接选项并单击 Next。注意，如果没有找到 USB 驱动程序软件且安装被取消，请验证是否已安装 RSLinx Classic 软件（版本 2.56 或更高版本）。

3）单击"Install the software automatically"（自动安装软件），然后单击 Next，软件即被安装，如图 2-12 所示。

4）单击 Finish 设置，USB 驱动程序。

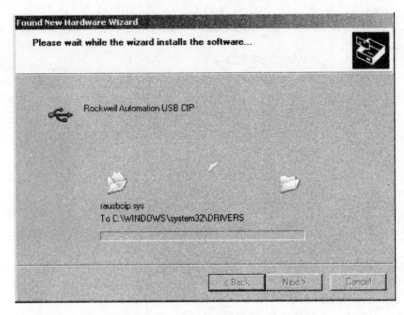

图 2-12　安装软件

5）单击 RSLinx 软件中的 RSWho 图标 ，浏览控制器，将出现 RSLinx 工作站项目管理器，如图 2-13 所示。

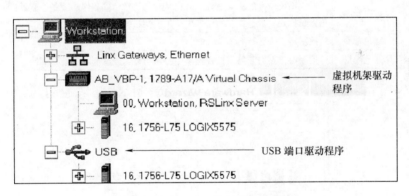

图 2-13　RSLinx 工作站项目管理器

控制器将出现在两个不同的驱动程序（虚拟机架驱动程序和 USB 端口驱动程序）下方，可以使用任意一个驱动程序浏览控制器。

2.1.4　控制器故障诊断

1. 通过模块状态灯查看

查看模块的状态指示灯，该方法最直接，也是最常用的方法。1756-L5x、1756-L6x 控制器前端视图如图 2-14 所示，几个状态指示灯用来显示控制器的状态。

每个状态指示灯表示的含义见表 2-1。

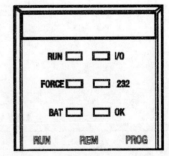

图 2-14　1756-L5x 、1756-L6x
控制器前端视图

表 2-1　1756-L5x、1756-L6x 控制器指示灯状态信息

LED 指示灯	显　示	状 态 信 息
RUN	熄灭	控制器处于编程或测试模式
	绿色常亮	控制器处于运行模式
I/O 指示灯	熄灭	控制器的 I/O 配置中没有设备，或者控制器中没有项目
	绿色常亮	控制器正在与其 I/O 配置中的所有设备通信
	绿色闪烁	控制器的 I/O 配置中的一个或多个设备没有响应
	红色闪烁	机架发生故障
FORCE 指示灯	熄灭	没有标签包含 I/O 强制值，或者 I/O 强制值无效
	黄色常亮	虽然可能未配置 I/O 强制值，但 I/O 强制有效
	黄色闪烁	一个或多个输入或输出地址已经被强制为开或关状态，但尚未启用强制
RS-232 指示灯	熄灭	没有串行连接活动
	绿色闪烁	有串行连接活动
BAT 指示灯	熄灭	控制器可支持存储器
	绿色常亮	A 系列控制器不适用该状态；B 系列控制器在掉电时，正在将程序保存到内部非易失性存储器中
	红色常亮	未安装电池，或者电池放电量达到 95%，应进行更换
OK 指示灯	熄灭	控制器没有上电
	红色闪烁	该控制器是一个刚开箱的新控制器，需要进行固件升级；或是该控制器是一个之前使用过或正在使用中的控制器，并且发生了主要故障；或是控制器发生不可恢复的主要故障
	红色常亮	发生不可恢复的主要故障，并已从存储器中清除程序；或是控制器已完成上电，正处于诊断模式；或是控制器已通电，但无法运行
	绿色常亮	控制器正常运行
	绿色闪烁	控制器正在向非易失性存储器中存储项目，或从非易失性存储器中加载项目

　　1756-L7x 控制器前端视图如图 2-15 所示，几个状态指示灯用来显示控制器的状态。

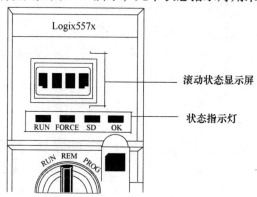

图 2-15　1756-L7x 控制器前端视图

　　如果控制器显示故障，状态显示屏上会显示这些消息，故障代码及说明见表 2-2。

表 2-2　1756-L7x 控制器状态显示屏上故障代码及说明

消　息	意　义
Major Fault T*XX*：C*XX* 消息	检测到类型为 XX，代码为 XX 的主要故障。具体故障信息见表 2-3 例如，如果状态指示灯指示 Major Fault T04：C42 Invalid JMP Target（主要故障 T04：C42 无效的 JMP 目标），则表示将 JMP 指令编程为跳转到无效的 LBL 指令

（续）

消　息	意　义
I/O Fault Local：X#XXXX 消息	本地机架中的模块发生 I/O 故障。将显示插槽编号和故障代码以及简要描述。具体故障信息见表 2-4 例如，I/O Fault Local：3 #0107 Connection Not Found（本地 I/O 故障：3#0107 未找到连接）指示到插槽 3 中的本地 I/O 模块连接未成功
I/O Fault 模块名称：X#XXXX 消息	远程机架中的模块发生 I/O 故障。指示故障模块的名称、故障代码及简要的故障说明。具体故障信息见表 2-4 例如，I/O Fault My_CNet：3 #0107 Connection Not Found，指示与机架插槽 3（装有名称为 "My_CNet" 的通信模块）中模块的连接未成功
X I/O Faults	存在 I/O 故障，其中 X = 存在的 I/O 故障数 如果发生多个 I/O 故障，控制器将指示上报的第一个故障。每解决一个 I/O 故障后，显示的故障数便减少 1 个，而 I/O 故障消息将显示报告的下一个故障

控制器状态显示屏上的主要故障 TXX：CXX 消息显示主要故障。表 2-3 列出了状态显示屏上显示的具体故障类型、代码和相关联的消息。

表 2-3　1756-L7x 控制器主要故障状态消息

类　型	代　码	意　义
1	1	运行模式上电
1	60	不可恢复
1	61	不可恢复——诊断信息已保存在 CF 卡中
1	62	不可恢复——诊断信息和程序已保存在 SD 卡中
3	16	I/O 连接故障
3	20	机架故障
3	21	
3	23	连接失败
4	16	未知指令
4	20	数组下标无效
4	21	控制结构体 LEN 或 POS < 0
4	31	JSR 参数无效
4	34	定时器故障
4	42	JMP 目标无效
4	82	SFC 跳回故障
4	83	值超出范围
4	84	堆栈溢出
4	89	目标步无效
4	90	指令无效
4	91	环境无效
4	92	操作无效
4	990	用户自定义
4	991	
4	992	
4	993	

（续）

类　型	代　码	意　义
4	994	
4	995	
4	996	用户自定义
4	997	
4	998	
4	999	
6	1	任务看门狗时间用完
7	40	保存失败
7	41	恢复类型错误
7	42	恢复版本损坏
7	43	恢复校验和出错
7	44	无法还原处理器内存
8	1	钥匙开关更改被忽略
11	1	超出正向超程限制
11	2	超出反向超程限制
11	3	超出位置错误容差
11	4	编码器通道连接故障
11	5	检测到编码器噪声事件
11	6	SERCOS 驱动器故障
11	7	同步连接故障
11	8	伺服模块故障
11	9	异步连接故障
11	10	电机故障
11	11	电机热故障
11	12	驱动器热故障
11	13	SERCOS 通信故障
11	14	检测到未激活的驱动器使能输入
11	15	检测到驱动器缺相
11	16	驱动器防护故障
11	32	运动任务重叠故障
11	33	检测到 CST 基准值丢失
18	1	CIP 运动初始化故障
18	2	CIP 运动初始化故障—Mfg
18	3	CIP 运动轴故障
18	4	CIP 运动轴故障—Mfg
18	5	CIP 运动故障
18	6	CIP 模块故障
18	7	运动组故障
18	8	CIP 运动配置故障
18	9	CIP 运动 APR 故障
18	10	CIP 运动 APR 故障—Mfg
18	128	CIP 运动防护故障

I/O 故障的故障代码及说明，见表 2-4。

表 2-4　1756-L7x 控制器 I/O 故障代码及说明

代　码	意　　义	代　码	意　　义
#0001	连接失败	#011A	超出连接资源数
#0002	资源不足	#0203	连接超时
#0003	值无效	#0204	未连接消息超时
#0004	IOI 语法	#0205	参数无效
#0005	未知目标	#0206	消息太大
#0006	数据传送不完整	#0301	无缓冲存储器
#0007	连接丢失	#0302	带宽不可用
#0008	服务不受支持	#0303	无可用网桥
#0009	属性值无效	#0304	ControlNet 规划错误
#000A	属性列表错误	#0305	签名不一致
#000B	状态已存在	#0306	CCM 不可用
#000C	对象模式冲突	#0311	端口无效
#000D	对象已存在	#0312	链接地址无效
#000E	属性不可设置	#0315	片段类型无效
#000F	权限被拒绝	#0317	连接未规划
#0010	设备状态冲突	#0318	链接地址无效
#0011	回复太大	#0319	无可用的备用资源
#0012	片段原型	#031E	无可用资源
#0013	命令数据不足	#031F	无可用资源
#0014	属性不受支持	#0800	网络链接离线
#0015	数据太大	#0801	多播 RPI 不兼容
#0100	连接使用中	#0814	数据类型不一致
#0103	传送不受支持	#FD01	背板 EEPROM 损坏
#0106	所有关系冲突	#FD02	无错误代码
#0107	未找到连接	#FD03	缺少所需的连接
#0108	连接类型无效	#FD04	无 CST 主站
#0109	连接大小无效	#FD05	未分配轴或 GRP
#0110	模块未配置	#FD06	SERCOS 跳转故障
#0111	RPI 超出范围	#FD07	SERCOS 初始化环网故障
#0113	连接不足	#FD08	SERCOS 通信故障
#0114	模块错误	#FD09	SERCOS 初始化节点故障
#0115	设备类型错误	#FD0A	轴属性被拒绝
#0116	版本错误	#FD1F	安全 I/O
#0117	连接点无效	#FD20	无安全任务
#0118	配置格式无效	#FE01	连接类型无效
#0119	未拥有模块	#FE02	更新速率无效

（续）

代 码	意 义	代 码	意 义
#FE03	输入连接无效	#FE10	固件文件未找到
#FE04	输入数据指针无效	#FE11	固件文件无效
#FE05	输入数据大小无效	#FE12	自动固件更新失败
#FE06	输入强制指针无效	#FE13	更新失败——活动连接
#FE07	输出连接无效	#FE14	正在搜索固件文件
#FE08	输出数据指针无效	#FE22	连接类型无效
#FE09	输出数据大小无效	#FE23	允许无效的单播
#FE0A	输出强制指针无效	#FF00	无连接实例
#FE0B	符号字符串无效	#FF01	路径太长
#FE0C	规划的个人计算机实例无效	#FF04	无效状态
#FE0D	符号实例无效	#FF08	路径无效
#FE0E	正在更新模块固件	#FF0B	配置无效
#FE0F	固件文件版本无效	#FF0E	不允许连接

1756-L7x 系列每个状态指示灯表示的含义见表2-5。

表2-5　1756-L7x 控制器指示灯状态信息

LED 指示灯	显 示	状 态 信 息
RUN	熄灭	控制器处于编程或测试模式
	绿色常亮	控制器处于运行模式
FORCE 指示灯	熄灭	没有标签包含 I/O 强制值,或者 I/O 强制值无效
	黄色常亮	虽然可能未配置 I/O 强制值,但 I/O 强制有效
	黄色闪烁	一个或多个输入或输出地址已经被强制为开或关状态,但尚未启用强制
SD 指示灯	熄灭	SD 卡中没有活动
	绿色闪烁	控制器正在读/写 SD 卡
	绿色常亮	控制器正在读/写 SD 卡时不要拔出 SD 卡
	红色闪烁	SD 卡没有有效的文件系统
	红色常亮	控制器无法识别 SD 卡
OK 指示灯	熄灭	控制器没有上电
	红色闪烁	该控制器是一个刚开箱的新控制器,需要进行固件升级;或是该控制器是一个之前使用过或正在使用中的控制器,并且发生了主要故障;或是控制器发生不可恢复的主要故障
	红色常亮	发生不可恢复的主要故障,并已从存储器中清除程序;或是控制器已完成上电,正处于诊断模式;或是控制器已通电,但无法运行
	绿色常亮	控制器正常运行
	绿色闪烁	控制器正在向非易失性存储器中存储项目,或从非易失性存储器中加载项目

2. 通过控制器属性框查看

在 RSLogix 5000 软件中,单击 ⊡ ,查看控制器属性,控制器的状态和故障信息会在控制器的属性对话框的选项卡中显示,如图2-16 所示。控制器会自动生成主要故障代码和次要故障代码，单击 Clear Majors 或者 Clear Minors 可以自动清除部分故障，具体信息可以参阅帮助目录。

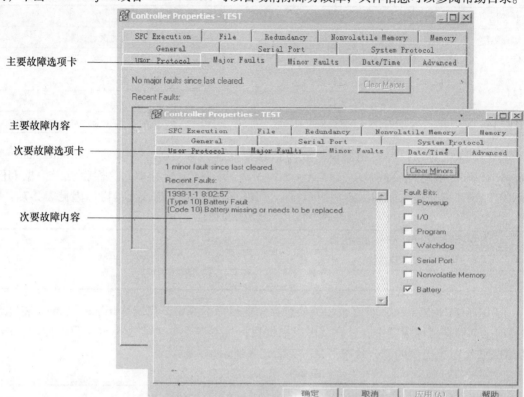

图 2-16　控制器属性诊断对话框

RSLogix 5000 软件提供了一个可以提供模块状态信息的指令 GSV，该指令可以读取对象内的控制器系统值。用户可通过 GSV 指令可以读取 CONTROLLERDEVICE、FAULTLOG、DF1 等对象信息，具体参考 Logix 5000 通用指令集，本文只介绍站控系统中使用的对象。

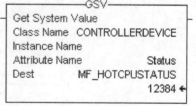

图 2-17　GSV 指令提供控制器状态信息

CONTROLLERDEVICE 对象，将控制器模块产品及状态信息存储在目标标签中。如图 2-17 所示，设定 Attribute Name 为 Status，将控制器的状态信息存储在 MF_HOTCPUSTATUS 标签中，可根据 MF_HOTCPUSTATUS 各个位来实现一定的逻辑控制，具体的位信息见表 2-6。

表 2-6　控制器状态位信息

状态位	数　值	意　义	数　值	意　义
位 3-0	保留		保留	
设备状态位 位 7-4	0000	保留	0001	正在进行闪烁内存更新
	0010	保留	0011	保留
	0100	闪烁内存损坏	0101	有故障
	0110	运行	0111	编程

（续）

状态位	数　值	意　　义	数　值	意　　义
故障状态位 位 11-8	0001	可恢复的次要故障	0010	不可恢复的次要故障
	0100	可恢复的主要故障	1000	不可恢复的主要故障
位 13-12	01	钥匙开关在运行位置	10	钥匙开关在编程位置
	11	钥匙开关在远程位置	—	—
位 15-14	01	控制器正在转换模式	10	正在运行的控制器处于调试模式

FAULTLOG 对象，将控制器模块故障信息存储在目标标签中。设定 Attribute Name 为 MinorFaultBits，将控制器故障信息存储在 MF_MINORFAULT 标签中，这样就可以根据 MF_MINORFAULT 各个位来实现一定的逻辑控制，各位标识引起当前次要故障原因见表2-7。

表 2-7　控制器故障位信息

状态位	意　　义	状态位	意　　义
4	指令错误（编程）	9	串行口错误
6	看门狗故障	10	电池电量低

REDUNDANCY 对象，将冗余相关信息存储在目标标签中。设定 Attribute Name，将冗余相关信息存储在目标标签中，这样就可以根据目标标签各个位来实现一定的逻辑控制，RE-DUNDANCY 对象提供的部分状态信息，见表2-8 所示。

表 2-8　冗余状态信息

Attribute Name	意　　义			
	从模块的模式			
	代码	意义	代码	意义
PartnerMode	16#0	已经上电	16#1	编程模式
	16#2	运行模式	16#3	测试模式
	16#4	故障模式	16#5	从运行到编程模式
	16#6	从测试到编程模式	16#7	从编程到运行模式
	16#8	从测试到运行模式	16#9	从运行到测试模式
	16#A	从编程到测试模式	16#B	进入故障模式
	16#C	从故障到编程模式		—
	从模块的次要故障位信息			
	状态位	意义	状态位	意义
PartnerMinorFaults	4	指令错误（编程）	6	看门狗故障
	9	串行口故障	10	电池电量低
	整个框架的冗余状态			
	代码	意义	代码	意义
ChassisRedundancyState	16#1	已经上电或待定	16#2	主站和合格的从站
	16#3	主站和不合格的从站	16#4	主站没有从站
	16#8	合格的从站	16#9	不合格的从站和主站
	16#A	不合格的从站无主站		—

（续）

Attribute Name	意义			
	控制器冗余状态			
	代码	意义	代码	意义
ModuleRedundancyState	16#1	已经上电或待定	16#2	主站和合格的从站
	16#3	主站和不合格的从站	16#4	主站没有从站
	16#6	主站和正在验证的从站	16#7	验证从站
	16#8	合格的从站	16#9	不合格的从站和主站
	16#A	不合格的从站无主站	—	—
	从框架的冗余状态			
	代码	意义	代码	意义
PartnerChassisRedundancyState	16#1	已经上电或待定	16#2	主站和合格的从站
	16#3	主站和不合格的从站	16#4	主站没有从站
	16#8	合格的从站	16#9	不合格的从站和主站
	16#A	不合格的从站无主站	16#D	现在无从站
	从控制器冗余状态			
	代码	意义	代码	意义
PartnerModuleRedundancyState	16#1	已经上电或待定	16#2	主站和不合格的从站
	16#3	主站和合格的从站	16#4	主站没有从站
	16#6	主站和正在验证的从站	16#7	验证从站
	16#8	合格的从站	16#9	不合格的从站无主站
	16#A	不合格的从站和主站	16#D	现在无从站

2.2　I/O 模块

本节将对输入/输出模块原理进行介绍，输入/输出模块分为数字量输入/输出模块和模拟量输入/输出模块两大类。

数字量输入/输出模块用来接收和采集现场设备的输入信号，包括按钮、选择开关、行程开关、继电器触点、接近开关、光电开关和数字拨码开关等数字量输入信号，以及用来对各执行机构进行控制的输出信号，包括接触器、电磁阀、指示灯和开关等输出的数字量输出信号。模拟量输入/输出模块能直接接收和输出模拟量信号。

输入/输出模块通常采用滤波器、光耦合器或隔离脉冲变压器将来自现场的输入信号或驱动现场设备的输出信号与 CPU 隔离，以防止外来干扰引起的误动作或故障。

2.2.1　数字量 I/O 模块

1. 基本原理

（1）数字量输入模块

1）直流输入模块　直流输入模块外接直流电源，电路如图 2-18 所示。有的输入模块内部提供 24V 直流电源，称作无源式输入模块，用户只需将开关接在输入端子和公共端子之间即可。

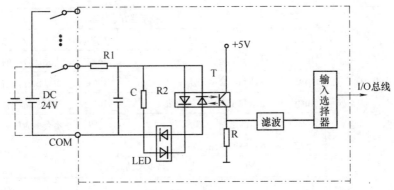

图 2-18　直流输入电路

2）交流输入模块　交流输入模块外接交流电源，电路如图 2-19 所示。

在如图 2-18 和图 2-19 所示的输入电路中，输入端子有一个公共端子 COM，即有一个公共汇集点，因此称为汇点式输入方式。除此之外，输入模块还有分组式和分隔式。分组式输入模块的输入端子分为若干组，每组共用一个公共端子和一个电源。分隔式输入模块的输入端子互相隔离，互不影响，各自使用独立的电源。

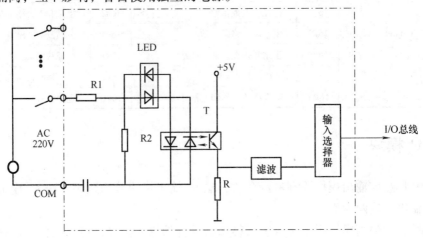

图 2-19　交流输入电路

（2）数字量输出模块

1）晶体管输出模块　在晶体管输出模块中，输出电路采用晶体管作为开关器件，电路如图 2-20 所示。晶体管数字量输出模块为无触点输出，使用寿命长，响应速度快。

2）继电器输出模块

在继电器输出模块中，输出电路采用的开关器件是继电器，电路如图 2-21 所示。继电器输出电路中的负载电源可以根据需要选用直流或交流。继电器的工作寿命有限，触点的电气寿命一般为 10 万～30 万次，因此在需要输出点频繁通断的场合（如脉冲输出），应使用晶体管型输出电路模块。另外，继电器线圈得电到触点动作，存在延迟时间，这是造成输出滞后输入的原因之一。

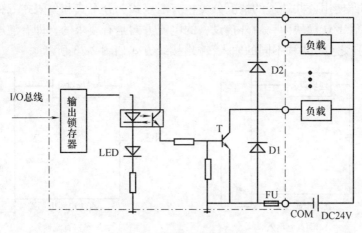

图 2-20 晶体管输出电路

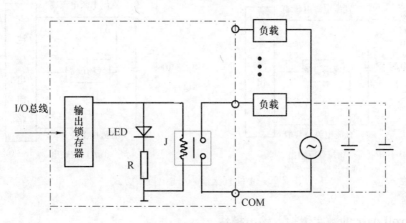

图 2-21 继电器输出电路

3）双向晶闸管输出模块 在双向晶闸管输出模块中，输出电路采用的开关器件是光控双向晶闸管，电路如图 2-22 所示。

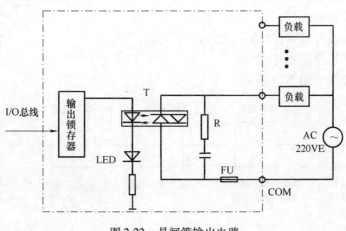

图 2-22 晶闸管输出电路

输出模块按照使用公共端子的情况分类，有汇点式、分组式和分隔式三种接线方式。

在一些晶体管 I/O 模块中，对外接设备的电流方向是有要求的，即有灌电流（Sink）与拉电流（Source）之分。4 种不同的输入/输出接线方式如图 2-23 所示。

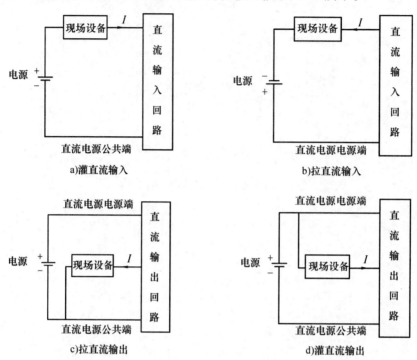

图 2-23   4 种直流输入/输出接线方式

2. ControlLogix 的数字量输入输出模块

ControlLogix 提供了种类丰富的数字量输入和输出模块，以适应各种场合的要求。这些数字量 I/O 模块提供如下的功能：

- 多种电压规格接口；
- 隔离型模块和非隔离型模块；
- 通道的故障诊断；
- 可选直接连接方式或者框架优化的连接方式；
- 可选支持现场诊断能力的模块。

输入模块的原理如图 2-24 所示。

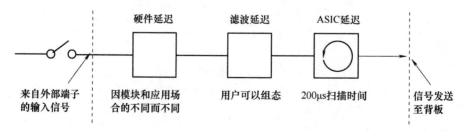

图 2-24   输入模块的原理

输出模块的原理如图 2-25 所示。

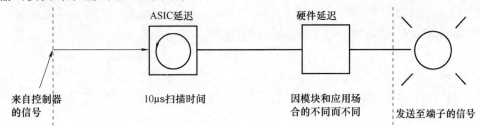

图 2-25　输出模块原理

输入/输出模块的外部视图如图 2-26 所示。

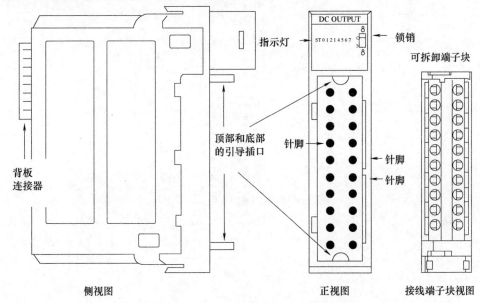

图 2-26　输入输出模块外部视图

　　1756 系列的 I/O 模块有可拆卸的端子块，这使得接线极为方便，为了防止误操作，端子块设有引导插口和锁销。模块的前部还有诊断指示灯，可以精确到位级。

　　站控系统中常用的数字量输入输出模块分别采用 1756-IB16/1756-IB16D 和 1756-OB16E/1756-OB16D 模块。1756-IB16 模块是带有 16 通道的数字量输入模块，它的标准输入电压为 DC 24V，但是它可以承受的电压范围为 DC 10～31V，它可以承受的电流范围为 2～10mA 之间。1756-IB16D 是带诊断的数字量输入模块，可以防止输入的误报。1756-OB16E 模块是带有电子熔断的 16 通道数字量输出模块，它可以防止过多的电流流经模块，它的标准输入电压也是 DC 24V，但是可以承受的电压范围为 DC 10～31V，该模块具有浪涌保护功能，每点的浪涌电流为 2A，持续时间为 10ms。1756-OB16D 是带诊断的数字量输出模块这 4 个模块的共有功能包括：1）可带电插拔，这个功能使得整个控制系统具有更强的可用性，因为移除或插入模块时，对控制工程的其余部分没有附加的影响。2）模块故障报告，发生模块故障时，该模块可以同时提供硬件指示和软件指示。3）完全可以通过软件配置，RSLogix

5000 软件使用自定义且易于理解的界面编写配置。所有模块功能都可以通过该软件的 I/O 配置部分启动或禁用。

3. ControlLogix 的数字量输入输出模块的接线方法

若要查看模块的接线信息,打开 RSLogix 5000 软件,选择如下路径:Help→Contents→ Wiring Diagrams 来查看接线图,如图 2-27 所示为 1756-IB16 的接线图。首先将 GND 端接到 DC-24V,将模块的 16 个输入端子分别接入开关再接到 DC + 24V 就完成了该模块的接线。

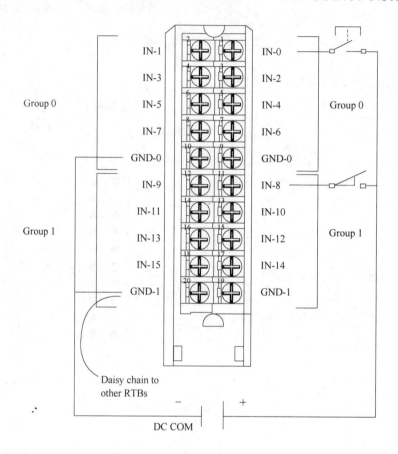

图 2-27　1756-IB16 模块接线图

1756-IB16D 的接线如图 2-28 所示,1756-IB16D 模块的接线方法与 1756-IB16D 类似,不同处在于它在接线时要外接电阻来实现模块的诊断功能。1756-IB16D 模块用在 ESD 程序中,ESD 按钮未被触发时,此时开关闭合,输入电压为 24V;ESD 按钮触发时,此时开关断开,输入电压为被电阻分压后的输入电压,站场要进行紧急停站或停机动作;如果输入的线路意外断开,此时输入电压为 0。这样就可以防止由于线路的断开导致 ESD 的误动作。

1756-OB16E 的接线如图 2-29 所示,将 DC(+)接入 DC + 24V,RTN OUT 接入 DC- 24V,并将输出端口接入回路中。

1756-OB16D 接线如图 2-30 所示。接线的方法与 1756-OB16E 类似,无论是什么模块,接线的思想都是形成一个闭合的回路。

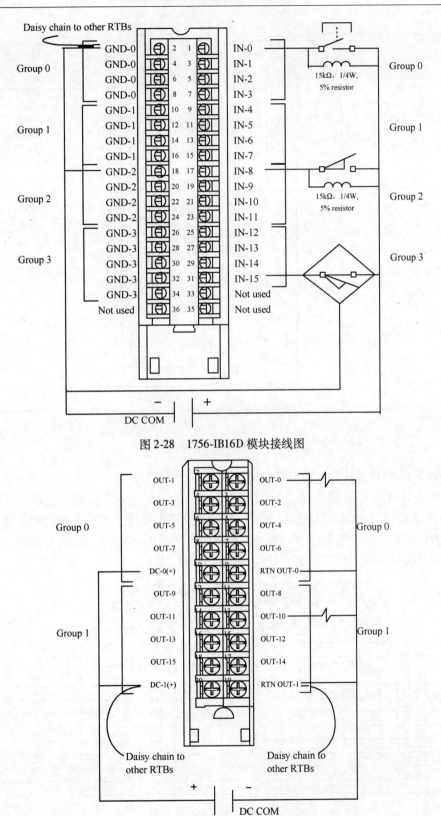

图 2-28　1756-IB16D 模块接线图

图 2-29　1756-OB16E 模块接线图

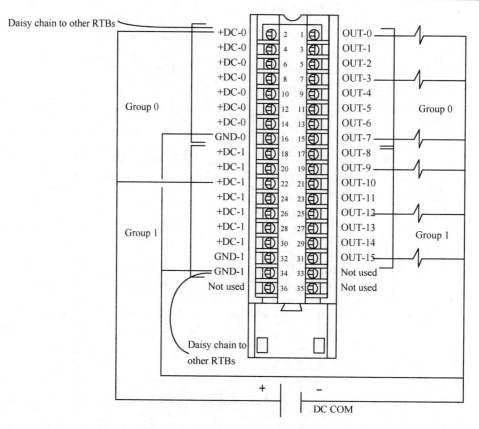

图 2-30   1756-OB16D 模块接线图

4. Felx I/O 的数字量输入输出模块接线图

站控系统中的数字量输入输出模块除了采用 ControlLogix 的模块，还用了 Flex I/O。
1794-IB16 模块的接线如图 2-31 所示。该模块有 16 个输入通道，可接 2 线制或 3 线制输入，以 0 通道为例，如果是两线制设备，则接信号线接 A-0，DC +24V 接 C-35，如果是三线制设备，则接信号线接 A-0，DC-24V 接 B-16，DC +24V 接 C-35。

1794-TB3 and-TB3S					
Inp ut	Inp ut Terminal	Voltage Terminal	Inp ut	Inp ut Terminal	Voltage Terminal
Inp ut 0	A-0	C-35	Inp ut 8	A-8	C-43
Inp ut 1	A-1	C-36	Inp ut 9	A-9	C-44
Inp ut 2	A-2	C-37	Inp ut 10	A-10	C-45
Inp ut 3	A-3	C-38	Inp ut 11	A-11	C-46
Inp ut 4	A-4	C-39	Inp ut 12	A-12	C-47
Inp ut 5	A-5	C-40	Inp ut 13	A-13	C-48
Inp ut 6	A-6	C-41	Inp ut 14	A-14	C-49
Inp ut 7	A-7	C-42	Inp ut 15	A-15	C-50
Common	B-16 thru B-33		+24V dc	C-34 thru C-51	

图 2-31   1794-IB16 模块接线图

1794-OB16P 模块的接线如图 2-32 所示。该模块有 16 个输出通道，以 0 通道为例，将输出接入 A-0 和 B-17 两端，C-34 接入 DC +24V。

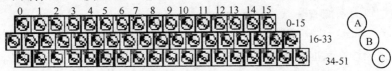

	1794-TB3,-TB3S, and-TB2				
Output	Output Terminal	Common Terminal	Output	Output Terminal	Common Terminal
Output 0	A-0	B-17	Output 8	A-8	B-25
Output 1	A-1	B-18	Output 9	A-9	B-26
Output 2	A-2	B-19	Output 10	A-10	B-27
Output 3	A-3	B-20	Output 11	A-11	B-28
Output 4	A-4	B-21	Output 12	A-12	B-29
Output 5	A-5	B-22	Output 13	A-13	B-31
Output 6	A-6	B-23	Output 14	A-14	B-31
Output 7	A-7	B-24	Output 15	A-15	B-32
Common	B-16 thru B-33		+24V dc	C-34 thru C-51	

图 2-32　1794-OB16P 模块接线图

5. ControlLogix 的数字量输入模块的组态说明

在 I/O Configuration 下，右键 1756 Backplane，右键选择 New Module，如图 2-33 所示，选择 1756-IB16D。选择模块的主要版本号（Major Revision），单击 OK，弹出对话框，如图 2-34 所示。

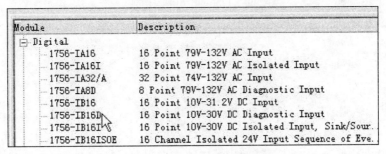

图 2-33　添加数字量输入模块

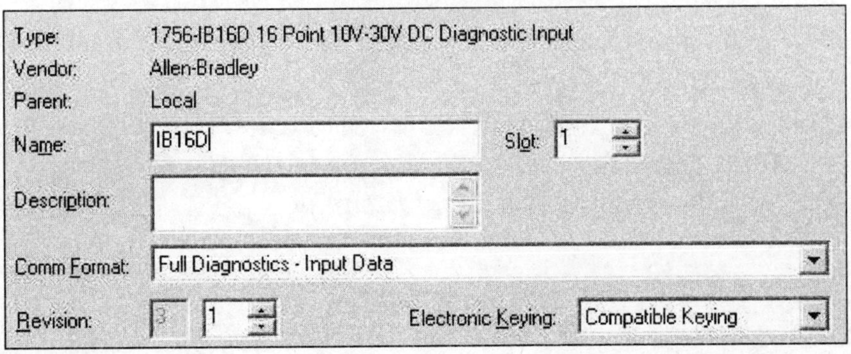

图 2-34　建立数字量输入模块

说明：

Slot：槽号指定了模块的物理位置，控制器与模块连接寻址路径的终点，这是控制器与模块建立逻辑关系的关联点。

Comm Format：决定模块与控制器的从属关系。数字量输入模块的通信模式可以被多个拥有者选定全诊断数据输入模式，也即数字量输入模块可以有多个拥有者，但它们的组态参数必须一致。

本地数字量输入模块与控制器建立起通信后，将占用控制器1个连接，这个直接连接的数据交换，包含控制器对模块下传的组态信息，读回的状态信息和通道的数据信息。

1）模块的通信模式　在 I/O Configuration 下，双击已建立的 IB16D 模块，出现类似图2-34界面。

2）模块的连接　任何模块与控制器的通信都是建立在连接上，进入连接界面，如图2-35所示。

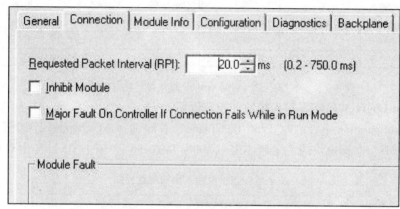

图2-35　数字量输入模块通信连接界面

说明：

RPI：请求发送中断时间，定义模块与控制器交换信息的时间间隔，在本地机架中，最短可定义为0.2ms，最长可定义为750ms。

Inhibit Module：此项被选择，该模块被屏蔽，控制器与模块不建立任何通信。

Major Fault On Controller If Connection Fails While in Run Mode：此项被选择，控制器在运行时，一旦模块与控制器连接失败，即在控制器中产生一个主要故障，该故障将导致控制器停机。

Module Fault：模块的连接故障信息在此显示，此时，编程软件的 I/O Configuration 上，该模块有黄色惊叹号，提醒用户进入检查。这与控制器 LED 的显示是一致的。

3）模块的配置　进入模块配置界面，如图2-36所示。

说明：

Point：对应外部的端子，端子编号与状态位一一对应。

Enable Change of State：使能逢变则报功能，对每个信号回路定义，当输入信号的状态发生改变时，模块向外送出数据，可定义从0变到1时状态改变；还可定义从1变到0时状态改变。

Enable Diagnostics for：使能通道诊断功能，对每个回路定义，当信号回路断开时，发送开路诊断信息。

Enable Diag. Latching：使能诊断信息锁存，对每个回路定义，即使回路已恢复正常，只要曾经发生过开路状态，诊断状态仍然被锁存，除非进行复位的清除操作。

Input Filter Time：选择回路的滤波时间常数，每 8 位共用一个定义。可分别定义前沿滤波时间（Off-On）或后延滤波时间（On-Off），滤波可防止干扰信号的进入，每个状态变化的持续时间要大过滤波时间才会被模块接受。

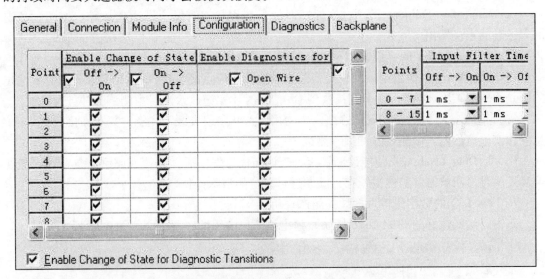

图 2-36　数字量输入模块配置界面

6. Control Logix 的数字量输出模块的组态说明

双击已经新建好的 1756-OB16D 模块。模块的配置界面，如图 2-37 所示。

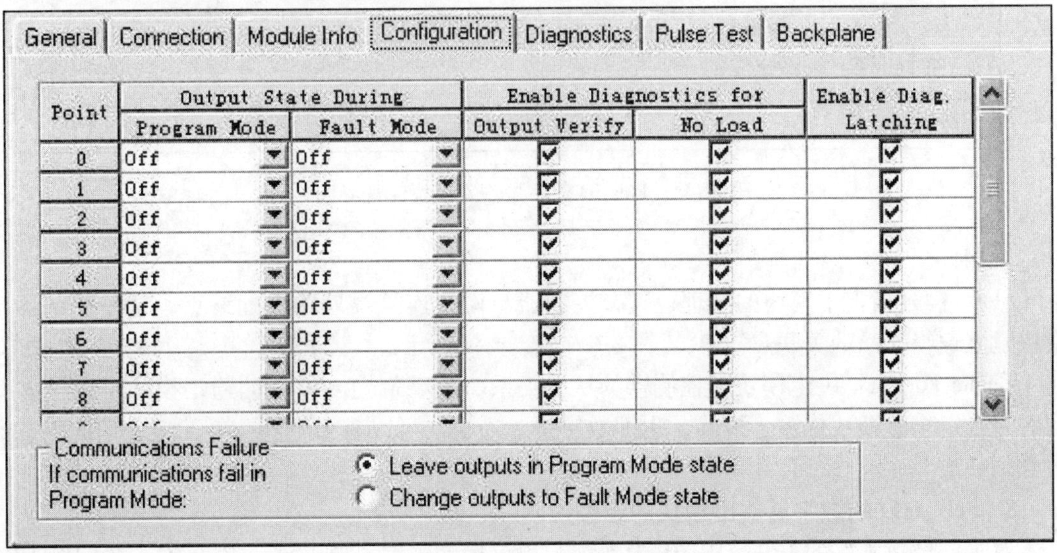

图 2-37　数字量输出模块配置界面

说明：

Output State During：定义控制器在以下两种情况的模块回路输出状态，它们都有三种选择：打开、关闭和保持。

——Program Mode：对每一个点定义，当控制器转入编程状态时，模块输出回路的输出状态。控制器发生可恢复故障按此状态输出。

——Fault Mode：对每一个点定义，当模块与控制器发生通信故障时，模块输出回路的输出状态。控制器发生不可恢复故障按此状态输出。

Communication Failure：此项选定控制器处于编程状态时发生了通信故障，按两种情况的哪一种的定义输出。

Enable Diagnostics for：组态以下两种情况下的诊断使能。

——Output Verify：输出校验，校验当输出模块的相应点接收到 On 的信息时，其真实输出的确是 On 的输出，注意，只有在接收到 On 信息时才实施该诊断。由测试脉冲进行测试。

——No Load：空载测试，探测输出模块的相应点开路或失载，注意，只有在接收到 Off 信息时才实施该诊断。由测试脉冲进行测试。

Enable Diag. Latching：使能诊断锁定，当诊断信息发生后，即使回路已恢复正常，只要曾经发生过诊断状态，仍然被锁存，除非进行复位的清除操作。

7. Felx I/O 的数字量输入模块的组态说明

双击已经新建好的 1794-IB16 模块，弹出该模块的属性选项卡，如图 2-38 所示。

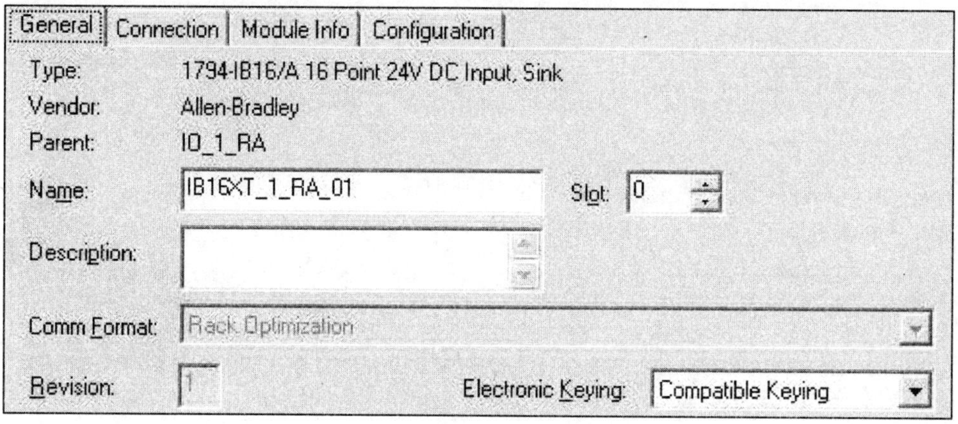

图 2-38   Flex IO 数字量输入模块配置界面

说明：

Slot：槽号指定了模块的物理位置，控制器与模块连接寻址路径的终点，这是控制器与模块建立逻辑关系的关联点。

Comm Format：决定模块与控制器的从属关系。数字量输入模块的通信模式可以被多个拥有者选定全诊断数据输入模式，也即数字量输入模块可以有多个拥有者，但它们的组态参数必须一致。

8. Felx I/O 的数字量输出模块的组态说明

双击已经建立好的 1794-OB16P 模块，弹出该模块的属性选项卡，对于 General 选项卡，与输入模块类似，这里就不再进行介绍了，单击 Fault/Idle Action 选项卡，如图 2-39 所示。

该界面可以配置通信失败后模块动作，编程模式下模块的动作，以及分通道设置模块在安全状态下的输出值。

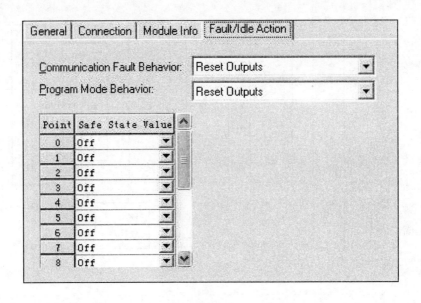

图 2-39　Flex IO 数字量输出模块故障配置界面

2.2.2　模拟量 I/O 模块

1. 模块量 I/O 模块基本原理

用来接收和采集由电位器、测速发电机和各种变送器等送来的、连续变化的模拟量输入信号以及向调节阀、调速装置输出模拟量的输出信号。模拟量输入模块将各种满足 IEC 标准的直流信号（如 4 ~ 20mA、1 ~ 5V、- 10 ~ + 10V、0 ~ 10V）转换成 8 位、10 位、12 位或 16 位的二进制数字信号送给 CPU 进行处理，模拟量输出模块将 CPU 的二进制信号转换成满足 IEC 标准的直流信号，提供给执行机构。

（1）模拟量输入模块

模拟量输入模块的内部结构如图 2-40 所示，从图中可知，它的每一路输入端子都有电压输入和电流输入两种，用户可以通过拨码开关、跳线来选择输入方式。

模拟量输入模块主要实现将模拟量输入信号通过 A-D 转换器转换为二进制数字量的功能。以 12 位二进制数据为例来说明模拟量输入信号与 A-D 转换后数据之间的关系，如图 2-41 所示。

（2）模拟量输出模块

模拟量输出模块的内部结构如 2-42 所示。从图中可知，它的每一路输出端子都有电压输出和电流输出两种，用户可以通过拨码开关、跳线选择输出方式。

如图 2-43 所示，模拟量输出模块主要通过 D-A 转换器完成二进制数字量转换为模拟量的功能，并最终将模拟量信号输出到端子上，以 12 位二进制数据为例来说明数字量输入与模拟量输出之间的转换关系。

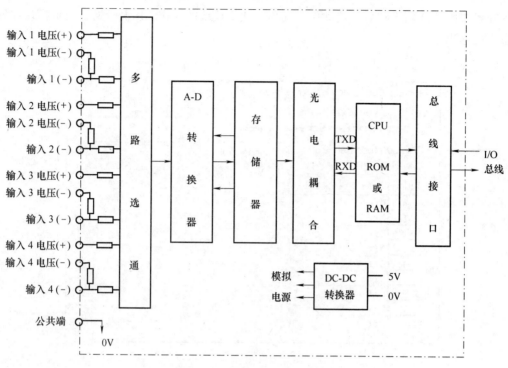

图 2-40   模拟量输入模块结构

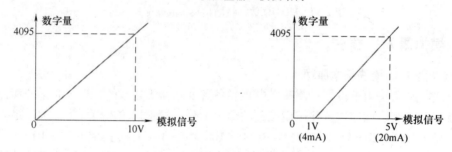

图 2-41   输入信号与转换数据关系

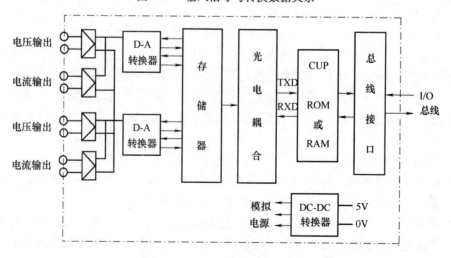

图 2-42   模拟量输出模块结构

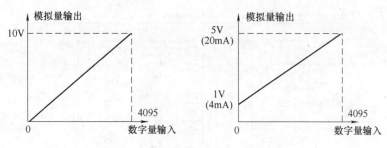

图 2-43　数字量输入与 D-A 转换关系

2. ControlLogix 的模拟量 I/O 模块

ControlLogix 的模拟量模块支持以下功能：

- 板载数据报警；
- 工程单位标定；
- 实时通道采样；
- IEEE32 位浮点或者 16 位整型数据格式。

在压气站中的模拟量输入输出模块分别采用的是 1756-IF8/IF16 和 1756-OF8 模块。这些模块将模拟量信号转化为数字值，作为输入信号，或者将数字值转换为模拟信号作为输出信号，然后控制器将这些信号用于控制目的。

1756-IF8 模块是 8 点非隔离模拟电流/电压输入模块，它可支持三种接线方式：单端接线法，差分接线法和高速模式差分接线法。使用单端接线法时，所有输入设备连在一起共同接地，除共同接地以外，使用单端接线会使模块上的可用通道数达到最大（对于 1756-IF8 模块为 8 个通道）。如果使用单独的信号线将更有利或必须使用单独的信号线或者无法进行公共接地，则建议使用差分接线方法；对于需要良好的噪声抗扰的环境，也建议使用差分接线。使用差分接线方式仅允许使用模块的一半通道。如果想使新数据更新的速度最快，则建议使用高速模式，此模式使用差分接线方法，但是仅允许使用模块上四分之一的通道数。当此模块输出范围选择为 +/−10.25V 时，它的分辨率为 320V/位；当输出范围选择 0~10.25V 时，它的分辨率为 160V/位；当它的输出范围选择为 0~5.125V 时，它的分辨率为 80V/位；当它的输出范围选择 0~20.5mA 时，它的分辨率为 0.32A/位。

1756-OF8 是 8 点非隔离模拟电流/电压输出模块。它的输出范围为 0~21mA 或 −10.4~10.4V，当输出为电压型时，它的分辨率为 320V/位；当输出为电流型时，它的分辨率为 650nA/位。当输出信号为电流型时，此模块具有短路检测功能。模拟量输入输出模块同数字量输入输出模块类似，也具有带点插拔，模块故障报告，完全可通过软件配置等功能。

3. ControlLogix 的模拟量 I/O 模块的接线方法

模拟量信号的输入与输出通过通道来实现。打开 RSLogix 5000 软件，选择 Help→Contents→Wiring Diagrams 来查看接线图，1756-IF8 的接线图，如图 2-44 所示。采用的是单端电流型的接线方法，传感器的一端接入输入端，另一端接到 RTN 一端，并将 RTN 并联到一块。

1756-IF16 的接线图，如图 2-45 所示。采用的是差分电流型的接线方法，传感器的两端分别接入两个端口，并接入 RTN 端构成回路。

1756-IF8 Single-Ended Current Wiring Diagram

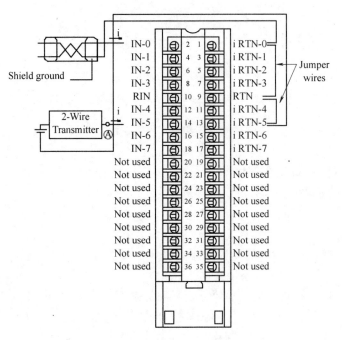

图 2-44   1756-IF8 模块的接线

1756-IF16 Differential Current Wiring Diagram

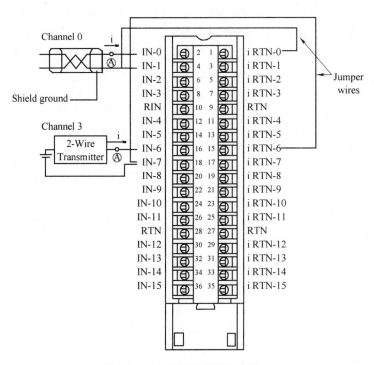

图 2-45   1756-IF16 模块的接线

1756-OF8 的电流型接线图，如图 2-46 所示。输出分别接入 IOUT 端和 RTN 端。

1766-OF8 Current wiring example

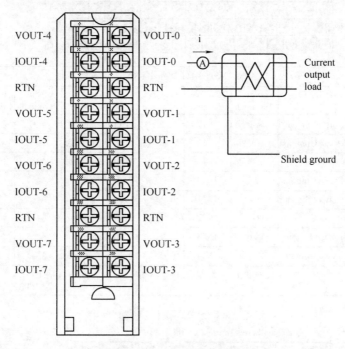

图 2-46　1756-OF8 模块的接线

4. Flex I/O 的模拟量 I/O 模块的接线方法

1794-IE8 模块的接线如图 2-47 所示。有 8 个模拟量输入通道，以 0 通道电流型输入为例，A-0 接电流型输入，B-17 接 DC-24V，C-34 接 DC +24V。

1794-TB3
1794-TB3S

	0 1 2 3 4 5 6 7 8 9 10 11 12 13 14 15	0-15	A
		16-33	B
		34-51	C

1794-TB3,-TB3S, and-TB2							
Channel	Signal Type	Input Terminal	Common Terminal	Channel	Signal Type	Input Terminal	Common Terminal
0	Current	A-0	B-17	4	Current	A-8	B-25
	Voltage	A-1	B-18		Voltage	A-9	B-26
1	Current	A-2	B-19	5	Current	A-10	B-27
	Voltage	A-3	B-20		Voltage	A-11	B-28
2	Current	A-4	B-21	6	Current	A-12	B-29
	Voltage	A-5	B-22		Voltage	A-13	B-30
3	Current	A-6	B-23	7	Current	A-14	B-31
	Voltage	A-7	B-24		Voltage	A-15	B-32
	DC24V Common		B-16 thru B-33		DC24V Power	C-34 thru C-51 C-34 and C-51(TB2)	

图 2-47　1794-IE8 模块的接线

1794-OE4 的模块接线方法取决于所选用的接线端子的型号，当选择 1794-TB3（S）端子时，接线如图 2-48 所示，当选择 1794-TBM 端子时，接线如图 2-49 所示。

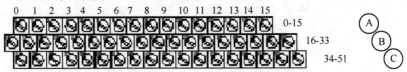

Channel	Type	output Terminal	DC +24V Common	Channel	Type	output Terminal	DC +24V Common
0	Current Signal	A-0	B-17	2	Current Signal	A-8	B-25
	Current Common	A-1	B-18		Current Common	A-9	B-26
	Voltage Sogmal	A-2	B-19		Voltage Sogmal	A-10	B-27
	Voltage Common	A-3	B-20		Voltage Common	A-11	B-28
1	Current Signal	A-4	B-21	3	Current Signal	A-12	B-29
	Current Common	A-5	B-22		Current Common	A-13	B-30
	Voltage Sogmal	A-6	B-23		Voltage Sogmal	A-14	B-31
	Voltage Common	A-7	B-24		Voltage Common	A-15	B-32
DC24V Common	B-16 thru B-33			DC+24V	C-34 thru C-51 C-34 and C-51(TB2)		

1794-TB3,-TB3S,and-TB2

图 2-48　1794-OE4 接线图（一）

16　Even Numbered Terminals 0 thru 14　33

16、0、2、4、6 8、10、12、14、33 B

34、1、3、5、7 9、11、13、15、51 C

34　Odd Numbered Terminals 1 thru 15　51

Channel	Type	output Terminal	Channel	Type	output Terminal
0	Current Signal	B-0	2	Current Signal	B-8
	Current Common	C-1		Current Common	C-9
	Voltage Signal	B-2		Voltage Signal	B-10
	Voltage Common	C-3		Voltage Common	C-11
1	Current Signal	B-4	3	Current Signal	B-12
	Current Common	C-5		Current Common	C-13
	Voltage Signal	B-6		Voltage Signal	B-14
	Voltage Common	C-7		Voltage Common	C-15
DC24V Common	B-16 and B-33		DC +24V	C-34 and C-51	

图 2-49　1794-OE4 接线图（一）

5. ControlLogix 的模拟量输入模块的组态方法

添加模拟了模块的方法与数字量类似，这里就不再赘述了。本地模拟量输入模块与控制器建立起通信后，将占用控制器 1 个连接，这个直接连接的数据交换，包含控制器对模块下传的组态信息，读回的状态信息和通道的数据信息。

（1）模块通信模式

在 I/O Configuration 下，双击已建立的模块 1756-IF8，如图 2-50 所示。

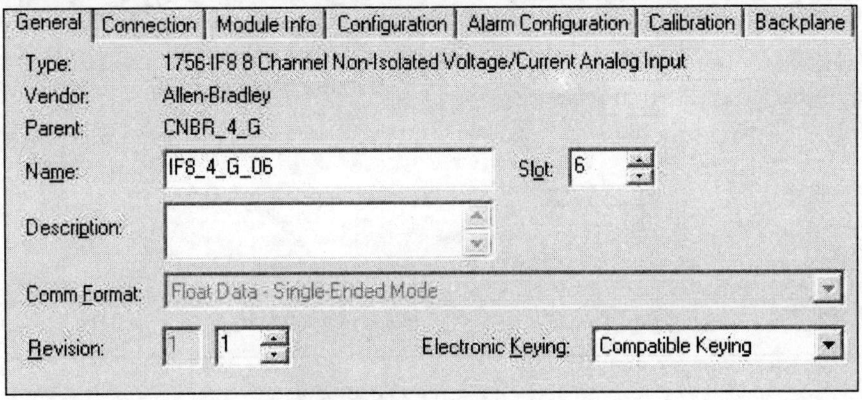

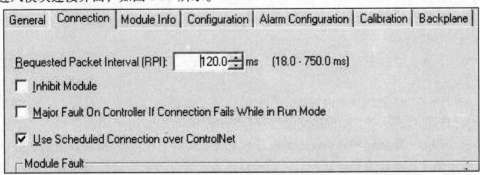

图 2-50　1756-IF8 模块通信界面

说明：

Slot：槽号指定了模块的物理位置，控制器与模块连接寻址路径的终点，这是控制器与模块建立逻辑关系的关联点。

Comm Format：决定模块与控制器的从属关系。数字量输入模块的通信模式可以被多个拥有者选定全诊断数据输入模式，即数字量输入模块可以有多个拥有者，但它们的组态参数必须一致。

（2）模块的连接

进入模块连接界面，如图 2-51 所示。

图 2-51　1756-IF8 模块通信界面

说明：

RPI：请求发送中断时间，定义模块与控制器交换信息的时间间隔，在本地机架中，最短可定义为 18ms，最长可定义为 750ms。注意，它要大于等于模块的模拟量通道采样时间 RTS，其余同数字量模块。

（3）模块的配置

进入模块的配置界面，如图 2-52 所示。

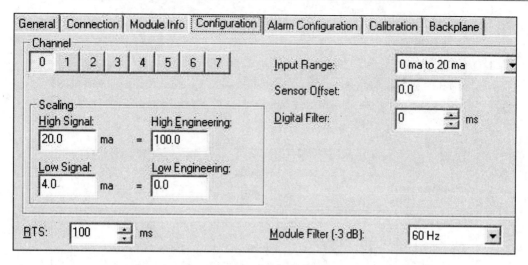

图 2-52　1756-IF8 模块配置界面

说明：

分别对应 0~7 共 8 个通道进行配置。

Scaling：通道标定，包括确定信号范围对应的数据范围。

—High Signal：输入的最大信号（V/ma）。

—Low Signal：输入的最小信号（V/ma）。

—High Engineering：模-数转换后的数字工程标定最大值，与建立模块时选择的通信数据类型有关。

—Low Engineering：模-数转换后的数字工程标定最小值，与建立模块时选择的通信数据类型有关。

RTS：模拟信号的采样时间，一个模块只有一个 A-D 转换器，所以只有一个采样时间，不可各通道各自选择。

Input Range：输入类型（电流/电压）和范围的选择，对应模块外接的标准传感器信号。

Notch Filter：模-数转换的内置特性，它的作用是削弱选定频率的信号，一般情况用于抑制交流信号的噪声干扰。中国的交流信号为 50Hz，所以通常选择 50Hz。

Digital Filter：选择毫秒为单位的滤波常数，通过运算对模-数转换的数字结果进行数字滤波，数字越大，滤波效果越好，信号延时越厉害，信号的滤波效果是以信号延时为代价的。数值为 0（默认值），则信号不进行滤波。

（4）模块报警组态

进入模块报警配置界面，如图 2-53 所示。

说明：

Process Alarms：过程报警。

—High High：报警高高值，通道数据从低到达此值时，数据文件中相应通道高高报警位置位。

—High：报警高值，通道数据从低到达此值时，数据文件中相应通道高报警位置位。

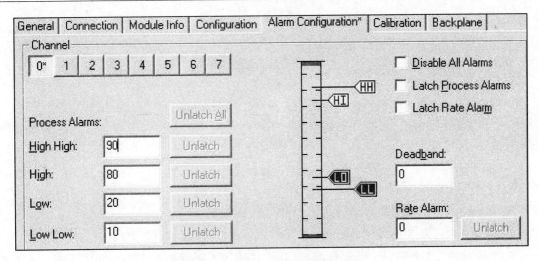

图 2-53　1756-IF8 模块报警配置界面

　　—Low：报警低值，通道数据从高到达此值时，数据文件中相应通道低报警位置位。

　　—Low Low：报警低低值，通道数据从高到达此值时，数据文件中相应通道低低报警位置位。

　　Disable All Alarm：选择此项，免除报警。

　　Latch Processs Alarm：过程报警锁存，此项选择时，即使数据已经脱离报警区域，相应报警仍须单击"Unlatch"才能解除报警，数据文件中的报警位亦被复位。

　　Latch Rate Alarm：变化率锁存，此项选择时，即使数据已经脱离报警区域，仍须单击"Unlatch"才能解除报警，数据文件中的报警位亦被复位。

　　Deadband：死区范围设定。

　　Rate Alarm：设置引起报警的信号变化率，以此报告非正常变化信号。

6. ControlLogix 的模拟量输出模块的组态方法

　　模拟量输出模块的组态方法与模拟量输入类似，以 1756-OF8 为例，相同之处就不再赘述。

　　（1）模块的组态

　　进入模块组态界面，如图 2-54 所示。

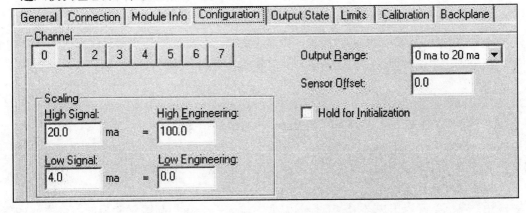

图 2-54　1756-OF8 模块配置界面

说明：

分别对应 0 ~ 7 共 8 个通道进行配置。

Scaling：通道标定，包括确定信号范围对应的数据范围。

—High Signal：输出的最大信号（V/ma）。

—Low Signal：输出的最小信号（V/ma）。

—High Engineering：模-数转换后的数字工程标定最大值，与建立模块时选择的通信数据类型有关。

—Low Engineering：模-数转换后的数字工程标定最小值，与建立模块时选择的通信数据类型有关。

Input Range：输出类型（电流/电压）和范围的选择。

Sensor Offset：为校准偏移设置一个合适的偏移量。

Hold for Initialization：此项选择，当输出量在保持量全标定 0.1% 之内时，输出信号保持不变。此项用于提供初始化值，在 PID 指令中启动平滑过渡将与之有关。

（2）模块输出状态配置

进入模块输出状态界面，如图 2-55 所示。

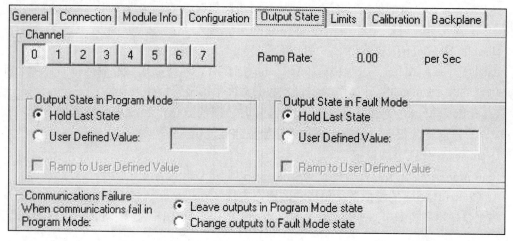

图 2-55　1756-OF8 模块输出状态界面

说明：分别对 0 ~ 7 共 8 个通道进行配置

Output State in Program Mode：对每一个通道定义，当控制器转入编程状态时，模块输出回路的输出量，当控制器发生可恢复故障按此输出，有两种选择：

—保持在最后状态。

—用户自已定义，用户必须在右边的方框中输入一个在最高限量和最低限量之间的值，可选择 "Ramp to User Defined Value"（Ramp 也需要被定义）。

Output State in Fault Mode：对每一个通道定义，当模块与控制器发生通信故障时，模块输出回路的输出量，当控制器发生不可恢复故障按此输出，有两种选择：

—保持在最后状态。

—用户自已定义，用户必须在右边的方框中输入一个在最高限量和最低限量之间的值，可选择 "Ramp to User Defined Value"（Ramp 也需要被定义）。

Communications Failure：此项选定，当控制器处于编程状态时，发生了通信故障，按两种情况的哪一种定义输出。

由于模拟量输出模块的输出信号，大多最终用来控制机械设备，信号的突变有可能会损坏机械设备，所以在控制器停止运行时，设定的输出信号应该是可以保证机械设备安全的输出值。

（3）模块的限幅

进入模块限幅界面，如图 2-56 所示。

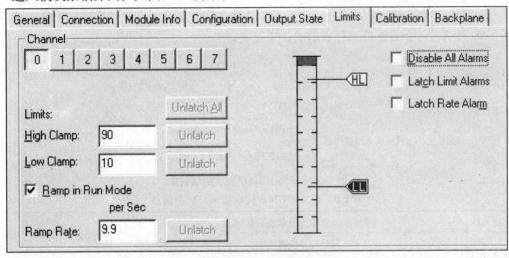

图 2-56　1756-OF8 模块限幅界面

说明：

Limits：输出限位，输入高限幅和低限幅的工程标定量值，限定输出信号的幅值，用以防止积分饱和。

Ramp in Run Mode：输出的最大变化率限量，限定输出信号的变化率，用以防止输出信号突变而引起的机械设备损伤。

Disable All Alarm：选择此项，免除报警。

Latch Limit Alarm：此项选择时，本通道限幅报警被锁存，即使输出量已经脱离限幅值，相应报警仍须单击"Unlatch"才能解除报警，数据文件中的报警位亦被复位。

Latch Rate Alarm：选择此项时，本通道变化率限量报警被锁存，即使变化率已经脱离报警限量，仍须单击"Unlatch"才能解除报警，数据文件中的报警位亦被复位。

7. Flex I/O 的模拟量输入输出模块的组态方法

双击已经建立好的 1794-IE8 模块，弹出其属性对话框，弹出该模块的属性选项卡，对于 General 选项卡，与 Flex I/O 数字量模块类似，这里就不再进行介绍了，单击 Configuration 选项卡，如图 2-57 所示。可以

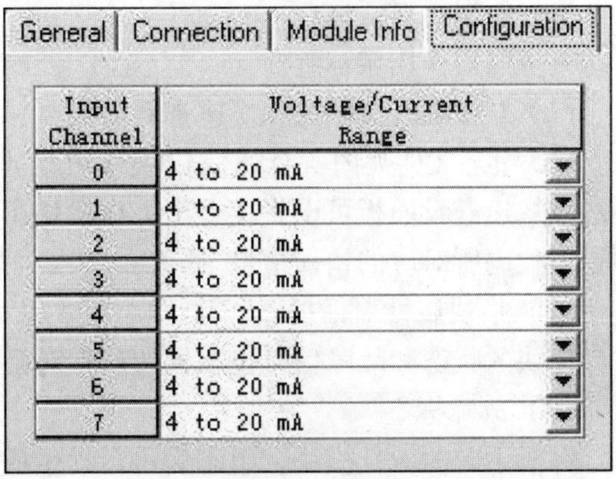

图 2-57　1794-IE8 模块配置界面

在该选项卡处分通道配置输入的类型。1794-OE4 的模块配置方法与 1794-IE8 类似,这里就不过多地进行介绍了。

2.2.3　I/O 模块故障诊断

本小节以程序中应用的数字量输出模块 1756-OB16E 为例,说明 I/O 模块的故障诊断。共涉及三种诊断方法,具体操作如下。

1. 通过模块状态灯查看

查看模块的状态指示灯,该种方法是最直接的办法,也是最常用的办法,模块前端视图如图 2-58 所示。每个状态指示灯表示的含义见表 2-9。

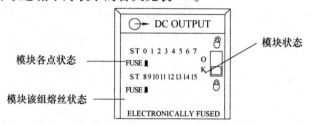

图 2-58　1756-OB16E 模块前端视图

表 2-9　1756-OB16E 模块指示灯状态信息

LED 指示灯	显　　示	状态信息	需要执行的操作
OK	绿灯常亮	输出正被系统处理器控制	无
	绿灯闪烁	模块已经通过内部诊断,但它既没有被控制也没有被禁止	无
	红灯闪烁	先前建立的通道已经超时	检查控制器和机架的通讯
	红灯常亮	一个不可恢复的错误发生在模块中	更换模块
I/O 状态	黄色	输出被激活	无
I/O 保险	红色	此组发生错误	检查控制器中该组的各个点

2. 在 RSLogix 5000 软件中查看模块故障

如果某个 I/O 模块有故障,RSLogix 5000 软件在下列位置显示故障信息:

- I/O 组态文件夹和快速查看面板;
- 模块属性对话框;
- 控制器作用域标签。

(1) I/O 组态文件夹和快速查看面板

I/O 组态文件夹内所有通信错误或被禁止的模块都会有一个三角黄色叹号,如图 2-59 所示。快速查看面板可以直接看出 I/O 模块出现什么样的错误,同时也可以在帮助文件里找到错误代码所对应的错误信息。

(2) 模块属性对话框

模块的状态和故障信息也在模块属性对话框的选项卡中显示,如图 2-60 所示。

(3) 故障标签

针对不同的 I/O 模块,组态后可自动生成不同的故障标签,具体内容可查阅相应手册。对于 1756-OB16E,生成的故障标签有两种,如图 2-61 所示。

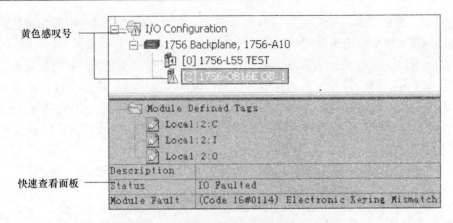

图 2-59　快速查看面板

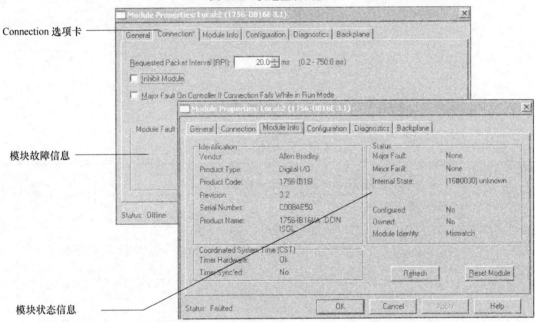

图 2-60　模块故障信息

⊟ Local:2:I	{ . . . }		AB:1756_DO_Fused:I:0
⊞ Local:2:I.Fault		Binary	DINT
⊞ Local:2:I.Data		Binary	DINT
⊞ Local:2:I.CSTTimestamp	{ . . . }	Decimal	DINT[2]
⊞ Local:2:I.FuseBlown		Binary	DINT

图 2-61　模块故障标签

● 模块故障字：提供模块的故障概要信息，它的标签名是 Fault。

● 熔断器断开字：该字表示模块上的一点/组的熔断器已断开，它的标签名是 Fuse-Blown。

以上各个故障字都是 32 位，一个通信错误会将模块故障字中的所有位置位，任何组的熔断器断开时，会将熔断器断开字组的所有位置位，同时将模块故障字中的相应位置位。

3. 利用 GSV 指令快速查看模块故障

在编程实例中，往往将所有模块的状态信息都存储在一个数组中，以便快速查看模块的状态信息。RSLogix 5000 软件提供了一个可以提供模块状态信息的指令 GSV，该指令可以访问 MODULE 对象，将指定模块的状态信息存储在目标标签中。需要指明的是，对象名称（Instance Name）是存在于控制器 I/O 配置里的模块设备名称。如图 2-62 所示，利用 GSV 指令将模块名为 OB16E_1_A_07 的故障代码和入口状态分别存放在二维数组 MF_FAULTCODE［1，7］和 MF_ENTRYSTATUS［1，7］中。其中，入口状态的低 12 位保留，没有实际意义，而高 4 位的数值意义见表 2-10。

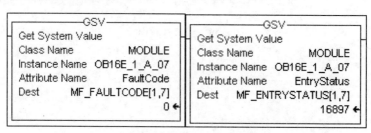

图 2-62　模块故障信息提取

表 2-10　模块入口状态位信息

状态位数值	意　义	状态位数值	意　义
0000	待机：控制器正在上电	1000	故障：检测故障码不等于另以确定是否模块出错
2000	有效性验证：模块对象在建立与模块连接之前验证模块对象的完整性	3000	连接：模块对象初始化与模块的连接
4000	运行：建立起与模块的所有连接并成功地进行数据传送	5000	关闭：模块对象处于关闭所有与模块的连接的过程中
6000	禁止：模块对象禁止	7000	等待：模块对象所依存的父模块对象未运行

2.3　框架及电源模块

2.3.1　框架

ControlLogix 框架有 4 槽、7 槽、10 槽、13 槽和 17 槽 5 种形式，并且对控制器所处的槽位没有要求。

框架的背板在模块之间提供了高速的通信通道。背板上多个控制器可相互通信，信息可通过背板完成不同网络间的路由，以达到网络之间的无缝集成。

在安装 ControlLogix 框架的时候，需要注意以下两点：

（1）框架间距

在控制柜内安装框架时，框架间距必须确保符合的要求如图 2-63 所示。

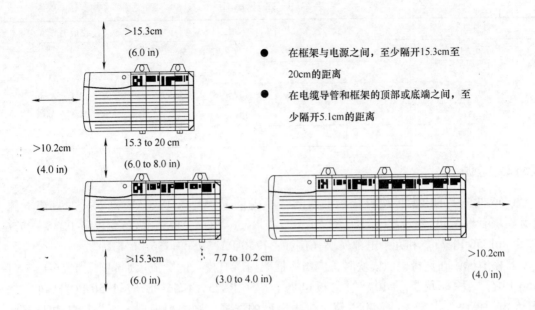

>15.3cm
(6.0 in)
在框架与电源之间，至少隔开15.3cm至20cm的距离
在电缆导管和框架的顶部或底端之间，至少隔开5.1cm的距离
>10.2cm
(4.0 in)
15.3 to 20 cm
(6.0 to 8.0 in)
>15.3cm
(6.0 in)
7.7 to 10.2 cm
(3.0 to 4.0 in)
>10.2cm
(4.0 in)

图 2-63　框架间距

（2）接地

每个 ControlLogix 框架都有一个接地螺母，具体的位置如图 2-64 所示。

如果控制柜的面板上有多个框架，建议采用如图 2-65 所示的方法进行接地。

安全接地螺母
接地铜排
接地铜排

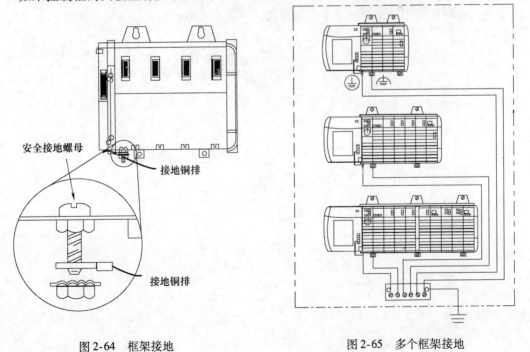

图 2-64　框架接地

图 2-65　多个框架接地

ControlLogix 框架的 5 种规格见表 2-11。

表 2-11   框架类型

目录号	槽数	尺寸(H×W×D)	背板电源
1756-A4	4	137×263×145mm	
1756-A7	7	137×368×145mm	4.0A @ 3.3V dc
1756-A10	10	137×483×145mm	15.0A @ 5V dc
1756-A13	13	137×588×145mm	2.8A @ 24V dc
1756-A17	17	137×738×145mm	

2.3.2 电源

1756 框架上的电源模块直接给框架的背板提供 1.2V、3.3V、5V 和 24V 的直流电源。电源模块有标准电源模块（例如：1756-PA72、1756-PB72、1756-PA75、1756-PB75、1756-PC75 和 1756-PH75）和冗余电源模块（例如：1756-PA75R 和 1756-PB75R）。

严格地说，在选择电源模块时，应当将框架内所有模块的电流累加起来。1756-PA72 和 1756-PB72 电源模块提供 10A 的背板电源。1756-PA75、1756-PB75、1756-PC75 和 1756-PH75 电源模块提供 13A 的背板电流。对于电压的选择，则要根据现场所提供的电源类型。例如，如果现场提供 220V 的交流电压，框架内模块所需背板提供的电流在 11A 左右，则最好选择 1756-PA75 模块。

当电源模块的供电电压降到极限电压以下时，每个交流输入电源模块都在背板上发出关机信号。当模块的供电电压回升到极限电压以上时，则关机信号消失。该关机信号可确保将有效的数据存入控制器的内存。

安装电源模块时，应按照框架上的凹槽进行安装电源模块，如图 2-66 所示。

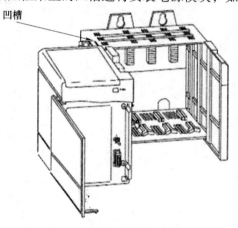

图 2-66   电源安装

第 3 章

数 据 文 件

学习目标

- 了解标签的含义
- 创建标签别名
- 完成 I/O 工程标定
- 数据结构的含义

控制器的数据文件是指在读取和储存数据的变量以及变量对应的数据结构，在 Control-Logix 控制器中，数据的读取与存储是通过标签来实现的，它占用控制器的一块内存区域，用来存储中间计算结果以及设备自身信息的数据。与传统的可编程序控制器不同，控制器能够直接运用实名标签，例如使用"READY"、"START"等。这样就不需要额外的标签名称与实际 I/O 物理地址对应的交叉参考列表，唯一的地址就是标签名称，这样就使程序具有更高的可读性，即使没有说明性的文档也能够看懂。

站场控制系统中的数据分为 I/O 数据、中间变量，I/O 标签在组态 I/O 模块后自动生成，中间变量需要用户自己创建。本章主要介绍了站场如何建立使用标签以及相应的数据类型，并提出了数据文件的定义标准。

3.1　标签地址

3.1.1　标签的操作

在控制器的内部直接采用基于标签的寻址方式。使得在内置 FactoryTalk 服务的系统中，一旦定义标签，就可以在系统的任何地方应用。新定义的标签可以立即在整个内置 FactoryTalk 服务的系统中生效。这些标签即不是保存在某个通用的数据库中，也不是在多个数据库之间进行复制，标签保存在控制器的内部。

综上所述，同传统的解决方案相比，使用标签来存储和读取数据，带来了如下诸多的优点：

- 标签实名功能，不仅缩短了初期的开发时间，还可以节省后期维护成本。
- 避免了导入、导出和复制复杂数据库，对于罗克韦尔自动化的控制类产品，例如 1756 系列的 I/O 模块、PowerFlex 变频器还有 Kinetix 的伺服驱动器等，可以自动创建标签。
- 避免了由于采用单一数据库出现故障后对整个系统造成重大损失。
- 程序更容易阅读。

1. 创建标签

在 ControlLogix 中，数据分为 I/O 数据和中间变量数据，I/O 数据的标签在组态 I/O 模块完毕后会自动生成，所谓创建标签实际是为中间变量数据创建的存储区。

（1）Edit Tags 窗口创建标签

具体操作如下：

新建工程后，根据需要单击 Controller Tags 或者 Program Tags 标签区域，在弹出的窗口选择 Edit Tags 选项卡，如图 3-1 所示。

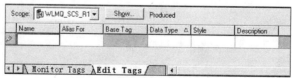

图 3-1　编辑标签窗口

在编辑标签区域，有 Name（标签名称）、Alias For（映射地址）、Data Type（数据类型）、Style（显示类型）和 Descriptions（注释信息）。在 Name 处输入标签名称后，自动出现默认的数据类型和显示类型等信息。然后单击 Data Type，根据需要数据类型，如图 3-2 所示。

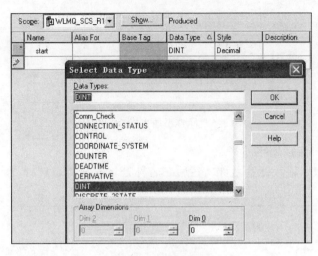

图 3-2　编辑标签窗口

现在，将这个标签创建为 BOOL（布尔型）标签，在输入框内输入 BOOL 即可，如果要建立数组，则在 Array Dimensions 中输入数组的个数即可，如图 3-3 所示。

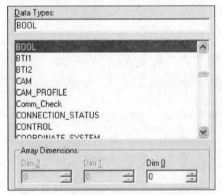

图 3-3　选择标签的数据类型

单击 Description 下面的空白处，即可输入注释信息，如图 3-4 所示。

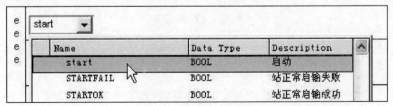

图 3-4　添加注释信息

这样就创建完毕了一个布尔型的标签，在程序中直接使用即可，如图 3-5 所示。

图 3-5　在程序中添加标签

输入标签后，注释信息也自动地添加进来，如图 3-6 所示。

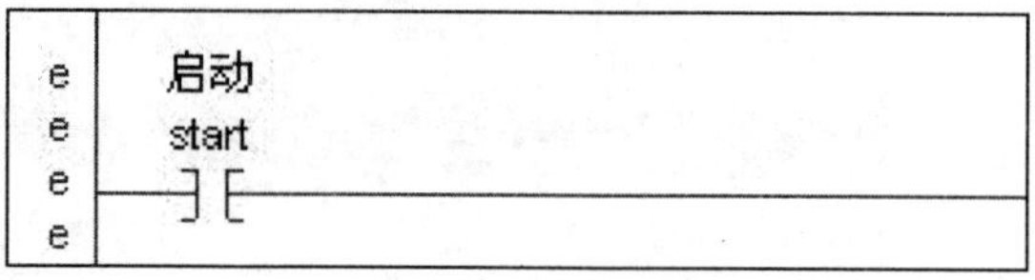

图 3-6　标签添加完毕后的信息

（2）在编程序时直接创建标签

在程序标签窗口，输入标签名称，然后在名称处单击右键，选择 New "run"，如图 3-7 所示。

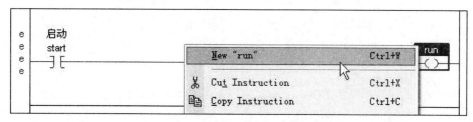

图 3-7　新建标签

弹出如图 3-8 所示窗口，在此窗口中，有 Name（标签名称）、Description（注释信息）、Type（有基本型、别名型、生产和消费类型）、Data Type（数据类型）、Scope（作用域：控制器域或者程序域）以及 Style（样式：十进制、二进制、八进制或者十六进制）等。

单击 OK 后，标签如图 3-9 所示。

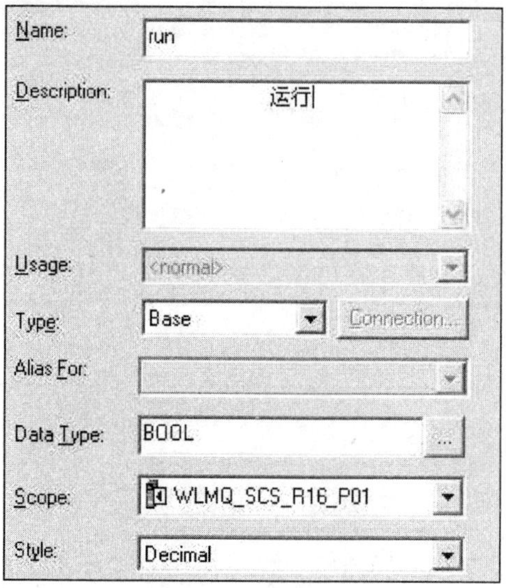

图 3-8　编辑标签

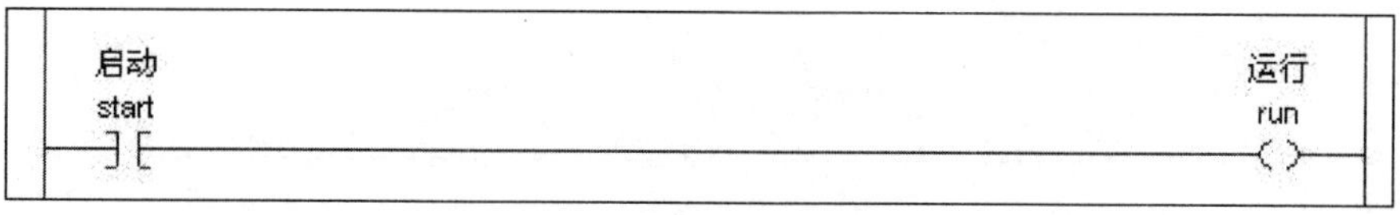

图 3-9　编辑完毕后的标签

2. 标签的查找及交叉索引

在进行工程调试和开发时，经常会查找在何处使用过该标签。可以通过搜索的方法实现，打开某个工程，在工程中待查找的标签处单击右键，如图 3-10 所示。

COL401入口温度测量
GEQ
Grtr Than or Eql (A>=B)
Source A　TT4002
<F8[5]>
9.655371
Source B　52
1号出口阀 全开到位
自动开
Edit "XV4702" Properties
Find All "XV4702.ZSH"
Go To Cross Reference For "XV4702.ZSH"
Monitor "XV4702.ZSH"
Trend "XV4702.ZSH"

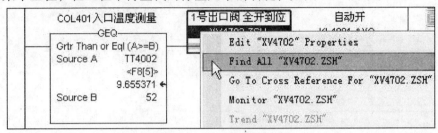

图 3-10　查找标签功能

然后，单击左键即可，在编辑窗口下方的 Search Results（搜索结果）窗口会显示出搜索的结果，以及标签所在的指令，如图 3-11 所示。

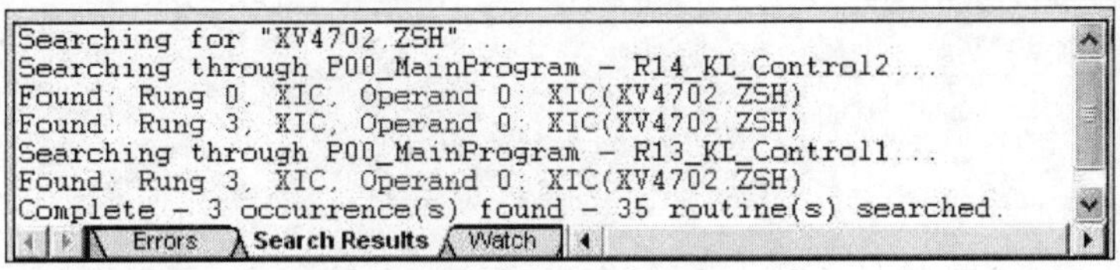

Searching for "XV4702.ZSH"...
Searching through P00_MainProgram - R14_KL_Control2...
Found: Rung 0, XIC, Operand 0: XIC(XV4702.ZSH)
Found: Rung 3, XIC, Operand 0: XIC(XV4702.ZSH)
Searching through P00_MainProgram - R13_KL_Control1...
Found: Rung 3, XIC, Operand 0: XIC(XV4702.ZSH)
Complete - 3 occurrence(s) found - 35 routine(s) searched.
Errors
Search Results
Watch

图 3-11　搜索结果窗口

这时，双击其中的任意行，程序开发窗口会自动跳转至标签所在的梯级，如图 3-12 所示。

3
KLTIME1[0].DN
KLTIME1[9].DN
1号出口阀 全开到位
XV4702.ZSH
自动开
KL4003.AXO
自动开
KL4004.AXO
2号出口阀 全开到位
自动开
R14_KL_Control2
P00_MainProgram
Searching for "XV4702.ZSH"...
Searching through P00_MainProgram - R14_KL_Control2...
Found: Rung 0, XIC, Operand 0: XIC(XV4702.ZSH)
Found: Rung 3, XIC, Operand 0: XIC(XV4702.ZSH)
Searching through P00_MainProgram - R13_KL_Control1...
Found: Rung 3, XIC, Operand 0: XIC(XV4702.ZSH)
Complete - 3 occurrence(s) found - 35 routine(s) searched.
Errors
Search Results
Watch

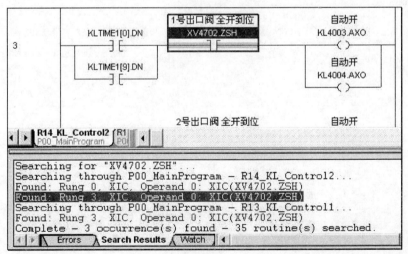

图 3-12　查看标签所在的指令

另一种方法是在标签上单击右键，选择 Go To Cross Reference 标签名称（交叉索引），如图 3-13 所示。

单击左键即可启动该功能，弹出如图 3-14 所示窗口。

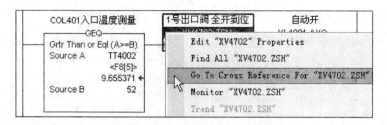

图 3-13　选择交叉索引功能

Element	Container	Routine	Locat...	Reference	BaseTag
XVLOGIC	P00_MainP...	R02_XV_Co...	R...	XV4702	
XIC	P00_MainP...	R13_KL_Co...	R...	XV4702.ZSH	
XIC	P00_MainP...	R14_KL_Co...	R...	XV4702.ZSH	
XIC	P00_MainP...	R14_KL_Co...	R...	XV4702.ZSH	

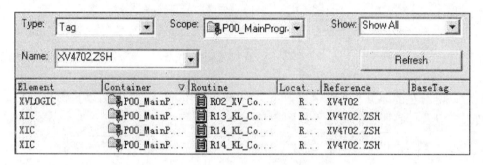

图 3-14　交叉索引列表

3. 标签监视

在线状态下，可以进行标签监视。具体操作如下：在待监视的标签上单击右键，选择 Monitor 标签名称，如图 3-15 所示。

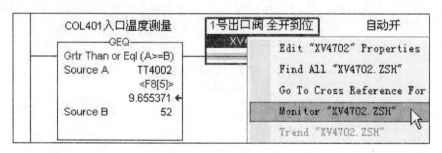

图 3-15　选择监视标签功能

单击左键即可启动该功能，弹出如图 3-16 所示窗口。也可以直接在标签作用域打开监视标签选项卡直接进行查看。

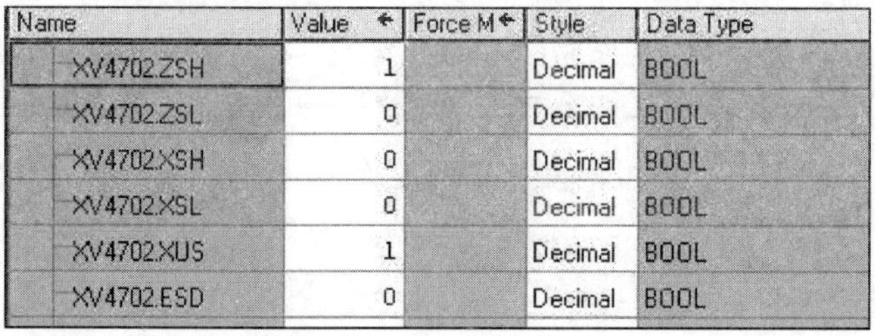

Name	Value	Force M	Style	Data Type
XV4702.ZSH	1		Decimal	BOOL
XV4702.ZSL	0		Decimal	BOOL
XV4702.XSH	0		Decimal	BOOL
XV4702.XSL	0		Decimal	BOOL
XV4702.XUS	1		Decimal	BOOL
XV4702.ESD	0		Decimal	BOOL

图 3-16　标签监视区域

3.2 I/O 的工程量标定

在工程应用中，模拟量输入模块将各种满足 IEC 标准的直流信号（如 4~20mA、0~5V、-10~+10V、0~10V）转换成 8 位、10 位、12 位或 16 位的二进制数字信号送给 CPU 进行处理，模拟量输出模块将 CPU 的二进制信号转换成满足 IEC 标准的直流信号，提供给执行机构。但是，程序运行时所处理的数据为实际的工程量，所以在使用数据之前，需要对 I/O 进行工程量标定。

对于 1756 系列的 I/O 模拟量模块，在组态 I/O 模块时，可以在组态界面中设定 IEC 标准的直流信号以及工程标定的最大值和最小值，如图 3-17 所示。因此，CPU 接收的数据是浮点型数据，可直接用于程序运算。

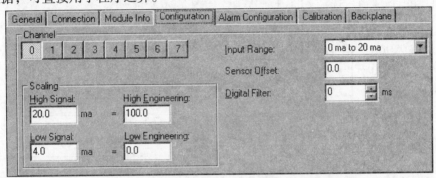

图 3-17　1756 系列的 I/O 模拟量模块组态界面

对于 1794 系列的 FlexI/O 模拟量模块，只能在组态界面设定 IEC 标准的直流信号，并不能设定工程标定的最大值和最小值，如图 3-18 所示。因此，CPU 接收的数据是整型数据，需要进行工程标定，才能用于程序运算。

以 1794-IE8/B 模块为例，它将 IEC 标准的直流信号转换为 16 位的二进制数字信号送给 CPU，可以将 4~20 mA 电流信号线性对应到二进制数 0~30840，对应关系如图 3-19 所示。所以根据线性关系，利用计算指令 CPT 完成对工程量的标定，如图 3-20 所示。其中，Scale_Max 是工程量最大值，Scale_Min 是工程量最小值，Input_Max 是输入量最大值（30840），Input_Min 是输入量最小值（0），Input 是模拟量模块传送给 CPU 的二进制数。

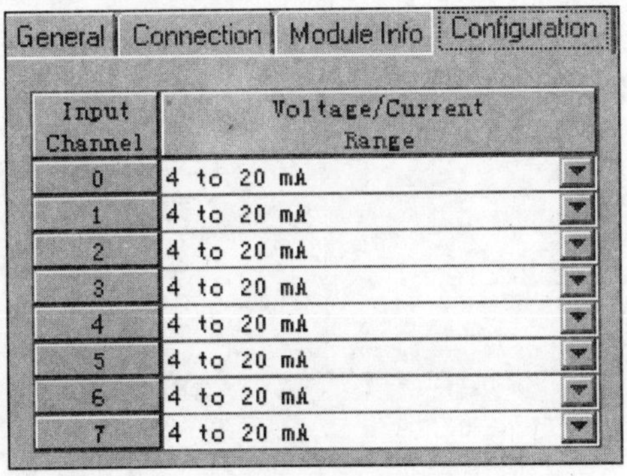

图 3-18　FlexI/O 模拟量模块组态界面

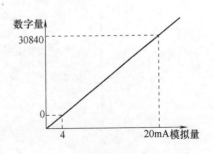

图 3-19　模拟量信号与转换数据关系

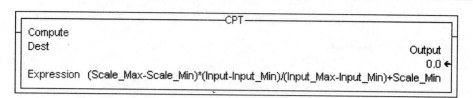

图 3-20 工程量标定逻辑

3.3 标签别名

标签别名功能为 ControlLogix 控制系统独有的功能。正是有了这项功能，在对 ControlLogix 控制器进行开发时才能独立于硬件 I/O 地址的分配，这样大大加快了开发工程的速度。

1）在 Edit Tags 窗口选择 Alias For 选项，如图 3-21 所示。

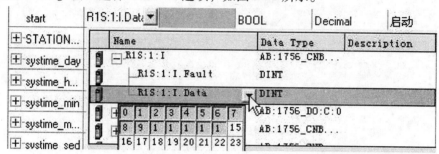

图 3-21 标签别名

2）建立新标签时，在 Type 的下拉框处选择 Alias，如图 3-22 所示。

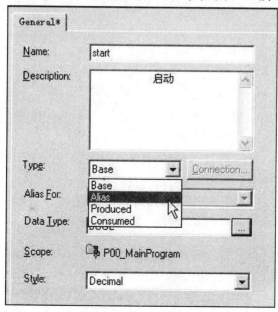

图 3-22 选择标签别名

然后，在 Alias For 下拉框中选择实际的 I/O 点即可，如图 3-23 所示。

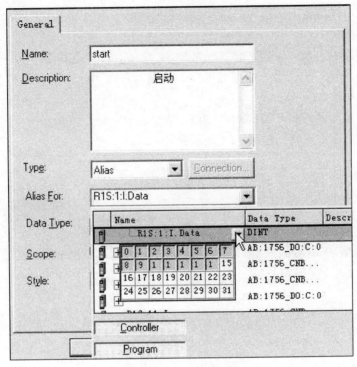

图 3-23　进行标签别名

3.4　数据结构

3.4.1　数据区域与类型

标签可分为 Controller Tags（控制器域标签）和 Program Tags（程序域标签），它们的区别如下：控制器域标签，例如创建 I/O 标签，工程中所有的任务和程序都可以使用；程序域标签，标签只有在与之相联的程序内才可以使用。两者的关系如同全局变量（控制器域标签）和局部变量（程序域标签）。

数据类型是用于定义标签使用的数据位、字节或字的个数。数据类型的选择是根据数据源而定的。在 ControlLogix 控制系统中，主要有两种类型的数据。

预定义数据类型：使用内存空间或者软件中已定义的数据结构体的类型。

基本数据类型：由一个数据片组成的简单的数据类型，见表 3-1。

表 3-1　常见的数据类型

数 据 类 型	定　　义
BOOL（布尔型）	为单个数据位。这里 1＝接通；0＝断开（可以用来表示离散量装置的状态，例如按钮和传感器的状态）
SINT（单整型）	单整型（8 位），范围是-128 到＋127
INT（整型）	一个整型数或者字（16 位）范围是-32，768 至＋32，767（例如，PLC-5®数据）
DINT（双整型）	双整型（32 位），用来存储基本的整型数据，范围是-2，147，483，648 至＋2，147，483，647（例如：序列号）
REAL（实型）	32 位浮点型（例如用来表示模拟量数据，如电位计的数据）
STRING（字符串型）	用来保存字符型数据的数据类型（例如存储 "car" 和 "this is text"）

数据类型之所以重要，是因为它涉及数据在控制器中的内存分配问题。

下面将详细讲述：

任何数据的最小内存分配的数据类型为 DINT 型（双整型或者 32 位）。DINT 型为 Logix 5000 的主要数据类型。当读者分配了数据后，控制器自动为任何数据类型分配下一个可用的 DINT 内存空间。

当给标签分配数据类型（如 BOOL、SINT 和 INT 型）时，控制器仍占用一个 DINT 型空间，但实际只占用部分空间，如图 3-24 所示：

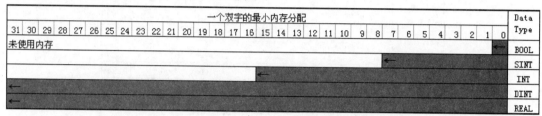

图 3-24　最小内存分配示意图

由于上述原因，推荐读者在创建标签的时尽可能地创建 DINT 类型的标签。

3.4.2　数组

ControlLogix 控制器允许使用数组数据。

数组是包含一组多个数据的标签。它有以下的特征：

- 每个元素使用相同的数据类型；
- 数组标签占据控制器中的一个连续内存块，每个元素顺序排列；
- 可以使用高级指令（文件指令等）操作数组中的元素；
- 数组有一维、二维和三维三个种类。

数组中的每个元素都由下标标识。下标从 0 开始，至元素数目减 1 的位置结束。如图 3-25 所示为通常的数组标签。

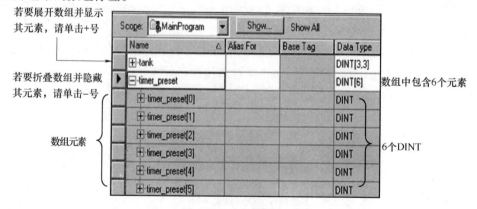

图 3-25　数组标签示意图

创建数组的过程比较简单，在创建标签时，选择数据类型，单击旁边的按钮，会弹出如图 3-26 所示界面。

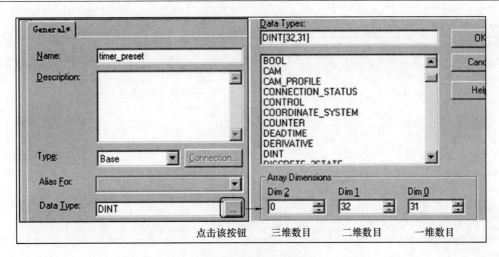

图 3-26　创建数组及其维数

另外，需要特别说明的是使用数组数据类型不但可以节省内存，加快通信速度，而且还有专门的用于处理数组的指令。可大大地方便编程，缩短工程的开发周期。

在一个实际的工业控制系统中，往往不是只采用一个厂家统一型号的控制设备，而一旦设备不一致就会涉及寻址方式的差异问题。Logix 5000 软件提供了多种数据移动/逻辑指令，可以方便地完成 I/O 映射问题。

以 BTD 指令为例，它可以复制 Source 中的指定位，将这些位移动到适当的位置，并写入 Destination。如图 3-27 所示，在 IO_MAPP 子例程中，利用 BTD 指令将 DINT 型 I/O 数据的前 6 位复制到了 INT 型 N7〔80〕数据的前 6 位。其中，各个操作数的意义见表 3-2。

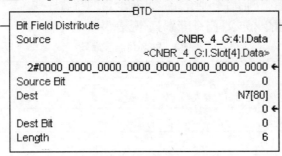

图 3-27　I/O 映射实例

表 3-2　BTD 指令操作数

操作数	类　型	格　式	说　明
Source	SINT INT DINT	立即数 标记	包含要移动的位的标记
Source Bit	DINT	立即数 （DINT　0～31） （INT　0～15） （SINT　0～7）	位编号（最低位编号），将从该位开始移动,必须在 Source 数据类型的有效范围内

（续）

操作数	类 型	格 式	说 明
Destination	SINT INT DINT	标记	位要移动到的位置的标记
Destination Bit	DINT	立即数 （DINT 0~31） （INT 0~15） （SINT 0~7）	位编号（最低位编号），将从该位置开始复制 Source 中的位，必须在 Destination 数据类型的有效范围
Length	DINT	立即数（1~32）	要移动的位数

3.5　数据文件定义标准

3.5.1　标签命名标准

　　站场内设备的数量与种类较多，故对设备、阀门及中间变量命名时，要按照一定的命名标准。由于不同站场在编写程序时所定义的命名标准不同，给不同站场相互阅读程序带来了一定的困难，故编者定义了一套标准的设备命名标准，方便读者对照参考。站场内的变量主要有三种，分别是 I/O 变量，上位机命令变量和中间变量，其中 I/O 变量中有表示阀门的变量还有表示设备的变量。下面将分别介绍这几种变量的命名标准。

　　根据站场的不同功能区定义了一下编号，见表 3-3。

表 3-3　站场功能区编号

序　号	站场工艺区域	数字代号
1	进、出站区（包括清管器接收、发送系统）	1
2	分离过滤区	2
3	加热器（炉）区	3
4	压缩机区（含空冷器）	4
5	计量区	5
6	调压区	6
7	燃料气处理系统	7
8	放空管和放空火炬系统	8
9	排污系统	9
10	空气压缩系统	10

　　注：为区别西二线与西三线合建各站场设备编号，在西三线各站场设备编号前加 3，以示与西二线西段管道各站场设备区别。

1. 阀门编号

各工艺站场流程图中所有电动阀均编号，初设阶段公称直径≤DN50 的手动阀门不需编号。阀门按以下形式进行编号：

站场内阀门按照以下形式进行编号：

3   1   2   03

①   ②   ③   ④

说明：①3—西三线西段管道编号；

②1—站场功能区编号，（见表 3-1）；

③2—管路编号（1-9）；

④03—阀门序列号（01-99）。

2. 设备编号

站场内设备、非标设备按照表 3-4 形式进行编号。

COL   3   2   001

①   ②   ③   ④

说明：

①COL—设备代号，（见表 6-2）；

②3—西三线管道编号；

③2—站场功能区编号；

④001—设备序列号（001-999）。

表 3-4 设 备 代 号

序 号	设备名称	代 号	序 号	设备名称	代 号
1	压缩机	UL	5	排风机	PF
2	组合式过滤分离器	SC	6	送风机	SF
3	冷却器	COL	7	加热器	TSH
4	空压机	KY	—	—	—

3. 中间变量

下面列举了一些典型的中间变量命名标准，见表 3-5。

表 3-5 中间变量命名标准

序 号	变 量 名	含 义	序 号	变 量 名	含 义
1	READY	准备好	7	RY	机组
2	START	启动命令	8	ZYQ	自用气
3	STOP	停止命令	9	REM	远程
4	FAIL	失败	10	FAULT/FLT	故障
5	SUC	成功	11	SPFJ	风机
6	RESTART	重新启动	12	ALARM	报警

3.5.2　数据结构的规划

站场内不但设备的 I/O 点数多，而且内存变量也占有很大的比例，故要对数据结构进行规划，从而增加内存空间的利用率以及减少扫描时间。数据结构的规划遵循以下几点：

（1）尽可能将相同类型的数据放在同一个数组或是结构体中

不同的数据类型，其扫描的时间周期是不同的，将不同类型的数据放在一个结构体中会增加整体的更新数量。

（2）多使用数组或者结构体变量，尽可能地不要使用单个标签变量

AB 控制器使用的 32 位进程制，即使是建立一个 BOOL 型的变量，它在控制器的内存中也是按照 32 位进行的存储，这样就在无形中浪费了其余的 31 位内存。

（3）多使用 DINT 型的变量，不使用 SINT 或 INT 型的变量

罗克韦尔自动化控制器使用的是 32 位的线程控制。如果使用 INT 型的变量，控制器在处理数据时，会先将 INT 型的数据转化成 DINT 型的数据，然后进行计算，结束后再转成 INT 型的数据显示出来。如果使用 DINT 型的数据就无需转化从而节省掉转化数据的时间。

（4）删除没有使用的数据标签

删除无用标签不仅可以减少 PLC 内存的使用量，而且还可以减少冗余系统需要更新的数据数量，这样可以进一步缩短整个系统的扫描，更新时间。

（5）合理分配结构体中的数据变量的位置

如图 3-28、3-29 所示，移动第两个 BOOL 量的位置将节省 4 个字节的内存，所以建议将结构体中的变量按照数据类型所占内存从小到大排列（BOOL，SINT，INT，DINT），或是从大到小排列（DINT，INT，SINT，BOOL）。

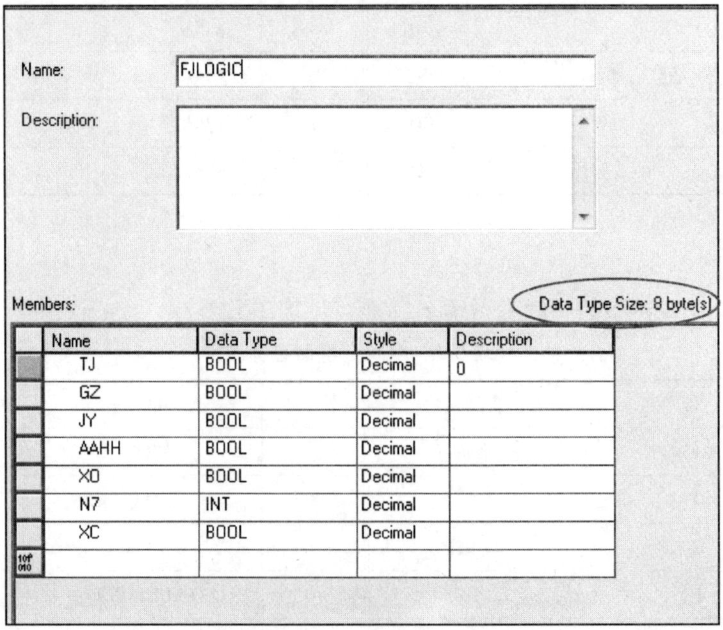

图 3-28　原数据类型排序

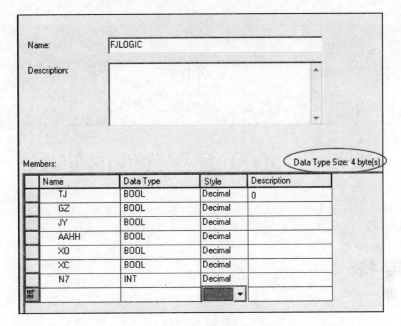

图 3-29　修改后数据类型排序

第 4 章

RSLogix 5000 编程软件的使用

学习目标

- 使用示例程序

- 掌握 RSLogix 5000 软件

- 使用不同的方法创建标签

- 梯形图的使用

- 编程指令的使用

　　本章以站控系统工艺流程为例，讲解 RSLogix 5000 编程的基本方法。站控系统主要控制天然气的进站和出站、过滤分离器和空冷器等工艺流程。

　　以站场为正常输送天然气模式为例，天然气从进站口进入站场内，然后在过滤分离器部分进行除杂，除杂后输送到机组中进行压缩，由于天然气被压缩后温度较高，在传输过程中对输送管道的影响较大，因此压缩的天然气进入空冷器系统进行冷却后再从出站口输送到下一个压气站。以上的过程都是通过简单的编程指令实现的。本章在讲解 RSLogix 5000 编程基本方法的同时也为读者列出了梯形图的编程原则，以减少程序的扫描时间，提高程序的可读性。

4.1　编程入门

　　本小节主要针对本章开始时所提的背景，主要涉及以下的步骤：
- 创建工程；
- 根据应用项目要求创建任务、程序和例程；
- 设置任务、程序和例程；
- 创建标签、编写梯形图程序；
- 下载和运行工程。

4.1.1　创建工程

　　打开 RSLogix 5000 软件，单击 File→New 创建新项目。这时出现 New Controller 界面。起始槽号为 1。可以直接观察 ControlLogix 背板，确定 Logix 5563 控制器所在槽位；也可以打开 RSLinx 软件，组态通信，在 RSWho 中确定 Logix 5563 控制器槽位，后者显然更适用于操作员处于远程位置操作。组态界面如图 4-1 所示。

　　单击 OK，弹出工程界面，如图 4-2 所示。

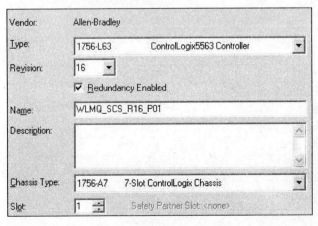

图 4-1　新建控制器对话框

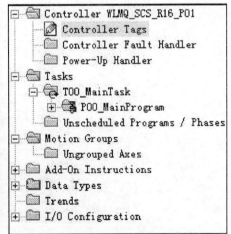

图 4-2　新建项目资源管理器

　　现在已经创建了一个 ControlLogix 项目，还没有添加任何与项目相关的 I/O 模块，项目中也没有可执行的代码（如梯形图）。

4.1.2 创建程序文件

根据应用实例要求，来组织控制器 WLMQ _ SCS _ R16 _ P01 项目中任务、程序和例程及其操作要求。控制器 WLMQ _ SCS _ R16 _ P01 项目组织结构，见表4-1。

表 4-1 控制器 WLMQ _ SCS _ R16 _ P01 项目组织

任务	包含程序	包含例程	执行的操作
T00 _ MainTask	P00 _ MainProgram	R00 _ MainRoutine	调度子例程
		R01 _ CPU _ Module _ State	CPU 模块状态检测
		R02 _ COMM _ TEST	通信测试
		R03 _ AnyBus _ Comm	AnyBus 通信
		R04 _ PLC _ TO _ ESD	PLC 传给 ESD 数据
		R05 _ ESD _ TO _ PLC	ESD 传给 PLC 数据
		R06 _ MAPPING	I/O 映射
		R07 _ Input _ DI	数字量输入数据
		R08 _ Input _ AI	模拟量输入数据
		R09 _ Output _ DO	数字量输出数据
		R10 _ Output _ AO	模拟量输出数据
		R11 _ CS _ Switch	中心/站控切换
		R12 _ STATION _ START	启站控制
		R13 _ STATION _ STOP	停站控制
		R14 _ CT _ Control	冷却塔控制
		R15 _ CT _ Control1	冷却塔控制 1
		R16 _ SC _ Start	过滤分离器启动控制
		R17 _ KL _ Control	空冷控制
		R18 _ KL _ Control1	空冷控制 1
		R19 _ KL _ Control2	空冷控制 2
		R20 _ KL _ Control3	空冷控制 3
		R21 _ KY _ Control	空压机控制
		R22 _ TF _ Condition1	通风控制 1
		R23 _ TF _ Condition2	通风控制 2
		R24 _ TF _ Condition3	通风控制 3
		R25 _ FJ _ Control	风机控制
		R26 _ RY _ READY _ Out	启机条件满足
		R27 _ RY _ Control	机组控制
		R28 _ RIZHIDING	日制定控制
		R29 _ NENGHAO	能耗计算
		R30 _ PID _ Control	PID 控制
		R31 _ DDB	单体计量
		R32 _ CP _ Control	阴保控制
		R33 _ XF _ Control	消防控制
		R34 _ FV _ Control	循环阀控制
		R35 _ XV _ Control	阀控制
		R36 _ FIREERR _ Bypass	火灾旁路控制
		R37 _ TE _ Control	加热柜控制

控制器 WLMQ _ SCS _ R16 _ P01 中任务必须符合以下要求：

- 执行时间不超过 500ms；
- 根据调度连续运行。

ControlLogix 控制器不仅支持 Continuous（连续型）任务，还支持 Periodic（周期型）和 Event（事件型）任务。根据上述 WLMQ _ SCS _ R16 _ P01 的操作要求，控制器 WLMQ _ SCS _ R16 _ P01 中的主任务应该为连续型任务。

当创建这一控制器时，项目管理器里面自动生成了 Main Task 任务、Main Program 程序和，Main Routine 例程。将其分别命名为 T00 _ Main Task、P00 _ Main Program 和 R00 _ Main Routine，如图 4-3 所示。我们将此例程作为调度例程，用来调度其他的子例程。

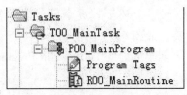

图 4-3　主任务

为 T00 _ Main Task 任务的 P00 _ Main Program 程序创建其他的子例程。右键单击 P00 _ Main Program 程序，在弹出菜单中选择 New（新建），在弹出的对话框中输入名称 R01 _ CPU _ Module _ State（CUP 模块状态检测），类型为 Ladder Diagram（梯形图），范围在 P00 _ Main Program 程序中，如图 4-4 所示。该例程用于对输入的模拟量进行标定。

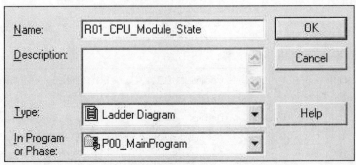

图 4-4　创建子例程

同理，创建其他的子例程例程，类型为 Ladder Diagram（梯形图），范围在 P00 _ MainProgram 程序中。执行如下操作：

- 创建所需程序；
- 创建所需例程并指定主例程。

单击 File→Save，保存该项目。该项目所有任务、程序和例程创建完毕。

4.1.3　创建标签

在本实验中，将创建相应标签和数组。Logix 控制器的特点：无需手动进行 I/O 映射，根据控制属性，自动创建/命名标签，并且支持结构体和数组。控制器域和程序域标签的分类提高了代码重用性。

右键单击 Controller Tags（控制器标签），在弹出的菜单中选择 New Tag（新建标签）。Tag Name 类似于其他编程语言中的变量，用于存储数值。可以根据 P&ID（管道仪表图）或电气设计图中的符号名称来命名标签（Tag Name）。在此输入标签名称会保存在 PLC 中，不会因为更换用于编程的上位机而丢失。且这些 Tag Name 可供系统中的人机界面直接使用，而无须重新定义。这会为编程、文档管理和系统维护带来极大的便利。在对话框中输入名称 SGREADY，数据类型 BOOL，标签类型为 Base（基本型），范围为 WLMQ＿SCS＿R16＿P01（Controller），显示类型为 Decimal（十进制），如图 4-5 所示。

按照上述步骤逐个创建以下控制器域的标签，如图 4-6 所示。

创建下面的 P00＿Main Program 程序域内的标签，如图 4-7 所示。

4.1.4 编写梯形图程序

创建了任务、程序、例程以及所需标签后，需要编写梯形图逻辑程序。RSLogix 5000 编程软件支持梯形图，读者可以根据自己的需求灵活地选择编程语言。

本节目标：

- 输入梯级和指令；
- 使用快捷键输入指令和梯级元素；

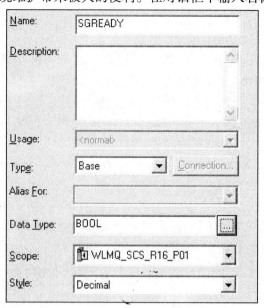

图 4-5 新建标签

ENBT_A_FAULT	0		Decimal	BOOL	ENTHERNET_A 网错误（1 报警）
ENBT_B_FAULT	0		Decimal	BOOL	ENTHERNET_B 网错误（1 报警）
ESD6301B	0		Decimal	BOOL	
XC_4501	0		Decimal	BOOL	4501 的关阀命令
XC_4501_4502	0		Decimal	BOOL	ESD 传来的 4501，4502 关阀命令
XC_4502	0		Decimal	BOOL	4502 的关阀命令

图 4-6 控制器域标签

AAH_MCC	0		Decimal	BOOL
AAH_MCC1	0		Decimal	BOOL
AAH_MCC2	0		Decimal	BOOL
AAH4001	0		Decimal	BOOL
AAH4002	0		Decimal	BOOL

图 4-7 P00＿Main Program 程序域内标签

- 输入分支；
- 掌握常用指令，如输入、输出、定时器和跳转子程序等；
- 在多个项目间复制梯级；
- 校验梯形图逻辑。

添加梯级和输入指令。右键单击 T00＿Main Task→P00＿Main Program →R00＿Main Routine，从弹出菜单中选择 Open（打开）或者直接双击 R00 _ Main Routine，如图 4-8 所示。

在弹出的编程窗口中编写调度例程，如图 4-9 所示。

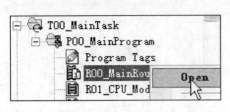

图 4-8　打开 R00 _ Main Routine 例程

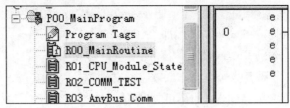

图 4-9　R00 _ Main Routine 编程窗口

出现在右边窗口的梯级处于编辑（Edit）模式，在梯级的左边标着"e"。现在可以添加指令和梯级了。

R00 _ Main Routine 主例程的作用是调度子例程。首先，输入一个跳转（JSR）指令（属于 Program Control 类），单击 JSR，它就出现在梯级的相应位置，如图 4-10 所示。

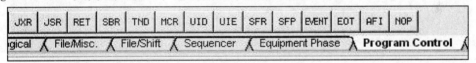

图 4-10　JSR 指令位置

注意：也可以将其拖到梯级上，或者双击 e 标记，然后在弹出的窗口中输入 JSR，或者按下 Insert 键，输入 JSR。

无论采用哪种方法都能够使用 JSR 指令，输入要跳转的子例程。然后，在 Routine Name 输入或者选择你所要跳转的子例程如图 4-11 所示。

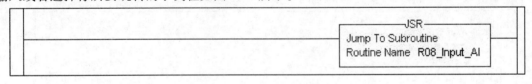

图 4-11　JSR 指令的应用

在主例程中编程其他子例程的跳转指令和上例类似，在此不再讲解。

然后，编辑其他子例程，在这里主要介绍一些常见的编程方法，使用 EQU 指令时需要在 EQU 指令的 Source A 和 Source B 处输入正确的标签地址。所有需要用到的标签在上一实验中都已经创建完毕，这时仅需双击问号，然后单击向下箭头，如图 4-12 所示。

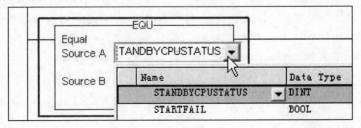

图 4-12　设置 Source A 参数

可以在 Controller Scope Tags 和 Program Scope Tags 之间切换界面。由于某些标签需要多次使用，故将作用域设置为 Controller Scope Tags。

需要注意的是，如果一个标签被定义为 Program Scope Tags，那么，只有属于这个 Program 的 Routine 才可以对此变量进行读/写操作。

双击 Source B，直接输入立即数 2，如图 4-13 所示。如果不采用立即数方式，而采用标签的方式，那么和 Source A 的创建方式一样。

按照上述方法，为 T00 _ Main Task→P00 _ Main Program →CPU Module Fault 例程创建如图 4-14 所示梯形图逻辑。

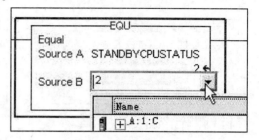

图 4-13　设置 Source B 参数

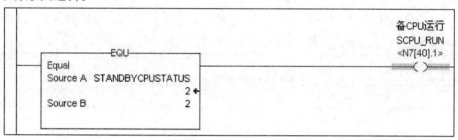

图 4-14　创建梯形图逻辑

创建定时器指令，在此站控程序中需要大量的定时器指令对需要操作的动作进行延时，如上创建 EQU 指令一样，创建 TON 指令。创建完成后在 Timer 中输入或者选择定时器的标签，在 Preset 一栏中输入需要延时的时间，如图 4-15 所示。

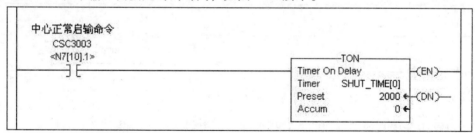

图 4-15　TON 指令的应用

创建梯形图分支。在 R27 _ RY _ Control 子例程中，要产生机组保护信号，则需要有压缩机出口超压正常停压缩机，入口低压正常停压缩机，出口超温正常停压缩机以及空压机低压停压缩机信号中的任意一个。此时需要使用梯形图分支进行编程，如图 4-16 所示。

在编程时，如果遇到两个相同的梯级时，可以选择复制粘贴梯级，在复制时需要注意的是，由于程序功能类似，通过简单的 Copy + Paste 就完成了程序的编写，无须重新修改标签，那么可以想象，当程序中有多个检测报警程序时，只需编写一条控制程序，其余的只需 Copy + Paste 就可以完成！

在 T00 _ Main Task→P00 _ Main Program → R19 _ KL _ Control2 中输入梯形图逻辑，如图

压缩机出口超压正常停压缩机
PRY
入口低压正常停压缩机
IPRY
出口超温正常停压缩机
TRY
空压机低压停压缩机
KYRY
机組保护停机
RYPROTECTSTOP

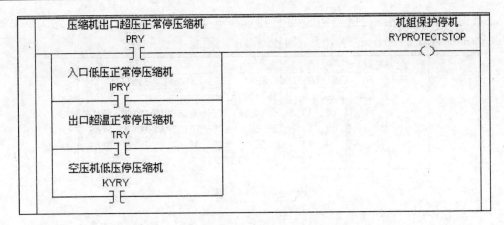

图 4-16　创建分支

4-17 所示。当计时器计时完成且 1 号出口阀全开到位时，打开 3、4 号空冷器。

KLTIME1[0].DN
KLTIME1[9].DN
1号出口阀 全开到位
XV4702.ZSH
自动开
KL4003.AXO
自动开
KL4004.AXO

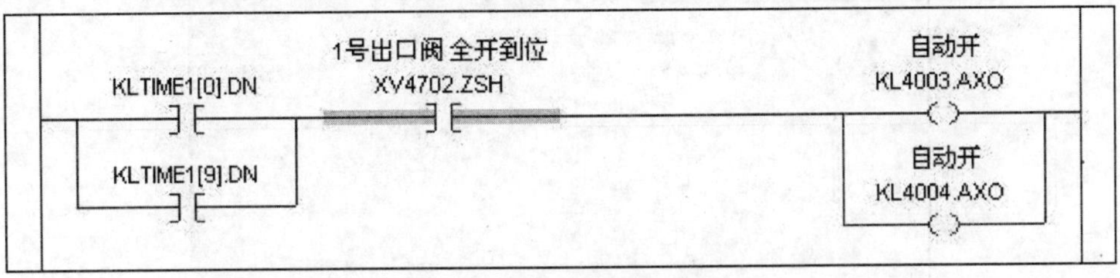

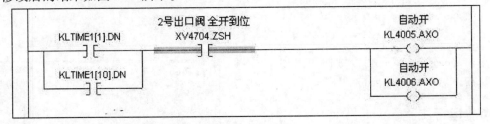

图 4-17　过滤分离器检测

读者可以直接将 T00 _ Main Task→P00 _ Main Program → R19 _ KL _ Control2 例程的第 3 条梯形图逻辑直接复制到 T00 _ Main Task→P00 _ Main Program → R19 _ KL _ Control2 例程的第 4-11 梯级中，只需要改变一下标签即可。

注意：选择多行梯级可以按下 Shift 键，依次单击要选择的梯级即可。

修改后的结果如图 4-18 所示。

KLTIME1[1].DN
KLTIME1[10].DN
2号出口阀 全开到位
XV4704.ZSH
自动开
KL4005.AXO
自动开
KL4006.AXO

图 4-18　参数修改

校验单击工具条上校验每个例程，出现错误提示后，纠正错误。然后，单击工具条上按钮校验整个项目并纠正出现的错误。

由于篇幅有限，所以其他的程序需要读者自己编写，这里就不一一介绍了。

4.1.5　下载工程

将该程序下载到控制器中运行。

下载前确认所使用的控制器钥匙处于 Remote 位置，且程序处于离线状态。单击菜单
Communications→Who Active，弹出如图 4-19 所示对话框。

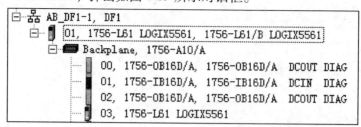

图4-19　浏览控制器

选中控制器，然后单击 Download（下载）按钮，将该程序下载到控制器中。如果控制
器正处于 Remote Run（远程运行）状态，将弹出如图 4-20 所示警告。

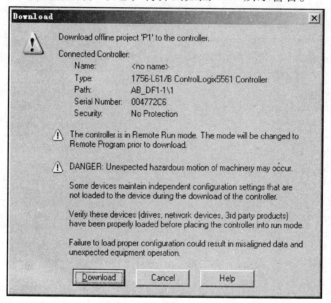

图4-20　警告对话框

单击 Download（下载）按钮，出现下载进
程，然后下载到控制器即可。

4.1.6　运行工程

程序下载后，通过旋转控制器上的切换钥
匙，实现控制器切换运行状态，也可以左键单
击如图 4-21 所示的 Online（在线工具栏），从弹
出菜单中选择 Run Mode（运行模式）。

改变控制器运行模式后，通过 Toggle Bit 给
它一个信号，可以使程序运行起来，如图 4-22
所示。

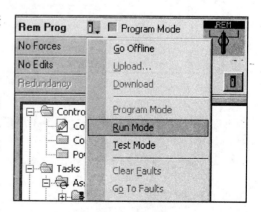

图4-21　运行模式

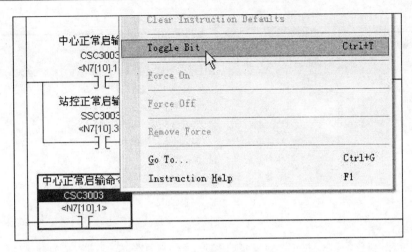

图 4-22　程序窗口

4.2　程序文件的结构

ControlLoigx 控制系统中执行指令代码是通过任务（Task）来完成的，每个工程最多支持 42 个任务（Task），每个任务（Task）中又包含程序（Program），程序（Program）包含例程（Routine），在例程（Routine）中可以写入指令代码。ControlLoigx 的编程方式符合 IEC-61141 标准，支持梯形图（LD）、结构化文本（ST）、功能块（FBD）和顺序功能图（SFC）4 种编程方法。

4.2.1　系统任务

ControlLoigx 控制系统支持三种类型的任务，分别为连续型（Continous）任务、周期型（Periodic）任务和事件型（Event）任务，见表 4-2。

表 4-2　ControlLoigx 支持的任务

如果读者需要以下列方式执行程序	使用任务类型	说　明
在全部的时间内都执行	连续型任务	连续型任务在后台运行。任何不分配给其他操作（其他的操作是指：运动、通信以及周期型任务或事件型任务）的 CPU 时间，用于执行连续型任务中的程序 连续型任务始终运行。当连续型任务完成一次全扫描之后，它会立刻重新开始进行扫描 一个工程有且必须只有一个连续型任务
以一个固定的周期（例如：每 100ms）执行 在扫描其他逻辑程序时多次运行某一程序	周期型任务	周期型任务按照指定的周期来执行 只要到达周期型任务指定的时刻，该种类型的任务就会自动中断所有低优先级的任务。执行一次，然后将控制权交回先前正在执行的任务 周期型任务的执行周期默认值为 10ms，可以选择的范围是 0.1～2000ms

（续）

如果读者需要以下列方式执行程序	使用任务类型	说　　明
当某事件发生时立刻执行程序	事件型任务	事件型任务是在某项特定的事件发生（触发）时，才开始执行。这些触发可以是以下几种： 1）数字量输入触发 2）模拟量数据新采样数据 3）特定的运动操作 4）消费者标签 5）使用 EVENT 指令

1. 连续型任务

控制器一直执行的任务是连续型任务。控制器一直在不断循环扫描连续型任务。连续型（其他两种类型的任务同理）的任务中可以建立有多个程序，每个程序下也可以创建多个例程。这样就极大地方便了读者在编程时可以按照工艺或者功能的不同划分任务、程序和例程。下面将讲述如何创建程序和例程（其他两种类型的任务同理）。

创建程序：

创建工程完毕后，如图 4-23 所示。在 Tasks 处会有一个 Main Task 的任务和 Main Program 的程序以及 Main Routine 的例程。

并且 Main Task 是连续型的任务。如果需要修改任务的名称，在 Tasks 处单击右键，选择 Properties，如图 4-24 所示。

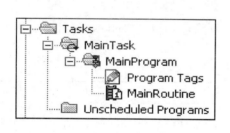

图 4-23　主任务和主程序以及主例程

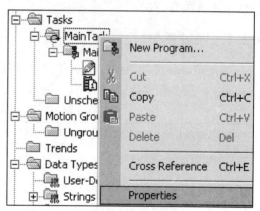

图 4-24　选择任务属性

单击即可弹出任务属性对话框，如图 4-25 所示，可在 Name 栏更改任务的名称，这里将任务名称改为 T00 _ Main Task。

选择 Configuration 选项卡，这里主要用来组态任务的类型、看门狗时间，以及可以进行禁止输出和禁止任务的操作，如图 4-26 所示。

同样，在这里可以更改任务类型，在 Type 下拉框内单击下拉箭头，选择任务的类型，如图 4-27 所示。

2. 周期型任务

周期型任务特点如下：

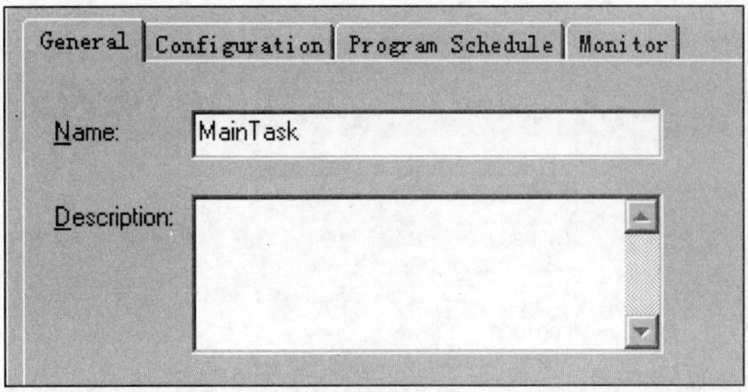

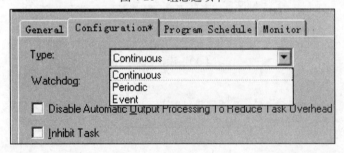

图 4-25　更改任务名称

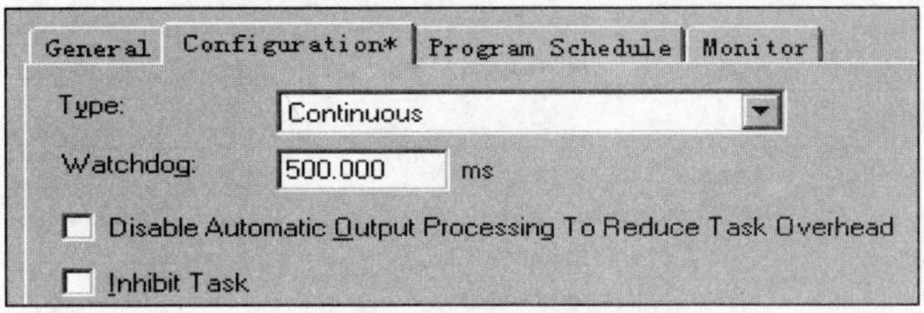

图 4-26　组态选项卡

图 4-27　选择任务类型

- 指定时间间隔来执行的任务；
- 可以中断连续型任务；
- 可以中断其他优先级低的周期型或者事件型任务；
- 在一次扫描完毕后，更新输出，控制器从中断处继续执行。

下面将以示例的形式创建一个周期型任务。

在 Tasks 处单击右键，选择 New Task，如图 4-28 所示。

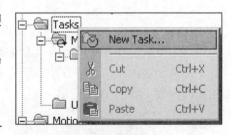

图 4-28　新建任务

在弹出的对话框输入名称、填入周期和优先级，如图 4-29 所示。

设置完毕后，程序会自动地添加一个周期型任务，然后新建程序。同样，在周期型任务处单击右键，选择 New Program，如图 4-30 所示。

开始组态程序，如图 4-31 所示。

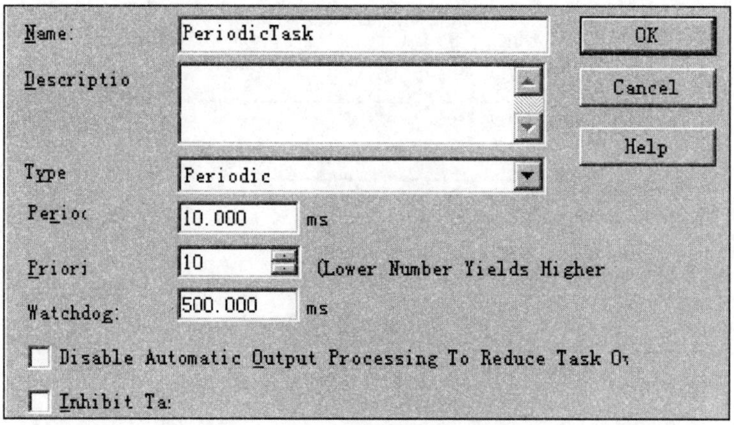

图 4-29　设置任务

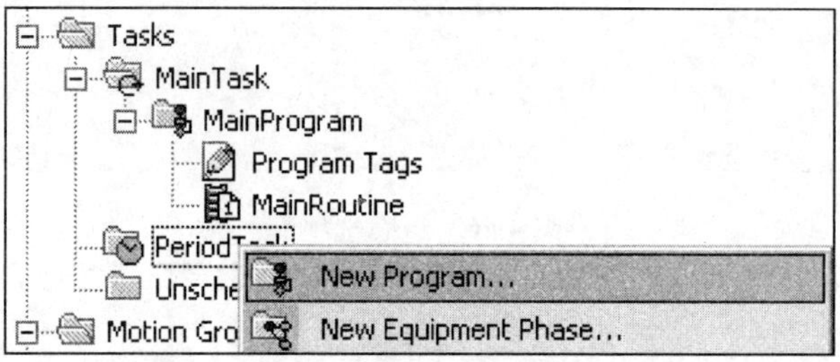

图 4-30　添加新程序

图 4-31　配置新程序

组态完毕后，在程序的下方会自动地生成 Program Tags 区域，如图 4-32 所示。

下面要创建例程，具体方法如下：在程序的名称处单击右键，选择 New Routine，开始创建新的例程，如图 4-33 所示。

图 4-32　自动生成的程序标签

图 4-33　开始创建新例程

弹出如下对话框，在这里输入例程的名称和描述信息，如图 4-34 所示。

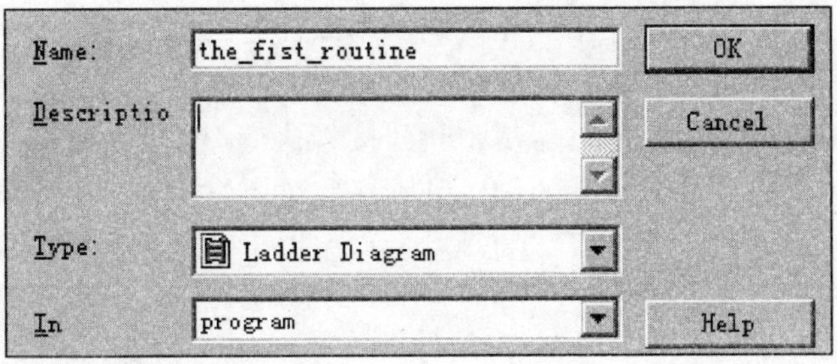

Name:
the_fist_routine
OK
Descriptio
Cancel
Type:
Ladder Diagram
In
program
Help

图 4-34　配置新例程

在创建例程时，可以选择所创建例程使用的编程语言，在 Type 栏，单击下拉框，可以选择梯形图、顺序功能图、功能块和结构化文本，如图 4-35 所示。

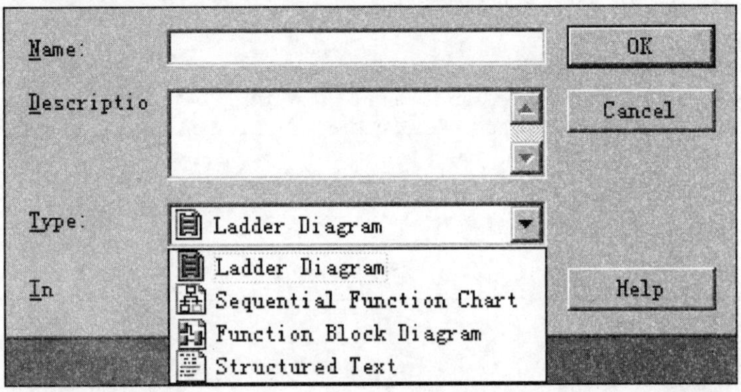

Name:
OK
Descriptio
Cancel
Type:
Ladder Diagram
In
Ladder Diagram
Sequential Function Chart
Function Block Diagram
Structured Text
Help

图 4-35　配置新例程

需要指出，一个程序可以有多个例程，这就需要指定其中某个例程为主例程。设置主例程的过程如下：在程序处单击右键，选择属性，进入程序的属性对话框，然后选择 Configuration 选项卡，在 Assigned Routines 下的 Main 选项栏中单击下拉框，选择主例程即可，如图 4-36 所示。

General
Configuration
Assigned Routines:
Main:
Routine_dispatcher
Fault:
<none>
press_control
Routine_dispatcher
Inhibit Program

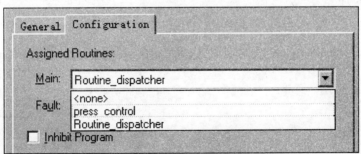

图 4-36　指定主例程

3. 事件型任务

事件型任务只有在发生某项特定的事件时才执行。事件型任务有以下特点：

- 每个事件型任务必须指定一个触发事件；

● 每个事件型任务必须设置一个优先级别。当该任务的触发事件发生时，它能够中断所有的低优先级任务；

● 事件型任务执行完毕后，控制器从中断处接着执行程序。

事件型任务的创建和周期型任务的创建基本一致，不过也有一些不同的地方，主要是指该事件型任务的触发类型的设置，具体的触发类型有以下几种，如图 4-37 所示。

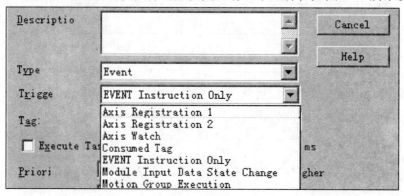

图 4-37 事件型任务的触发类型

触发类型见表 4-3。

表 4-3 触发事件的类型

触发事件	解 释
Axis Registration	轴注册事件
Axis Watch	轴观察事件
Consumed Tags	消费者标签
EVENT Instruction Only	EVENT 指令
Module Input Data State Change	模块输入数据的状态改变
Motion Group Execution	执行运动组

4.2.2 任务的注意事项

1. 优先级

在任务属性的 Configuration 选项卡中设置优先级。周期型和事件型任务的优先级，分别如图 4-38、图 4-39 所示。

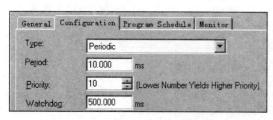

图 4-38 周期型任务的优先级

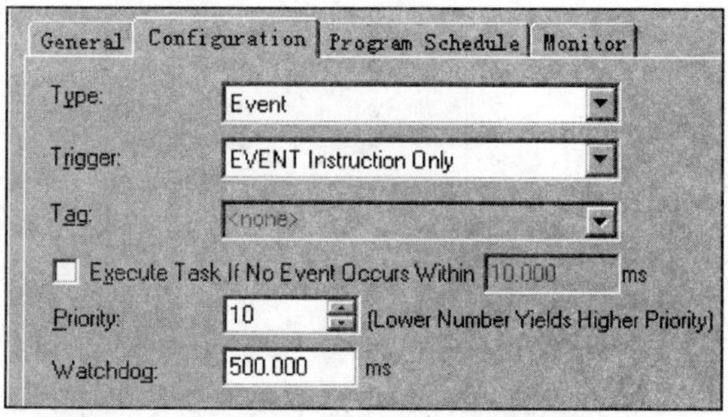

图 4-39 事件型任务的优先级

优先级数值越小，任务的优先级越高，如图 4-40 所示。

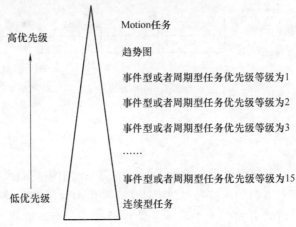

图 4-40　任务的优先级

2. 扫描时间

在程序执行期间，RSLogix 5000 软件显示执行任务所用的最大扫描时间和最新的扫描时间，这一功能在任务属性对话框中以毫秒级别显示。注意：最新的扫描时间是实时变化的，如图 4-41 所示。

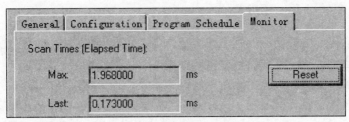

图 4-41　程序扫描时间

周期型任务是在指定的时间间隔内进行触发的。例如，某周期型任务每隔 20ms 触发一次。它的执行顺序如图 4-42 所示。

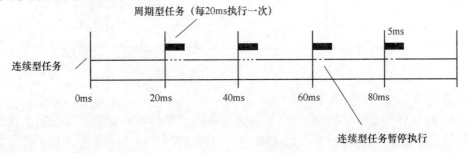

图 4-42　周期型任务的执行

3. 周期性任务的优先级

有两个周期型任务 A 与任务 B，任务 A 每 20ms 触发一次，并且其优先级为 4；任务 B

每22ms触发一次，其优先级为1。它们的执行情况如图4-43所示。

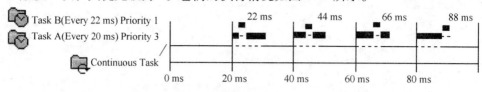

图4-43   多个周期型任务的执行

4.3   梯形图编程指令

梯形图是在电气控制系统中常用的接触器、继电器基础上演变而来的。它沿用了继电器的触点、线圈、串联等术语和图形符号，并增加了一些继电接触控制没有的符号。梯形图形象、直观，对于熟悉继电器方式的人来说，非常容易接受，而不需要学习更深的计算机知识。这是一种最广泛的编程方式，适用于顺序逻辑控制、离散量控制、定时/计数控制等。

需要注意的是：使用梯形图进行编程是 ControlLogix 大部分指令所支持的，因此功能也显得很强大，一般情况下使用梯形图进行编程。

梯形图支持的指令很多，这里无法一一介绍，由于在站控系统中更多的是逻辑运算，因此只介绍一些功能强大的程序控制指令和时序控制指令。

4.3.1   跳转指令的编程（JSR）

一般情况下，梯形图遵循从上到下的规则，逐级地对梯级扫描，顺序地执行事先编程好的程序，直到改变执行顺序的程序指令被执行，才会变更原来的执行顺序。

跳转子例程指令的执行将调用除主控例程和故障处理例程以外的其他子程序，子例程可以调用子例程，嵌套层数不受限制，执行完后仍回原处，如图4-44所示。

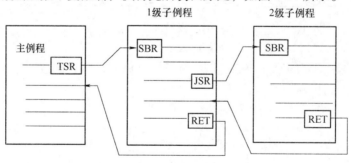

图4-44   跳转示例

JSR 指令可以带入带回参数，也可以不带入带回参数，当不需要带入带回参数时，用ENETER 键来结束，以跳过带入带回参数选项。在控制程序的主例程中采用的不带入带回参数的 JSR 指令，在执行此条指令的时候，程序跳转到 R01 _ CPU _ Module _ State 子例程进行执行，如图4-45所示。

为了正确地使用 JSR 指令，JSR 参数见表4-4。

图4-45   不带入带回参数的 JSR

表 4-4　参数列表

例程名称	ROUTINE	名称	要执行的例程（即子例程）
输入参数	SINT INT DINT REAL 结构体	立即数 标签 数组标签	传递到子程序的参数 输入参数是可选的 如果需要，可以输入多个输入参数
例程名称	ROUTINE	名称	要执行的例程（即子例程）
输出参数	SINT INT DINT REAL 结构体	立即数 标签 数组标签	从子程序接收的参数 返回参数是可选的 如果需要，可以输入多个返回参数

4.3.2　计时器指令的编程（TON）

计时器指令是输出指令，位于梯级的右边，当级条件成立时，指令被使能，指令开始计时工作。通常计时器指令是用来完成延时、定时和计时的功能。其中，计时基值为 1ms，计时范围为 1 ~ 2147483647ms。

计时器的精度与其指令所在例程的扫描周期有关，当某个执行动作周期时间小于 100ms 时，建议采用定时中断任务执行子例程，而不要用计时器控制动作。

计时器指令必须引用两个双整数的计时器结构数据标签，如图 4-46 所示。

– T[0]	{...}	{...}		TIMER
+ T[0].PRE	5000		Decimal	DINT
+ T[0].ACC	0		Decimal	DINT
T[0].EN	0		Decimal	BOOL
T[0].TT	0		Decimal	BOOL
T[0].DN	0		Decimal	BOOL

图 4-46　计时器数据标签

- PRE　预定值，事先设定的目标值，累加值每次累加后与之相比。
- ACC　累加值，计时器指令被使能时，指令每次被扫描累计的数值。
- EN　使能位，指令所在梯级条件成立，指令被使能，使能位置位。
- TT　计时位，计时器指令使能，累加值小于预置值，计时位置位。
- DN　完成位，计时器指令使能，累加值大于等于预置值，完成位置位。
- TON 是常用的指令，用来延时或定时，了解指令执行过程各状态位的关系，正确地使用这些状态位去执行动作。

当级条件成立，指令使能并开始计时，级条件消失，指令未使能，累加值（ACC）复位，所有状态位复位。指令的时序图如图 4-47 所示。

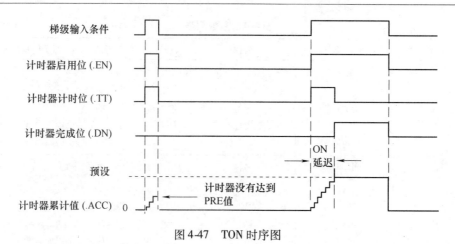

图 4-47　TON 时序图

4.3.3　计数器指令的编程（CTU）

计数器是输出指令，需要级条件跳变触发，级条件每跳变一次，指令执行一次，计数器加 1。计数器指令一般用来计算现场设备的调用个数，解决调度问题。其中，计数范围为 -2147483648 ~ 2147483647。

计数器指令的数据结构标签，如图 4-48 所示。

CT1	{...}	{...}		COUNTER
CT1.PRE	0		Decimal	DINT
CT1.ACC	0		Decimal	DINT
CT1.CU	0		Decimal	BOOL
CT1.CD	0		Decimal	BOOL
CT1.DN	0		Decimal	BOOL
CT1.OV	0		Decimal	BOOL
CT1.UN	0		Decimal	BOOL

图 4-48　计数器数据标签

- PRE　预定值，事先设定的目标值，计数的上限值。
- ACC　累加值，计数器指令被使能后，该指令已经计算的转换数。
- CU　使能位，指令所在梯级条件成立，指令被使能，使能位置位。
- DN　完成位，计数器指令使能，累加值大于等于预置值，完成位置位。
- OV　上溢出位，计数器累加值已超出上限 2147483647，上溢出位置位，并从 -2147483648 再次开始递增计数。
- UN　下溢出位，计数器累加值已超出下限 -2147483648，下溢出位置位，并从 2147483647 再次开始递减计数。
- CTU 是常用的指令，用来计算设备的运行个数，指令的时序图如图 4-49 所示。可以看出，即使在 DN 置位后，累计值也继续增加，要清楚累计值，请使用计数器结构的 RES 指令，或者将 0 写入累计值。

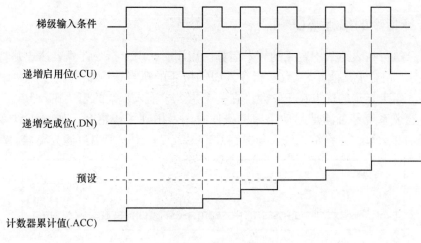

图 4-49 CTU 时序图

4.3.4 比较指令的编程（CMP）

比较指令是输入指令，每次梯级扫描都被判断，用以决定梯级的条件，在编写梯形图程序时，往往都是对工艺工程的数据关系进行比较，判断结果决定是否执行后面的输出指令。

EQU（等于指令），NEQ（不等于指令），GEQ（大于或等于指令），GRT（大于指令），LEQ（小于或等于指令），LES（小于指令）都是完成单一比较的指令，每条指令只对比较对象进行比较。比较对象可以是两个操作数，也可以是 1 个操作数和 1 个立即数。单一比较指令的助记符描述了比较的类型，其比较关系是源 A 与源 B 相比较，如 GEQ 指令表达的是源 A 大于等于源 B。在程序中通过比较过滤分离器的启动个数来判断过滤分离器是否启动成功，当过滤分离器的启动个数大于 4 时，则认为过滤分离器启动成功，如图 4-50 所示。

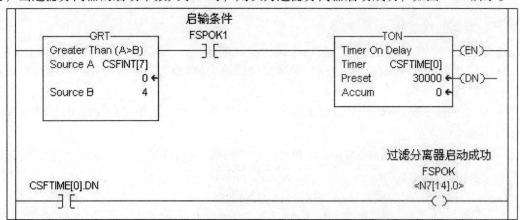

图 4-50 GRT 指令的使用

比较对象的数据类型：

- 如果是 SINT 或 INT 数据类型标签，将转换成 DINT 数据类型。
- 如果是 ASCLL 字符比较，则源 A 与源 B 均为 ASCLL 字符类型，该字符类型可以是默认的 STRING（82 个字符），也可以是用户自定义的 ASCLL 自定义数据类型。

4.3.5　计算指令的编程（CPT）

CPT 指令执行在表达式中定义的算术运算。启用时，CPT 指令计算表达式并将结果放入 Destination 中。相对于其他计算/数学指令，CPT 指令的执行速度要稍微慢一些，并且使用的内存也多。CPT 指令的优点在于它允许在一个指令中输入复杂的表达式。

在判断通风系统是否满足起动压缩机条件时，就用到了该指令。如图 4-51 所示，对 6 项数据进行求和运算，并将结果放入到标签 CSFINT〔7〕中，得出过滤分离器启动组数。

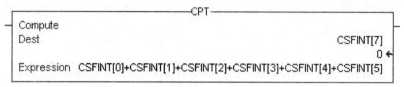

图 4-51　计算正常开起的排风机的组数

4.3.6　MSG 指令的编程

MSG 指令是一个功能强大的对外操作指令，它不但可以完成 ControlLogix 平台控制器之间的通信，还可以完成控制器与罗克韦尔自动化公司传统的处理器产品通信，甚至与任何模块和设备都能通信。

MSG 指令读写信息类型如下所列：

- CIP Data Table Read/Write 对 ControlLogix 控制器进行读写。
- PLC5 Typed Read/Write 对 PLC5 处理器进行读写，PLC5 的单整数对应 CLX 控制器的双整数的两个低字节。
- PLC5 Word Range Read/Write 对 PLC5 处理器地址进行读写，PLC5 的单整数，顺延放在 CLX 控制器的双整数。
- Block Transfer Read/Write 多块传送模块进行读写。
- PLC2 Unprotected Read/Write 对 PLC2 处理器及类似 PLC2 地址（寄存器地址）的设备进行非保护读写。
- PLC3 Typed Read/Write 对 PLC3 处理器进行读写，PLC3 的单整数对应 CLX 控制器的双整数的两个低字节。
- PLC3 Word Range Read/Write 对 PLC3 处理器地址进行读写，PLC3 的单整数，顺延放在 CLX 控制器的双整数。
- SLC Typed Read/Write 对 SLC500 处理器进行读写。
- Module Reconfigure 与模块在线连接时，对模块从新组态。
- CIP Generic 对任何设备的服务性操作。

MSG 指令编写前，为每一条 MSG 建立一个数据类型为 MESSAGE 结构的标签，这结构数据标签只能建立在控制器数据域，且不能建立数组。标签将存放本条指令的通信组态，执行状况以及错误代码等对外操作信息。

MSG 指令需要级条件跳变触发，级条件每跳变一次，指令执行一次。编制 MSG 指令，如果要指令不停反复执行，则选择指令使能位的常闭位状态作为梯级条件。

只有为指令分配了 MESSAGE 结构标签后，方可单击[...]进入组态界面，如图 4-52 所示，将本系统中标签 ESD_to_PLC_INT [0] 至 ESD_to_PLC_INT [4] 中的数据传递给另一个系统的标签 ESD_to_PLC_INT [0] 至 ESD_to_PLC_INT [4] 中。

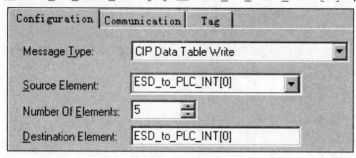

图 4-52 MSG 组态界面

说明：
- Message Type 选择指令要传送的信息类型，如上所列。
- Source Element 发送信息的地址，读操作为对方控制器；写操作为本控制器。
- Number Of Element 发送信息的尺寸，元素个数最多可有 65534B，尽管 ControlNet 的数据包最多只有 500B，MSG 指令可将数据块拆开，分成一个以上的数据包送走。
- Destination Element 接收信息地址，读操作为本控制器；写操作为对方控制器。

通信路径组态界面如图 4-53 所示。

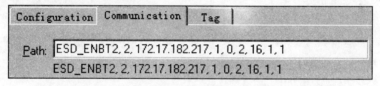

图 4-53 MSG 通信路径

这个界面要求输入两个控制器之间的通信路径，如果在 I/O 组态中有该控制器，亦可通过 Browse 获取路径，倘若仅仅是为了建立 MSG 路径而在 I/O 组态中加入控制器，则没有必要，那样将占用内存空间，建议书写路径，路径的书写遵循一定的规则。

一条路径由多个路段组成，每个路段的表达是 X，Y，路段和路段之间用逗号分离。通常在一个网络的通信，一条从本控制器出发到达对方控制器的路径会表达为

$$X，Y，X，Y，X，Y，$$

- X 背板或网络，背板为 1；网络为 2
- Y 槽号或站号，站号范围：ControlNet 网络为 1~99 号；EtherNet/IP 网络为 IP 地址；DH + 网络为 00~77（八进制）。

4.3.7 GSV 指令的编程

在 ControlLogix 控制系统中，并不像 PLC5/SLC 500 那样，提供处理器状态文件去直接地查看处理器的状态或进行处理器的组态，而是面对控制器系统读取状态信息，或设置组态信

息，它包含的信息量更为广泛，更为灵活，但必须编制指令才能实现信息的交换。这些信息隐含着系统的结构数据，用户必须事先建立相应的结构数据，才能用 GSV 指令获得状态信息。GSV 可访问的对象有：

- AXIS 伺服控制的大量信息。
- CONTROLLER 控制器用于通信管理的 CPU 百分比值信息。
- CONTROLLERDEVICE 控制器模块产品及状态信息。
- CST 协调系统时间的状态及当前值的信息。
- DF1 串口 DF1 通信协议的组态和状态信息。
- FAULTLOG 控制器主要故障和次要故障信息。
- MESSAGEMSG 指令执行状态信息。
- MODULE 模块的状态信息。
- MOTIONGROUP 伺服模块运控组名称的信息。
- PROGRAM 程序执行信息。
- ROUTINE 例程执行状态信息。
- SERIALPORT 串口通信组态信息。
- TASK 任务执行状态和组态信息。
- WALLCLOCKTIME 控制器系统日期时间信息。

每个访问对象之下都集合了与之相关的信息，具有各种形式的结构数据块，要设置或者是获取信息，都必须在数据库中建立起相应数据结构的标签，作为 SSV 的源地址或 GSV 的目标地址，然后在编辑指令。

在站场的 CPU Module Fault 子例程中，使用 GSV 获得模块的状态信息或者故障信息，从而判断模块是否运行或出现故障。如图 4-54 所示，GSV 指令获取控制器的错误信息，并且选取了 MINORFAULT 属性，而该属性是双字，其第 11 位表示控制器的电池状态，所以检测 CPU 电池状态的控制逻辑如图 4-54 所示。

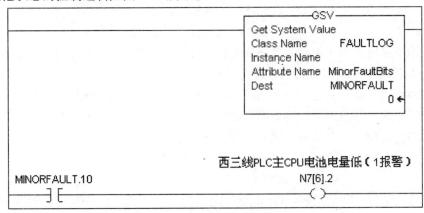

图 4-54　获取控制器冗余信息

4.3.8　移动/复制指令的编程

本小节主要介绍了两个移动/复制指令：MOV 指令和 COP 指令。

MOV 指令将源数据复制到目的数据中，源数据保持不变。支持的数据类型有单整型、整型、双整型和实型。

COP 指令和 MOV 指令类似，但是更灵活，支持的数据类型也更多。支持的数据类型有单整型、整型、双整型、实型、字符串型和数据结构体。COP 指令是将源数据复制到目的数据中，复制的字节数为：字节数 = Length * （Destination 数据类型的字节数）。COP 指令的源数据和目的数据的数据类型应当相同。需要指出的是，COP 指令对连续的内存进行操作，进行直接字节到字节的内存复制。所以，如果复制的字节数大于源数据的长度，将为剩余元素复制到无法预料的数据。

如图 4-55 所示，D1 和 D2 为 DINT 型数据、I1［0］为 4 维 INT 型数组 I1 的首位元素，通过 COP 指令将 D1 的数据复制到 I1［0］～ I1［3］中，MOV 指令将 I1［0］的数据复制到 D2 中。当两个梯级条件成立时，亦即 C1 和 C2 常开开关为真时，运算结果如图 4-56 所示。

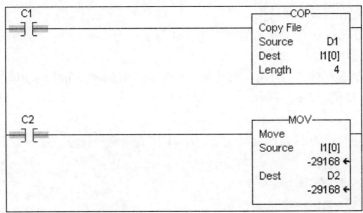

图 4-55　MOV 指令和 COP 指令实例

⊞ D1		167440		Decimal	DINT
⊞ D2		−29168		Decimal	DINT
⊟ I1		{...}	{...}	Decimal	INT[4]
⊞ I1[0]		−29168		Decimal	INT
⊞ I1[1]		2		Decimal	INT
⊞ I1[2]		−1		Decimal	INT
⊞ I1[3]		−1		Decimal	INT

图 4-56　实例运算结果

通过分析实例的运算结果可以知道，对于 COP 指令，由于 D1 的长度小于复制的字节数，所以导致 I1［2］和 I1［3］元素中的数据被更改，产生错误。而对于 MOV 指令，虽然 I1［0］的字节数小于 D2 的字节数，但是系统会默认将高位补零，并不会出错。读者可以通过实例更清楚地明白 MOV 指令和 COP 指令在用法上的注意事项和不同点。

4.4　梯形图编程原则

4.4.1　项目等命名原则

1. 项目和控制器命名原则

项目文件和控制器的名称应该包括控制器的主要控制功能，控制器版本号，控制所插入的槽位和所处的生产线。

格式：aaaa ＿ Rbb ＿ Pcc

说明：

①aaaa：控制器主要功能；

②bb：控制器主要版本；

③cc：控制器在背板上插槽位。

注意：根据 IEC1131 标准命名的首字母应该大写。

2. 任务命名原则

任务名称应该包括任务的序号、优先级、任务扫描时间和任务主要功能。

格式：Taa ＿ bbbb ＿ Pcc ＿ ddms

说明：

①aa：任务序号，00 代表连续型任务，01-31 代表周期型任务，序号以周期时间从低到高排列；

②bbbb：任务主要功能；

③cc：任务优先级；

④dms：任务扫描时间以毫秒（ms）为单。

3. 程序命名原则

程序命名应该包括程序的执行顺序和程序主要功能。

格式：Paa ＿ bbbb

说明：

①aa：任务中程序的执行顺序；

②bbbb：程序的主要功能。

4. 例程命名原则

例程的命名应该包括该例程从主例程中跳转的顺序、子例程返回变量的顺序和例程的主要功能。

格式：Raabb ＿ cccc

说明：

①aa：该例程从主例程中跳转的顺序（R01-R99）；

②bb：子例程返回变量的顺序（A-Z）；

③cccc：例程的主要功能。

某压气站为的任务命名为 T00 ＿ Maintask，因为只用一个任务，且它是连续型任务，所以没有优先级和任务扫描时间；程序命名为 P00 ＿ MainProgram；例程命名为 R00 ＿ MainProgram 等，如图 4-57 所示。

5. 连接模块和适配器的命名原则

包括网络名称（只有应用多个相同的网络时才需要），网络类型。节点号或机架地址和模块类型）。

格式：aaaaa ＿ bbcc ＿ dddd ＿ See

说明：

①aaaaa：网络名称（如果不是多个相同的网络该处可以省略）；、

②bb：网络类型；

CN = ControNet

EN = Ethernet

DN = DeviceNet

③cc：节点号或连接模块的机架地址；

以太网：IP 地址

控制网：00 ～ 99

设备网：00 ～ 63

④dddd：连接模块或适配器的类型；

Local = 在本地机架的模块

Remote = 在远程 1756 机架的模块

Flex = Flex I/O 模块

PV = PanelViewEOI

1336 = 1336 驱动

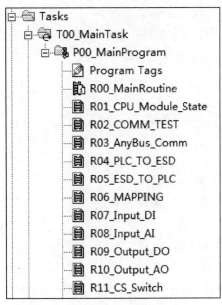

图 4-57　某压气站任务、程序、
例程命名

⑤ee：如果模块类型是"Local"，那个模块的槽号也应该写出。

例：C 网 1 号节点下的 CNBR 模块就应该起名为"CN01 ＿ Remote02 ＿ S01"。

6. I/O 模块的命名原则

I/O 模块的命名应该包括的槽号、类型（模拟量或数字量、输入或输出），还应该包括网络名称，节点地址和位置（本地或远程）。

格式：aaaaaa ＿ bbcc ＿ ddddd ＿ See ＿ fg

说明：

①aaaaaa：网络名称（如果不是多个相同的网络，该处可以省略）；

②bb：网络类型；

CN = ControNet

EN = Ethernet

DN = DeviceNet

③cc＊：节点号或连接模块的机架地址；

以太网：IP 地址

控制网：00 ～ 99

设备网：00 ～ 63

注：＊如果模块在本地机架可以省略这项。

④ddddd：连接 I/O 模块的适配器类型；

L = 在本地机架的模块

R = 在远程 1756 机架的模块

F = Flex I/O 模块

PV = PanelViewEOI

⑤ee：槽号、组号或模块号；

ControlLogix = 0 ~ 16

Flex I/O = 0 ~ 7

⑥f：模块类型；

A = 模拟量

D = 数字量

C = 控制器（当添加远程控制器时）

X = 适配器

g：输入或输出模块

I = 输入

O = 输出

例：C 网 1 号节点下，远程 1 号机架下第二号槽插的是 1756-IB16 模块，则其应起名为 CN01 _ R _ S02 _ DI。压气站网络、I/O 模块命名如图 4-58 所示。

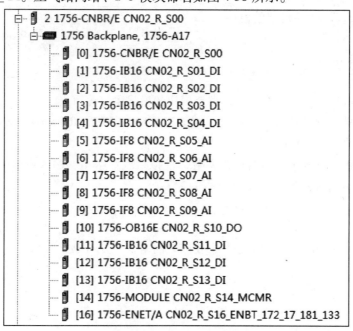

图 4-58　某压气站网络、I/O 模块命名

4.4.2　程序结构的规划

适当的程序结构能减少程序的扫描时间，提高程序的可读性，程序结构的规划遵循以下几点：

（1）建立专门的子例程对不同的 I/O 点进行统一规划、分类

由于站场内设备的 I/O 点数量较多，且不同站场的设备、工艺上存在着一定的差异，导致现场传到 PLC 中的 I/O 信号点不仅数量庞大，而且种类不同。如果不加以规范管理会给不同站场相互阅读程序带来了一定的困难，故建立专门的子例程对不同的 I/O 点进行统一的规划、分类。

根据传输点的数据类型不同，可以将其分成数字量、模拟量两大类。

根据传输点的数据用途不同，可以将其分成 I/O 输入点、I/O 输出点、上位机映射点和第三方通信点。

综合上述情况，可建立 6 个子例程，对其进行规划，如图 4-59 所示。

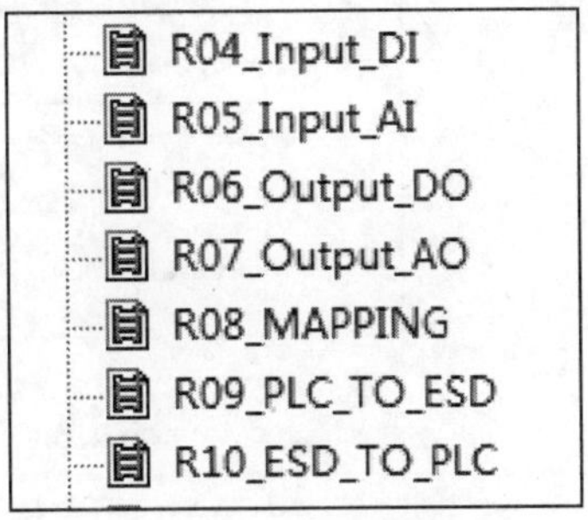

1）Input _ DI　将所有从现场传到 PLC 中的数字量输入点，规划到一起。

2）Input _ AI　将所有从现场传到 PLC 中的模拟量输入点，规划到一起。

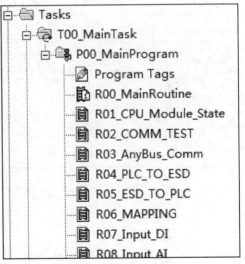

图 4-59　变量的规划

3）Input _ DO　将所有经过 PLC 运算后，需要发出的数字量输出点，规划到一起。

4）Input _ AO　将所有经过 PLC 运算后，需要发出的模拟量输出点，规划到一起。

5）MAPPING　将所有需要在上位机上显示的 N7，F8 映射点，规划到一起。

6）MESSAGE（ESD _ TO _ PLC，PLC _ TO _ ESD）　将所有第三方通信的传输点，包括 PLC 与 ESD 的通信点，规划到一起。

（2）尽可能将多个小的 Program 合成一个大的 Program

实际上，只建立一个 Task 和一个 Program，并将所有子例程都放到这个 Program 中，最后在主例程中用 JSR 指令调用其他子例程是用户最好的选择，如图 4-60 所示。因为对于冗余系统来说，其数据更新发生在每个 Program 执行之后，所以越少的 Program，意味着冗余系统刷新备份信息的时间越少。

图 4-60　程序创建实例

（3）在使用 JSR 命令时，尽量使用有条件跳转　为了减少 CPU 的扫描时间，应该根据运行条件的不同，有选择地进行子例程的跳转，这样可以减少扫描时间，如图 4-61 所示。

（4）尽可能地整合逻辑代码　分析程序的逻辑控制，将一些逻辑控制进行整合，减少功能块的数量，从而减少程序的执行过程，进而减少程序的执行时间。如图 4-62、4-63 所示为修改前后的程序对比。

（5）使用周期型任务代替连续型任务　冗余系统的备份、更新时间包含在非预定型通信时间中。如果使用连续任务，那么 System Overhead Time Slice 设定值将决定非预定型通信时间，一旦超时，备份更新过程有可能被中断，所以溢出时间片值要足够大，这样就会增加

扫描时间。但是，如果使用周期型任务，那么冗余系统的备份更新可在所有周期型任务完成后的时间内进行更新备份，从而节省扫描时间。

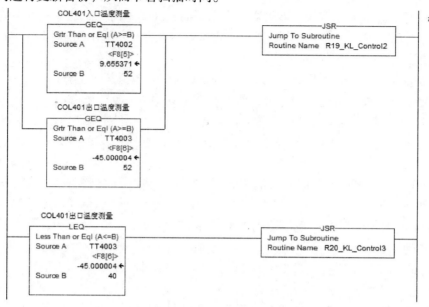

图 4-61   条件跳转实例

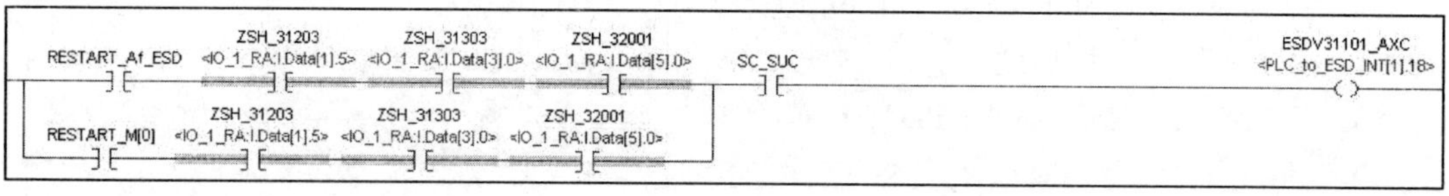

图 4-62   原程序

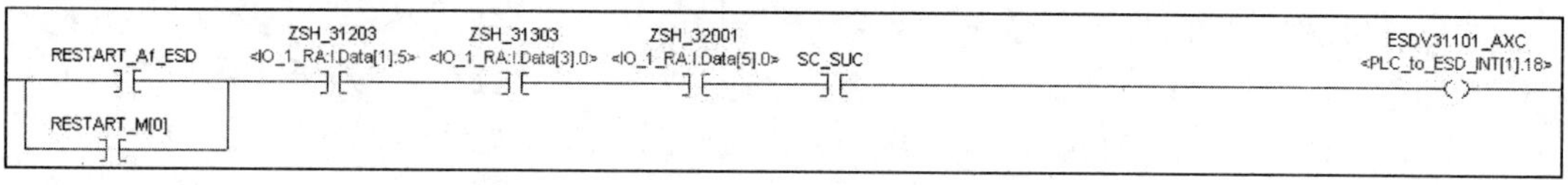

图 4-63   修改后程序

第 5 章

控制系统的通信

学习目标

- EtherNet 网络组态

- ControlNet 的网络优化

- DeviceNet 网络组态

- 控制器与第三方设备之间通信的建立

- 控制器与控制器之间通信的建立

- 冗余系统的维护

网络是大型控制系统中必不可少的，它是设备之间通信的桥梁。网络的稳定高速运行是压气站正常运行的有效保证。在站场控制系统中使用以太网将控制器的数据传到服务器和上位机内，应用 ControlNet 实现控制器与远程 I/O 的通信，使用 Modbus 通信和 MSG 来实现 ControlLogix 控制器与第三方控制器以及 ControlLogix 控制器之间的通信。本章主要介绍了以上几种通信的使用方法和如何诊断故障，并且介绍了冗余系统的故障诊断方法。

5.1　EtherNet 网络组态

EtherNet/IP 是一种开放式的工业网络协议。EtherNet/IP 网络采用以太网通信芯片、物理介质（非屏蔽双绞线）及其拓扑结构，通过以太网交换机实现各设备间的互联，能够同时支持 10M 和 100M 以太网设备。EtherNet/IP 的协议由 IEEE802.3 的物理层和数据链路层标准、TCP/IP 组和通用工业协议 CIP（Common Industry Protocol）3 个部分构成，前面两部分为标准的以太网技术，这种网络的特色就是其应用层采用通用工业协议（CIP），即 EtherNet/IP 提高了设备间的互操作性。ControlNet 和 DeviceNet 网络中的应用层协议也采用了 CIP。CIP 一方面提供实时 I/O 通信，另一方面实现信息的对等传输，用以实现非实时的信息交换。

EtherNet/IP 工业以太网结构如图 5-1 所示。

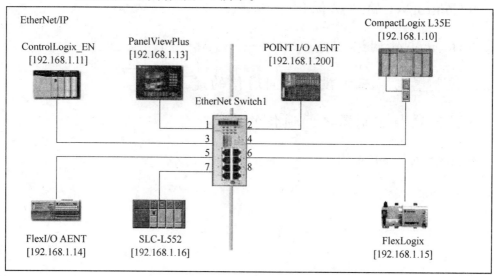

图 5-1　工业以太网结构图

EtherNet/IP 通信模块具有如下功能：
- 支持报文发送，生产者/消费者标签，和离散量 I/O 数据通信；
- 采用标准的 TCP/UDP/IP 报文封装；
- 采用与 ControlNet 和 DeviceNet 相同的应用层协议；
- RJ45 接口，使用 5 类无屏蔽双绞线缆；
- 支持半/全双工，10Mbit/s 或 100Mbit/s 自适应；
- 不需要网络规划；

● 不需要路由表配置。

5.1.1　EtherNet 通信模块

常用的 EtherNet 通信模块有 1756-ENBT 模块，1756-ENET 模块和 1556-EN2TR 模块，均可用于 ControlLogix 控制器通过 EtherNet/IP 网络与其他设备通信，或者作为 EtherNet/IP 网络上的一组 1756 I/O 模块的适配器，如图 5-2 所示为 1756-ENBT 模块和 1756-ENET 模块的硬件示意图。

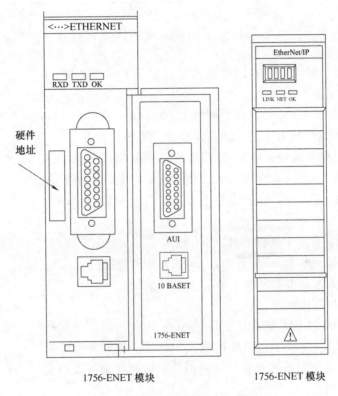

图 5-2　EtherNet 通信模块示意图

1756-ENET 模块可以通过 AUI 口或 RJ45 接口连接到 EtherNet 网络，RJ45 接口通信速率为 10Mbit/s，而 1756-ENBT 模块仅可通过 RJ45 接口连接到 EtherNet 网络中，通信速率支持 10/100Mbit/s。

EtherNet 通信模块可与 ControlLogix 控制器共同对实时 I/O 数据进行控制（也称为"隐性信息"）。EtherNet 模块可以作为适配器、I/O 模块的网络接口或扫描器，在控制器与网络之间发送和接收数据，如图 5-3 所示。

1756-EN2TR 模块配有一个采用 B 型插座的 USB 设备端口，使用 USB 电缆将计算机连接到 USB 端口，可通过 USB 连接将程序下载控制器，并直接从计算机配置以太网模块。注：要使用 USB 端口，必须在计算机上安装 RSLinx Classic 软件版本 2.55 或更高版本，1756-EN2TR 模块示意图如图 5-4 所示。

表 5-1 指出了不同通信模块支持性能的不同之处。

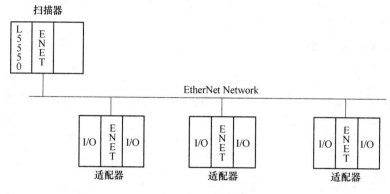

图 5-3　EtherNet 网络结构图

1756-ENET 及 1756-ENBT 通信模块可通过以下方式设置 IP 地址：

- 使用 BOOTP/DHCP 服务器设置网络 IP 地址；
- 使用 RSLinx 软件或 RSLogix 5000 环境设置网络 IP 地址。

除支持上述两种方式外，1756-EN2TR 通信模块物理上增添了"旋转开关"，如图 5-5 所示。上电时，模块会读取"旋转开关"数据，确定 IP 地址的最后一部分数值是否有效。有效的数值范围为001…254。

如果设置的数值有效，则将出现以下情况：

- IP 地址 = 192. 168. 1. xxx（其中，xxx 代表开关设置）；
- 子网掩码 = 255. 255. 255. 0；
- 网关地址 = 0. 0. 0. 0。

此外，1756-EN2TR 模块增添了新特性-支持 DLR 网络即可构成环形拓扑结构，如图 5-6 所示。DLR 网络是一种单点故障容错环形网络，用于实现自动化设备的互联。这种拓扑结构是在设备级别实现，无需额外交换机。

环形拓扑结构具有以下优势：

- 介质冗余；
- 快速网络故障检测和重新配置；
- 单故障容错网络的弹性机制；
- 部署过程简单，无其他硬件需求。

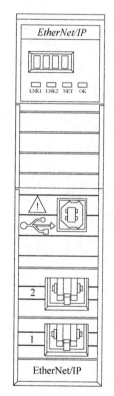

图 5-4　1756-EN2TR
硬件示意图

表 5-1　通信模块性能对比

目录号	说明	CIP 运动轴	Logix 连接数	TCP/IP 连接
1756-ENET	EtherNet/IP 通信网桥	否	128	64
1756-ENBT	EtherNet/IP 通信网桥	否	128	64
1756-EN2TR	双端口 EtherNet/IP 通信网桥	8	256	128

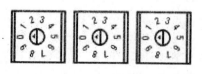

图 5-5　旋转开关

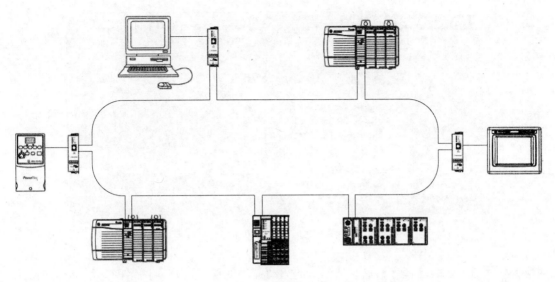

图 5-6　DLR 网络示例图

5.1.2　EtherNet 应用实例

下面以实验的方式介绍 EtherNet 的组态方法。

1）单击 Start→Program→Rockwell Software→RSLinx 或单击桌面上 [图标]，启动 RSLinx，如图 5-7 所示。

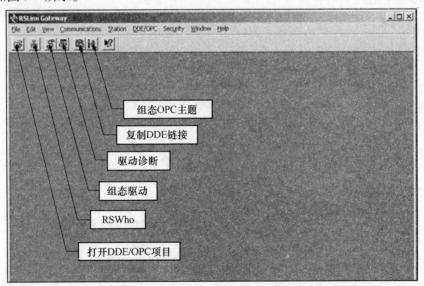

图 5-7　RSLinx 启动界面

2）单击菜单栏 Communications→Configure Drivers…或在工具条上单击 Configure Drivers（组态驱动），如图 5-8 所示。

3）弹出标题为 Configure Driver Types 的窗口。单击 Available Driver Types 对话框中的下拉箭头，选择 Ethernet devices，如图 5-9 所示。这些驱动是 Allen-Bradley 公司的产品在各种

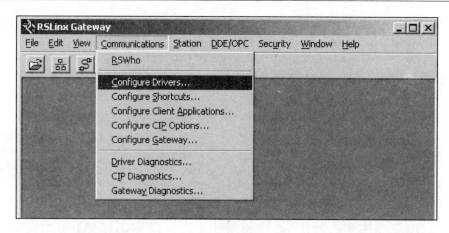

图 5-8　组态驱动

网络上的通信卡的驱动程序，这些通信卡的驱动程序保证了用户对网络的灵活选择和使用。可以根据设备的实际情况来适当选择添加驱动程序，注意要和你使用的硬件类型相匹配。

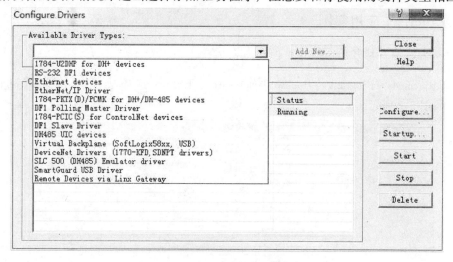

图 5-9　选择驱动组态类型

4）单击 Add New 按钮，将弹出如图 5-10 所示窗口。

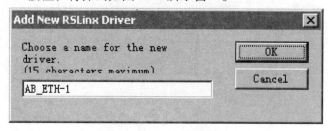

图 5-10　命名驱动

5）单击 OK，会弹出如图 5-11 所示窗口，在 Station 的 Host Name 中输入的 IP 地址，该 IP 地址为以太网模块的 IP 地址。

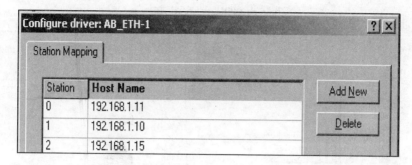

图 5-11 添加 IP 地址

CompactLogix L35E IP Address：192. 168. 1. 11。

ControlLogix 1756-ENBT IP Address：192. 168. 1. 10。

FlexLogix 1788-ENBT IP Address：192. 168. 1. 15。

6）单击工具栏中本地连接的图标，检查计算机网卡的 IP 地址设置，并确认 IP address：192. 168. 1. XXX；Subnet mask：255. 255. 255. 0；Default gateway：192. 168. 1. 1，如有不同，请修改为上述配置，如图 5-12 所示。

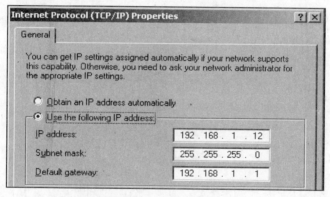

图 5-12 检查 IP 设置

7）单击 OK，在 Configure Driver 窗口下的列表中出现 AB_ETH-1 A-B Ethernet RUN-NING 字样表示该驱动程序已经运行，如图 5-13 所示。

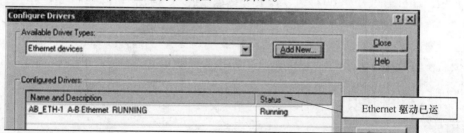

图 5-13 驱动程序已运行

8）单击 Close 回到 RSLinx 初始界面，单击 Communications→RSWho，现在工作区左侧列表中多了 AB_ETH-1 网络图标，选中右上角 Autobrowse 或单击 Refresh，如果驱动组态正常，单击该网络图标，会出现所配置好的设备的图标，如图 5-14 所示。

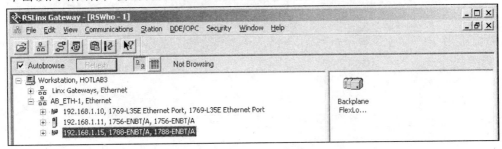

图 5-14　新组建的 EtherNet 网络

9）用户可通过 RSWho 查看框架配置，也可获取设备信息。例如，获取 1769-L35E 控制器信息，如图 5-15 所示。

图 5-15　1769-L35E 控制器信息

10）用户还可通过 ControlLogix 背板的"透明"网关功能，访问其他网络上的设备，如图 5-16 所示。

这里需要注意一点，步骤 3）中，也可以在下拉菜单中选择"EtherNet/IP Driver"，选择该选项后不需要接下来手动输入 IP 地址的操作，依次单击"确定"即可。当主机 IP 与设备在同一网段内，即可扫描到相应设备。至此完成了上位机通过 EtherNet/IP 网络接入的实验。

5.1.3　EtherNet 通信模块的故障诊断

1. 1756-ENBT 模块

1756-ENBT 模块的通信指示灯如图 5-17 所示，模块状态显示器显示该模块的通信状态和 IP 地址，LED 指示灯显示模块的各个状态信息，具体见表 5-2。

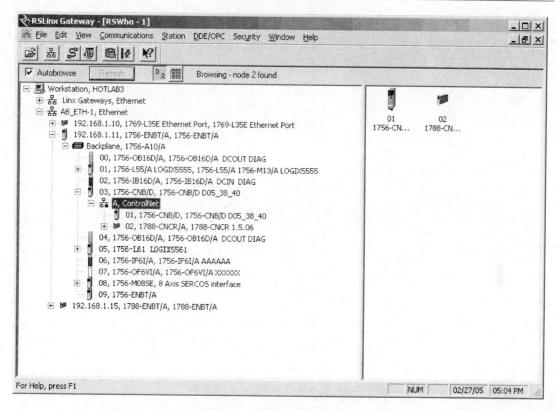

图 5-16　查看 ControlNet 网络

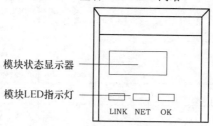

图 5-17　1756-ENBT 模块前端视图

表 5-2　1756-ENBT 模块指示灯状态信息

LED 指示灯	显示	状　态　信　息
LINK 指示灯	绿色闪烁	模块正在通过网络进行通信
	绿色常亮	模块已准备好进行通信
NET 指示灯	绿色闪烁	模块已获得 IP 地址，但没有已建立的连接
	绿色常亮	模块有 IP 地址，并且至少有一个已建立的连接
	红色闪烁	以该模块为目标的一个或多个连接已超时
	红色常亮	检测到重复的 IP 地址
OK 指示灯	绿色闪烁	模块未配置
	绿色常亮	模块正常工作
	红色闪烁	检测到重复的 IP 地址
	红色常亮	检测不可修复的故障

2. 1756-ENET 模块

1756-ENET 模块的前面板上提供了 LED 指示器，用来显示模板的状态和发送/接受的状态，如图 5-18 所示。表 5-3 描述了模块正常指示灯的显示状态、模块状态和推荐采取的措施。

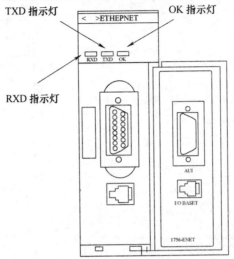

图 5-18　1756-ENET 模块前端示意图

表 5-3　1756-ENET 模块指示灯状态信息

OK 指示灯	状态信息	应采取的措施
熄灭	不工作	提供框架电源 检查模块是否完全地插入框架和背板上
红色，然后红灯闪烁或绿灯闪烁	执行上电诊断	无需任何措施 正常工作
绿色	正常工作	无需任何措施
红灯闪烁	没有组态	组态该模块
红色	不可恢复的错误	修理或更换该模块

表 5-4 描述了发送（TXD）和接受（RXD）指示灯的显示状态。

表 5-4　TXD 和 RXD 指示灯状态信息

指示灯	显示	状态信息
TXD	绿色	发送数据
	熄灭	没激活
RXD	绿色	接收数据
	熄灭	没激活

3. 1756-EN2TR 模块

1756-ENBT 模块的通信指示灯如图 5-19 所示，LED 指示灯显示模块的各个状态信息，具体见表 5-5。

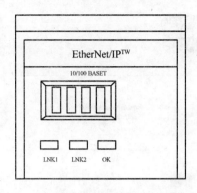

图 5-19 1756-EN2TR 模块前端示意图

表 5-5 1756-EN2TR 模块指示灯状态信息

LED 指示灯	显示	状态信息
LNK1 LNK2	熄灭	没有连接，端口没有使能，由于快速环网故障或部分网络故障在 LNK2 上引起的端口没有使能
	绿色	可能是以下情况： 1. 端口上存在连接 2. 环网在 LNK2 上运行正常
	绿色闪烁	端口正常
OK 指示灯	熄灭	模块没有 DC24V 电源供电，确认框架已经上电以及模块正确插入插槽内
	绿色闪烁	模块没有被配置
	绿色常亮	模块处于正常状态
	红色闪烁	模块出现一个可恢复的错误，可能是配置模块时产生的错误
	红色常亮	给模块循环上电后，如果还没有清除该错误，则需要替换该模块。检测模块配置，如果必要的话，重新配置模块
	红色常亮，显示屏显示"Image Update Needed"	升级固件版本，如果还没有清除该错误，则需要替换该模块
	红绿闪烁	模块正在进行上电自检

5.2 ControlNet 网络组态

ControlNet（控制网）是由控制网国际（ControlNet International）首先提出来的一种开放式的网络。该组织由生产厂商和用户共同组成，当各个生产厂商进行控制网产品的生产时，是没有任何版权许可限制条件的。

罗克韦尔自动化公司（Rockwell Automation）在设计之初就提出了三层通信网络的概念，上层信息层采用 EtherNet/IP（工业以太网），用于全厂的数据采集和程序维护；中层自动化和控制层采用 ControlNet（控制网）、DH + 、DH485，实现控制器的互锁和报文传送；底层设备采用 DeviceNet（设备网）和远程 I/O 控制，用于底层设备的低成本、高效率的信息集成，如图 5-20 所示。

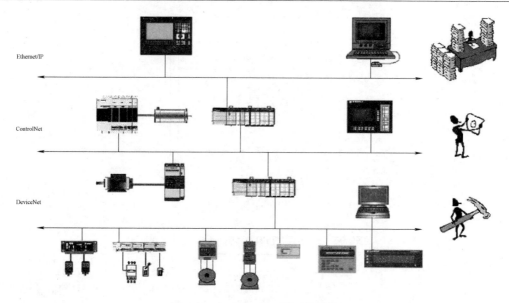

图 5-20　NetLinx 的三层网络结构

ControlNet 是一种高速确定性网络，用于对时间有苛刻要求的应用场所的信息传输。它为对等通信提供实时控制和报文传送服务。作为控制器和 I/O 设备之间的一条高速通信链路，它综合了现有网络的各种优点。

作为一种现代的开放网络，控制网提供了如下功能：

在同一条物理链路上支持 I/O 信息、控制器实时互锁，以及对等通信报文传送和编程操作，具有确定性和可重复性功能。

具体说来，在控制网的单根实际电缆上支持两种类型的信息传输：一种是对时间有苛刻要求的控制数据和 I/O 数据，并且这种类型的数据在发送时具有确定性和可重复性，优先权最高；另一种是对时间没有苛刻要求的信息（例如：程序的上载/下载），并且这种类型的数据在发送时不允许牺牲控制数据和 I/O 数据，优先权较低。

注意：ControlNet 数据传输速率为 5Mbit/s，可寻址节点数为 99。使用 RG-6/U 同轴电缆时，在野外、危险场合以及高电磁干扰场合，可采用光纤介质。

5.2.1　ControlNet 通信模块

ControlLogix 控制系统同 ControlNet 网络进行通信是通过 1756-CNB（R）或者 1756-CN2R 模块实现的。这些模块的节点地址通过模块顶部的拨码开关进行设置，如图 5-21、5-22 所示。

由硬件示意图可知，1756-CN2R 摒弃了 1756-CNBR 原有的 NAP 端口，反之以 USB 端口代替（USB1.1 12MBps），通过 USB 端口进行配置、组态、连接，相比之下更加便利，此外，表 5-6 还列出各通信模块在网络连接上的不同之处。

在站控系统中，还应用了 1794-ACNR15 模块，如图 5-23 所示。该模块也是控制网的适配器，用来连接 Flex I/O 模块。

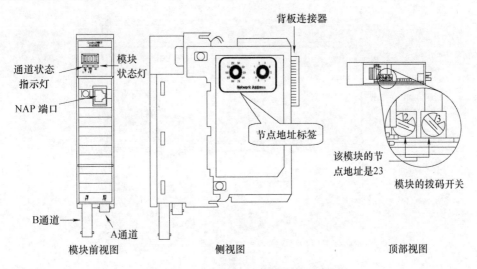

图 5-21　1756-CNBR 通信模硬件示意图

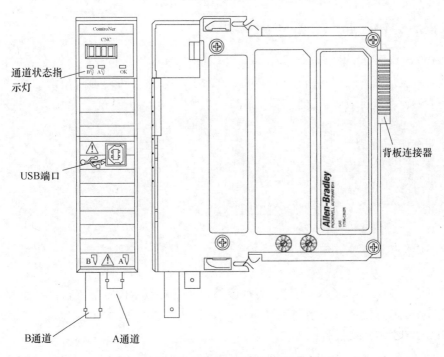

图 5-22　1756-CN2R 通信模块硬件示意图

表 5-6　ControlNet 连接数

目录号	说　　明	Logix 连接数
1756-CNB	ControlNet 通信模块（仅标准型）	40…48
1756-CNBR	ControlNet 通信模块，冗余介质（仅标准型）	40…48
1756-CN2R	ControlNet 通信模块，冗余介质（标准型和安全型）	100

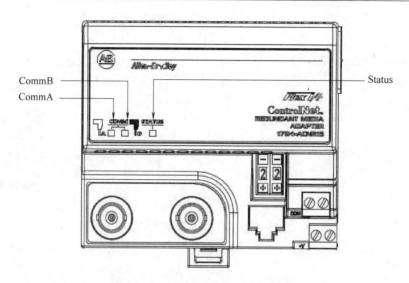

图 5-23　1794-ACNR15 通信模块外部

5.2.2　RSNetWorx for ControlNet 软件

RSNetWorx for ControlNet 软件专门用于对 ControlNet 网络进行设计、组态、优化及管理。该软件最大限度地允许用户提高对 ControlNet 的利用率。用户可以通过简洁的软件界面迅速地对网络上的设备进行设置。这些设置可以在"离线"方式下通过"拖/放"设备图标的操作方式进行，也可以通过 RSLinx 软件"在线"扫描 ControlNet 进行组态。

该软件有如下功能：

● 充分利用"生产者/消费者"模式具有的信息传递优越性，定义网络上设备的数据信息，便于设备之间相互通信；

● 单键式操作可实现整个网络配置的上载/下载；

● 网络时序规划和带宽计算；

● 深层次浏览，单击式组态；

● 组态冲突诊断；

● 通过添加 EDS（电子数据表），更加容易地实现对新型设备的支持，真正实现多设备供应商所生产的设备之间的兼容与互操作；

● HTML 超文本格式报表；

图 5-24 为 RSNetWorx for ControlNet 软件的主界面。

5.2.3　ControlNet 网络参数

在本节中，将向读者介绍一些 ControlNet 网络参数，主要有 NUT（网络刷新时间）、SMAX（最大规划节点）、UMAX（最大非规划节点）和介质冗余选项等。

ControlNet 工业通信网络的数据链路层采用并时间域多路存取（concurrent time domain multiple access，CTDMA）技术，这种技术依靠生产者与消费者的通信模式来完成，数据源只需要将数据发送一次，多个需要该数据的节点通过在网络上识别标识符，同时从网络上获取来自同一生产者的报文数据。这样，一方面有效地提高了网络的带宽利用率；另一方面数

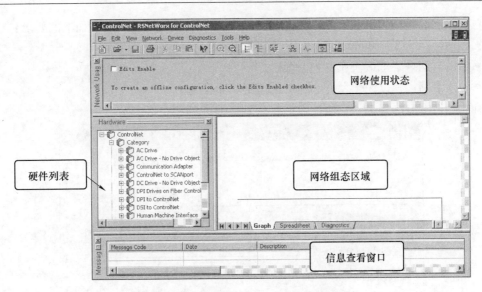

图 5-24　RSNetWorx for ControlNet 软件界面

据可以同时到达该节点，可实现各节点的精确同步化。

　　ControlNet 针对控制网络数据传输类型的需要，设计了通信调度的时间分片方法，它既可满足对时间有严格要求的控制数据的传输要求，例如 I/O 刷新、控制器之间的数据传输，又可满足信息量大，对时间没有苛求的数据与程序的传输，例如远程组态、调整和故障查询等。通信调度的时间分片方法应根据网络应用情况，将网络运行时间划分为一系列等间隔的时间片，即 NUT。

1. NUT

　　ControlNet 采用 CTDMA 仲裁机制，这种仲裁机制把网络时间分割为一个个时间片，每个时间片的持续长度为一个 NUT（网络刷新时间）。CTDMA 把每个 NUT 分为三个部分：预定时段、非预定时段和网络维护时段，如图 5-25 所示。

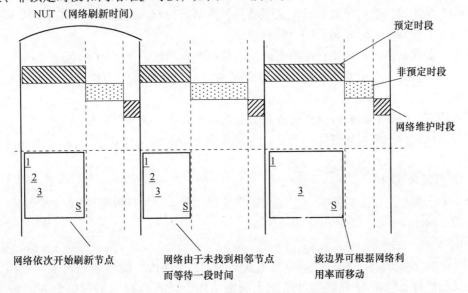

图 5-25　NUT（网络刷新时间）的构成

需要注意的是：为了网络的正常工作，NUT 网络刷新时间必须达到如下的要求：

- 必须组态为 2～100ms 之间；
- 必须与网络要求最快速率相匹配；
- 必须足够大，以便于允许必需的网络通信量流通。

具体的设置方法如下，在属性对话里找到 NUT，如图 5-26 所示。

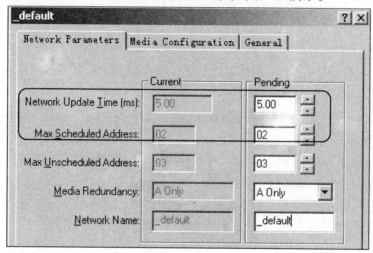

图 5-26　NUT 的设置

2. SMAX 和 UMAX

SMAX 定义了哪些节点可以访问规划带宽。为了网络能够正常运行，最大规划节点应该满足如下的推荐做法：

- SMAX 是在规划带宽内通信的最高节点地址；
- SMAX 不要预留低于该节点号的空节点地址，因为这样做将浪费规划带宽。

UMAX 是用户组态的参数，它定义了哪些节点可以访问非规划带宽。为了网络能够正常运行，最大非规划节点应该满足如下推荐做法：

- 最大非规划节点是需要在网络上通信的最高节点地址；
- 最大非规划节点不要预留低于该节点号的空节点地址，因为这样做将浪费非规划带宽。

需要特别注意的是最好将所有的规划节点地址排列在一起，并且位于非规划节点地址之前，这样可以减少网络规划带宽的浪费。正确设置 SMAX 和 UMAX 可以极大地提高带宽的利用率。

3. 介质冗余选项

介质冗余是用户组态的参数，它定义了将使用哪个通道进行数据传输。具体的设置方式如图 5-27 所示。

4. Keeper

ControlNet 中必须至少有一个节点充当 Keeper，通俗地说，网络 Keeper 就是网络的控制器。它仅仅允许已配置好的节点可以加入到网络中，只有拥有网络扫描列表（Scan – list Configuration）信息的设备可以作为 Keeper。严格地说，Keeper 是控制网上的某个节点，它

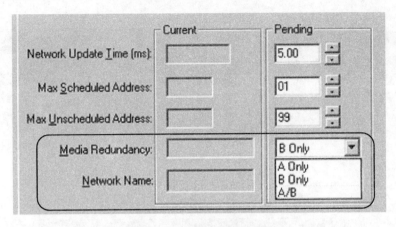

图 5-27　介质冗余选项

具有存储和应用预定带宽信息和网络组态参数（例如：NUT、SMAX、UMAX 和介质使用方式等信息）的能力。

　　一般情况下，网络上可以作为 keeper 的设备中，节点号最小的设备充当 Keeper。

5.2.4　扩展远程 I/O 应用实例

　　常见的 ControlNet 扩展远程 I/O 有分布式的和基于机架两种方式，表 5-7 中列出了常用的 I/O 模块。

表 5-7　ControlNet 扩展的 I/O 模块选择列表

选择 I/O	选择适配器	技　术　指　标
1756 ControlLogix I/O（基于机架的 I/O）	1756-CNB 1756-CNBR（冗余）	高级诊断和快速升级 模拟量和离散量 I/O 能够带电插拔（RIUP） 可拆卸端子块 软件组态时简单的启动向导 4~32 点
1794 Flex I/O（分布式模块化 I/O）	1794-ACN15 1794-ACNR15（冗余）	独立于端子块基座的模块 能够带电插拔（RIUP） 24/48V 直流 继电器输出、模拟量、专用以及温度模块

　　在本实验中，通过 ControlNet 网络扩展远程 I/O，具体的硬件如图 5-28 所示。

　　1）打开 RSLinx，添加 EtherNet/IP 驱动，通过工业以太网访问 ControlNet，具体操作不再叙述。通过 EtherNet/IP 访问 ControlNet 的 RSLinx 界面如图 5-29 所示。

　　2）打开 RSLogix 5000 软件，新建工程，选择控制器型号，控制器的版本号，输入工程的名称，框架类型以及控制器所处的槽号即可，界面如图 5-30 所示。

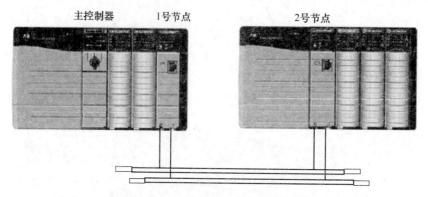

图 5-28　通过 ControlNet 扩展远程 I/O

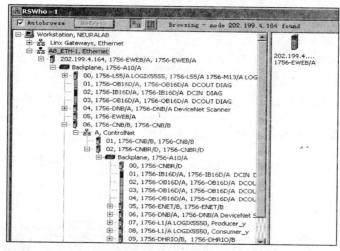

图 5-29　由以太网访问 ControlNet 界面

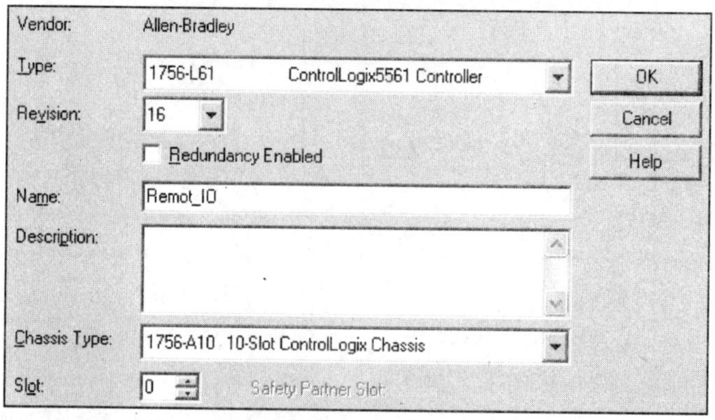

图 5-30　新建工程

3）在 I/O Configuration 文件夹处单击右键，选择 New Module，如图 5-31 所示。

图 5-31　I/O 组态

4）在弹出的模块列表中选择1756-CNB/B（这里因具体情况的不同而不同，在本例中本地的框架上的为1756-CNB/B模块），然后单击确定，如图5-32所示。

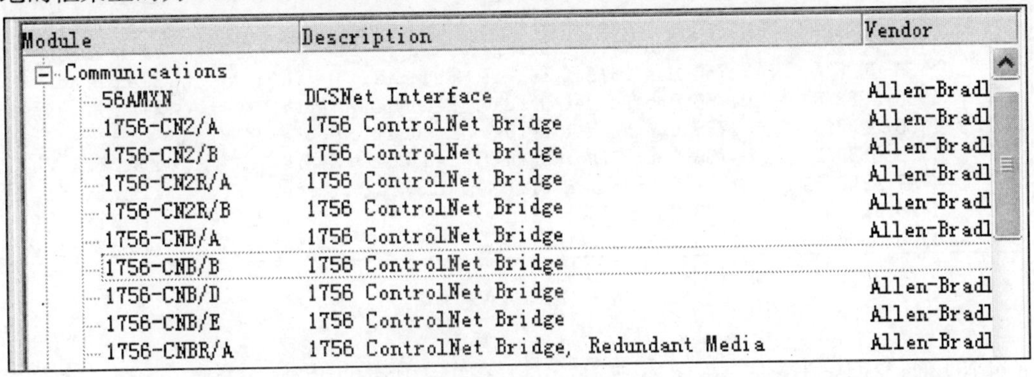

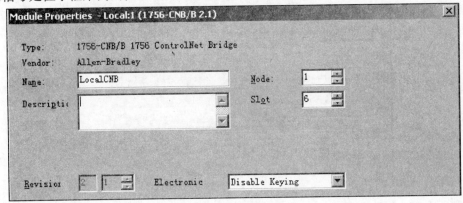

图 5-32 选择本地 ControlNet 通信模块

5）下面组态该模块的属性，主要是设置该模块的节点和槽号（注意：节点位于网络上，而槽号是位于框架内的）以及电子锁，如图5-33所示。

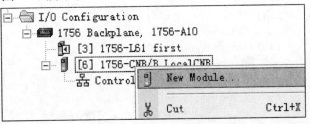

图 5-33 配置本地 ControlNet 通信模块的属性

6）添加远程的 ControlNet 通信模块。在本地 ControlNet 通信模块上单击右键，选择 New Module，具体操作如图 5-34 所示。

图 5-34 添加远程通信模块

7）在弹出的模块列表中，选择远程通信模块的目录号，如图5-35所示。

8）选择远程 ControlNet 通信模块完毕，单击确定，在接下来的对话框里开始设置远程

Module	Description	Vendor
1756-CNB/B	1756 ControlNet Bridge	Allen-Bradl
1756-CNB/D	1756 ControlNet Bridge	Allen-Bradl
1756-CNB/E	1756 ControlNet Bridge	Allen-Bradl
1756-CNBR/A	1756 ControlNet Bridge, Redundant Media	Allen-Bradl
1756-CNBR/B	1756 ControlNet Bridge, Redundant Media	Allen-Bradl
1756-CNBR/D	1756 ControlNet Bridge, Redundant Media	
1756-CNBR/E	1756 ControlNet Bridge, Redundant Media	Allen-Bradl
1757-FFLDC/A	1757 Foundation Fieldbus Linking Device	Allen-Bradl
1768-CNB/A	1768 ControlNet Bridge	Allen-Bradl
1768-CNBR/A	1768 ControlNet Bridge, Redundant Media	Allen-Bradl

图 5-35   选择远程通信模块

Control Net 通信模块的属性，除了本地 ControlNet 通信模块的设置（节点、槽号、电子锁）之外，还需要设置远程 ControlNet 通信模块所处框架的大小，如图 5-36 所示。

Module Properties - LocalCNB (1756-CNBR/D 5.1)

Type:	1756-CNBR/D 1756 ControlNet Bridge, Redundant Media
Vendor:	Allen-Bradley
Parent	LocalCNB
Name:	RemoteCNBR Node: 2
Descriptio	Chassis 10
Comm	Rack Optimization Slot 0
Revisio	5 1 Electronic Disable Keying

图 5-36   设置远程通信模块的槽号

9）添加远程框架上的 I/O 模块：在远程 ControlNet 通信模块处单击右键，选择 New Module，如图 5-37 所示。

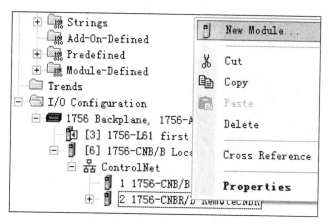

图 5-37   添加远程 I/O 模块

10）在模块列表中选择 1756-IB16D，单击确定，如图 5-38 所示。

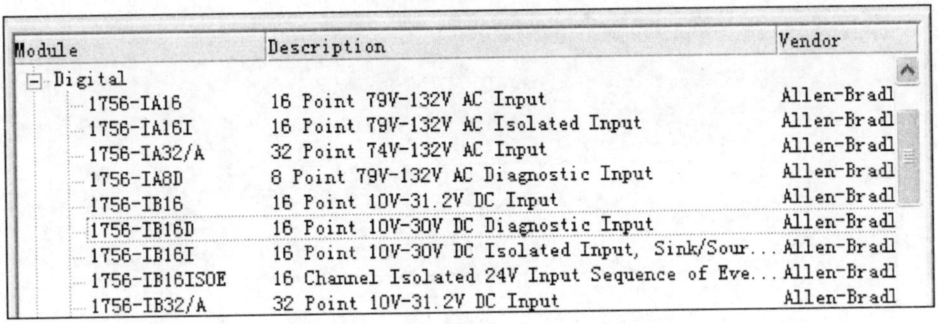

图 5-38　添加 1756-IB16D 模块

11）配置输入模块属性，主要是输入模块名称，模块所在的槽位，通信格式以及电子锁等信息，如图 5-39 所示。

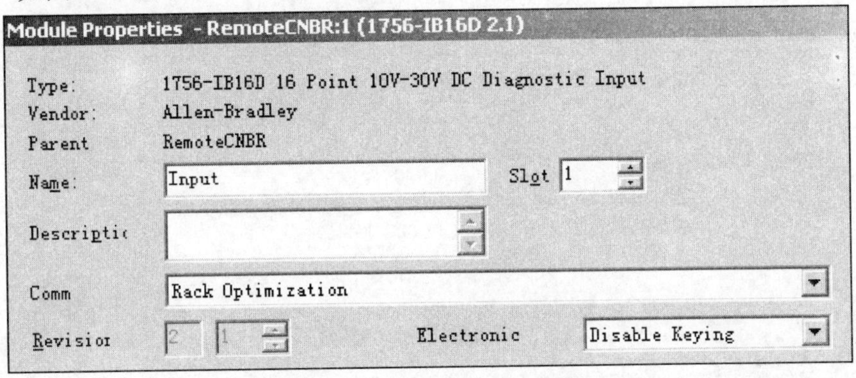

图 5-39　组态 1756-IB16D 模块属性

12）接下来按照同样的方式在模块列表中选择 1756-OB16D 输出模块。然后，单击确定即可，如图 5-40 所示。

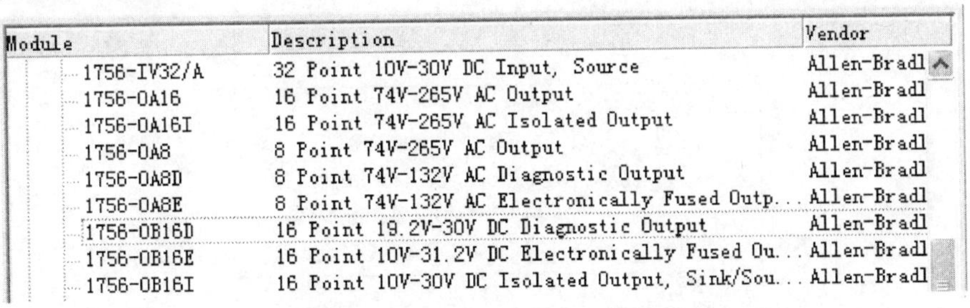

图 5-40　添加 1756-OB16D 模块

13）接下来配置模块属性，主要是填写模块名称，模块所在的槽位，通信格式以及电子锁等信息，如图 5-41 所示。

14）将 I/O 模块配置完毕后，打开 Controller Tags，发现这里生成了很多标签，这就是输入、输出模块的数据存储区，它们中间除了输入、输出数据外，还有许多关于组态、故障、时间戳等信息的数据。如图 5-42 所示。

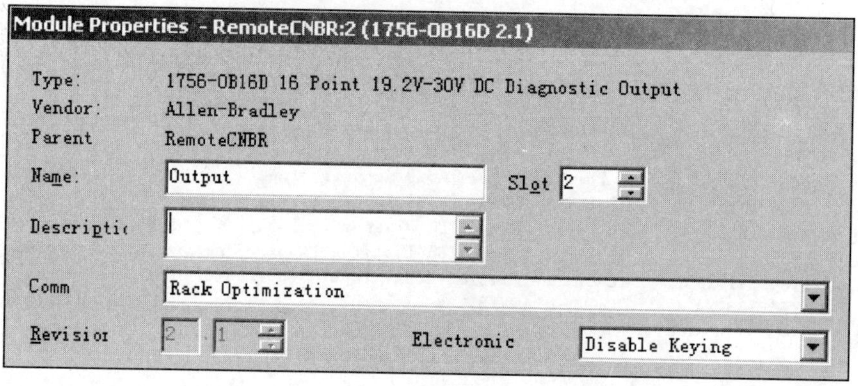

Module Properties - RemoteCNBR:2 (1756-OB16D 2.1)

Type:	1756-OB16D 16 Point 19.2V-30V DC Diagnostic Output
Vendor:	Allen-Bradley
Parent	RemoteCNBR

Name: `Output`　　　　Slot `2`

Descriptic `[                    ]`

Comm `Rack Optimization`

Revision `2` . `1`　　　　Electronic `Disable Keying`

图 5-41　组态 1756-OB16D 模块属性

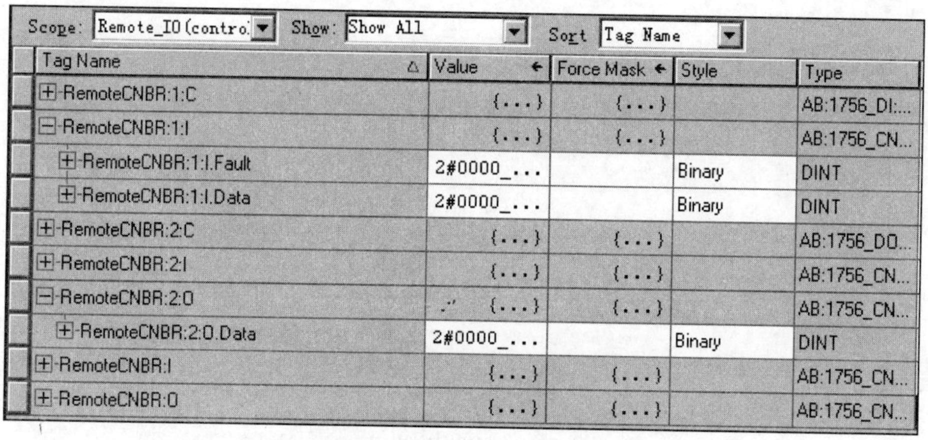

Scope: `Remote_IO(control` ▼　Show: `Show All` ▼　Sort `Tag Name` ▼

Tag Name △	Value ←	Force Mask ←	Style	Type
⊞ RemoteCNBR:1:C	{...}	{...}		AB:1756_DI:...
⊟ RemoteCNBR:1:I	{...}	{...}		AB:1756_CN...
⊞ RemoteCNBR:1:I.Fault	2#0000_...		Binary	DINT
⊞ RemoteCNBR:1:I.Data	2#0000_...		Binary	DINT
⊞ RemoteCNBR:2:C	{...}	{...}		AB:1756_DO:...
⊞ RemoteCNBR:2:I	{...}	{...}		AB:1756_CN...
⊟ RemoteCNBR:2:O	{...}	{...}		AB:1756_CN...
⊞ RemoteCNBR:2:O.Data	2#0000_...		Binary	DINT
⊞ RemoteCNBR:I	{...}	{...}		AB:1756_CN...
⊞ RemoteCNBR:O	{...}	{...}		AB:1756_CN...

图 5-42　控制器域标签数据区

15) 将工程下载至控制器中,可以看到在 I/O Configuration 文件夹处有几个黄色的三角叹号,这表示网络尚未进行优化,如图 5-43 所示。

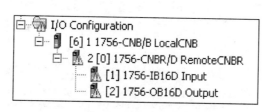

图 5-43　网络未进行优化时的 I/O 状态

16) 将进行网络优化,在进行网络优化前,先使控制器位于编程状态,然后再开始优化网络,打开 RSNetWorx for ControlNet 软件,先上载网络参数,在 Network 菜单下选择 Online,如图 5-44 所示。

17) 在弹出的对话框中找到 ControlNet,单击 OK 即可,如图 5-45 所示。

18) 该软件开始自动扫描网络,扫描完毕后的情况如图 5-46 所示。

19) 扫描完毕后,开始网络优化,先单击 Edits Enable,如图 5-47 所示。

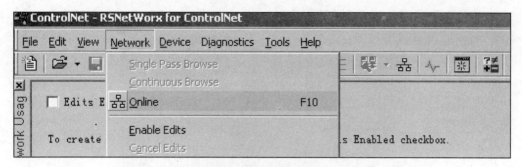

图 5-44 上载网络参数

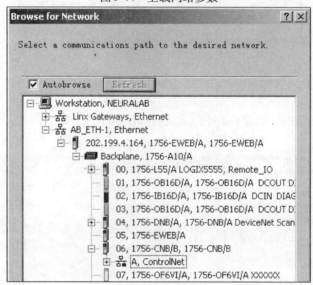

图 5-45 选择 ControlNet 网络

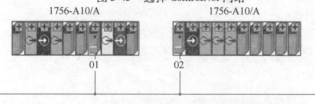

图 5-46 ControlNet 网络上的设备

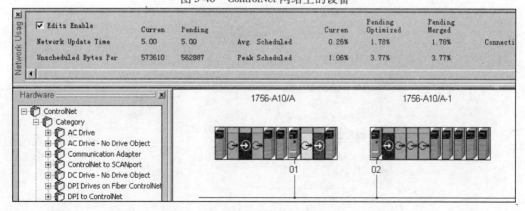

图 5-47 选择编辑使能

20）开始配置网络参数，单击 Network 菜单下的 Properties，弹出如下对话框，在这里设置 NUT、SMAX、UMAX，是否冗余等信息，具体设置如图 5-48 所示。

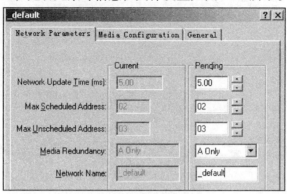

图 5-48　组态网络参数

21）单击工具菜单栏上的保存按钮，选择保存的路径，单击确定，会弹出如图 5-49 的提示优化的对话框。

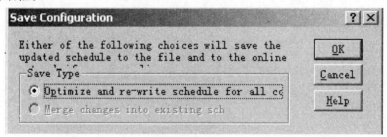

图 5-49　优化网络信息

22）单击 OK，网络会自动地将组态信息保存到 Keeper，如图 5-50 所示。

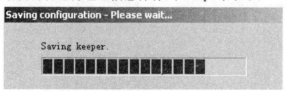

图 5-50　保存 Keeper

23）开始在线优化网络，如图 5-51 所示。

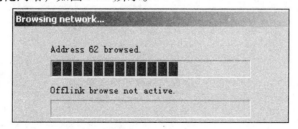

图 5-51　在线优化

24）优化完毕后，网络的状态如图 5-52 所示，比较一下和刚上载时的网络有什么不同。

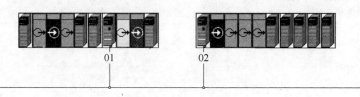

1756-A10/A　　　　　　　　　　1756-A10/A-1

01　　　　　　02

图 5-52　网络优化完毕后的界面

25）使控制器处于在线状态，I/O OK 灯显示绿色，这就表明网络通信已经完成。至此，整个网络就优化完毕，就可以对远程 I/O 模块进行操作了。

5.2.5　控制网通信模块的故障诊断

1. 通过 1756-CNBR 模块状态灯查看

1756-CNBR 的通信指示灯如图 5-53 所示，模块状态显示器显示的内容需要结合模块状态指示灯一起分析模块当前状态，见表 5-8。网络信道状态指示灯状态信息，见表 5-9。

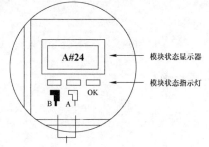

图 5-53　1756-CNBR 模块前端视图

表 5-8　1756-CNBR 模块状态指示器和显示器

OK 指示灯状态	模块状态显示器显示	说　明	解决方法
关闭	无	由于电源故障或内部故障，模块不能进行通信	1. 检查电源 2. 检查电缆连接器 3. 确保模块稳定地固定在机架中 4. 如果指示器仍然关闭，请替换该模块
红色常亮	滚动消息	模块的网络地址设置为 00（这是无效的 ControlNet 地址）或 99（如果正在使用冗余控制，则这也是无效的 ControlNet 地址）。请参见表尾的脚注	1. 关闭机架电源（可选） 2. 从机架上移除该模块 3. 将网络地址开关设置为唯一的地址（01～99，或使用冗余控制时，01～98） 4. 在机架上安装该模块 5. 如果机架电源已关闭，请接通电源
	BPA# ERR	模块检测到不同于加电时锁存的插槽地址。底板上噪声过多会导致此错误	替换机架或模块
	BPRX ERR	底板接收器已关闭	替换该模块
	BPIC ERR	模块中有硬件故障	替换该模块

（续）

OK 指示灯状态	模块状态显示器显示	说　明	解决方法
红色常亮	CNIC ERR	模块中有硬件故障	替换该模块
	DUPL NODE	对于冗余系统，这可能是机架切换过程中的临时状态。否则即为模块的网络地址与链路上另一模块相同	仅用于冗余系统。等待 10s；如果状态仍存在，则执行以下步骤： 1. 关闭机架电源（可选） 2. 从机架上移除该模块 3. 将网络地址开关设置为唯一的地址（01~99） 4. 在机架上安装该模块 5. 如果机架电源已关闭，请接通电源
	RACK ERR	无法读取底板 EEPROM，或框架/插槽地址错误	替换机架
	STOP	冗余模块命令 CNBR 停止工作。这是由于将不兼容冗余的 CNBR 置于冗余辅助机架中引起的	从辅助机架移除不兼容冗余的 CNBR，并替换为兼容冗余的 CNBR
	WAIT SRM	CNBR 正在等待冗余模块完成上电	不需要
红色闪烁	BOOT	模块的固件无效	使用 Control Flash 更新实用程序更新模块的固件
	ROM UPDT	正在进行快速更新	不需要
	SNGL KPR!	模块检测到其已连接到 Cnet 1.5（单保持器）网络	在 MAC ID 01 处更新 CNBR 模块的固件，并重新规划网络
绿色常亮	OK	常规操作	不需要
	INIT	模块正在初始化	
	BW >MAX	模块此时接收的网络流量过大，连接超时。已超出了网络带宽	不需要（临时状态） 如果这种情况频繁发生，则需再添加一个 1756-CNB（R），并在它们之间分散流量
	CMPT	从 CNBR 与主 CNBR 兼容	不需要
	DSNP	从 CNBR 与主 CNBR 不兼容	检查主机架相应插槽中模块的类型和修订号
	PwDS	CNBR 是主模块，冗余模块不正常	检查 1756-CNBR 模块的类型和修订号
	PwQg	CNBR 是主模块，冗余模块正在获取资格	冗余系统状态。无需操作
	PwQS	CNBR 是主模块，冗余模块正常	
	PwNS	CNBR 是主模块，无冗余模块	检查冗余机架相应插槽中的模块是否正确
	Qfng	从 CNBR 模块正在获取资格	冗余系统状态。无需操作
	QS	从 CNBR 模块正常	
	SW ERR	上电后节点地址开关已更改	不需要，但建议将开关返回到其初始设置或替换模块，因为这可能说明硬件有潜在问题

（续）

OK 指示灯状态	模块状态显示器显示	说　明	解决方法
绿色闪烁	CNFG ERR	Control Net 配置错误	重新检查配置
	NET ERR	网络电缆连接错误或网络上无其他活动节点	重新检查网络电缆连接，并确保网络上有另一节点处于活动状态（联机）
	OK	常规操作	不需要。在这种情况下，尚未有到达（或通过）1756-CNB（R）模块的连接
绿色常亮或熄灭	SO_1	旧主模块切换，阶段 1 正在进行中	如果显示器中任何消息的显示时间多于 3s，则说明 CNBR 模块在从一个冗余阶段转换到另一阶段的过程中失败。替换一个冗余模块，或两个都替换
	SO_2	旧主模块切换，阶段 2 正在进行中	
	SO_3	旧主模块切换，阶段 3 正在进行中	
	SN_1	新主模块切换，阶段 1 正在进行中	
	SN_2	新主模块切换，阶段 2 正在进行中	
	SN_3	新主模块切换，阶段 3 正在进行中	
	? Cpt	CNBR 模块尚未确定其是否兼容	
	! Cpt	CNBR 模块已确定其不兼容	将 CNBR 模块替换为正确的类型和修订号

表 5-9　1756-CNBR 模块网络信道状态指示灯状态信息

LED 指示灯	显示	状态信息
两个信道状态指示灯处于同一状态	熄灭	没上电
	红色常亮	检测到不可修复的故障
	红绿闪烁	自检
	红色闪烁	错误的节点配置，或是重复的节点地址
任一信道状态指示灯处于该状态	熄灭	模块未使能
	绿色常亮	模块正常工作
	绿色闪烁	暂时的网络错误，或是未将节点配置为联机运行
	红色闪烁	介质故障，或是网络上没有其他节点
	红绿闪烁	错误的节点地址，或者错误的网络配置

　　1756-CN2R 模块和 1756-CNBR 的前端视图是相同的，但是模块状态显示器显示信息略有不同，表 5-10 列出了 1756-CN2R 模块状态指示器和显示器显示的对应含义。

表 5-10　1756-CN2R 模块状态指示器和显示器

OK 指示灯状态	模块状态显示器显示	说　明	解决方法
关闭	无	由于电源故障或内部故障，模块不能进行通信	1. 检查电源 2. 检查电缆连接器 3. 确保模块稳定地固定在机架中 4. 如果指示器仍然关闭，请替换该模块

（续）

OK 指示灯状态	模块状态显示器显示	说明	解决方法
红色常亮	Reset Complete-Change Switch Settings	模块的网络地址设置为 00（这是无效的 ControlNet 地址）	1. 从机架移除电源 2. 从机架上移除该模块 3. 将网络地址开关设置为唯一的地址（01～99，或使用冗余控制时，01～98） 4. 在机架上安装该模块 5. 如果机架电源已关闭，请接通电源
	FAIL	当电源测试失败时显示	替换模块
	Backplane Init	模块等待冗余模块完成上电	无需任何操作
	Stop Service Received	一个非冗余模块占用了从机架冗余模块所对应槽位	1. 移除非冗余模块 2. 用相应冗余模块代替非冗余模块
		当 1756-CN2R 模块运行引导代码与机架 1756-SRM 或 1756-RM 模块不匹配	1. 将模块插入到不含 1756-SRM 或 1756-RM 模块的机架上 2. 通过 ControlFLASH 软件刷新固件版本
红色闪烁	Image update Needed	主版本映像需要更新	使用 ControlFlash 软件更新固件
	DUPLICATE NODE DETECTED	模块网络地址重复	1. 移除机架电源 2. 从机架移除模块 3. 将拨码开关设置为最大值 4. 更换模块 5. 机架上电
	Flash in progress	闪存更新进程中	无需任何操作
		如果在闪存更新中，与模块通信丢失，该信息将一直显示，即使更新未完成	模块断电，然后上电，重新刷新
	TEST	模块正执行电源上电测试	无需操作 如果持续时间超过 45s，更换模块
绿色常亮	OK	常规操作	不需要。这种情况下，至少已有一个到达（或者通过）1756-CN2R 模块的连接
	INIT	模块正在初始化	无需任何操作
	PASS	当电源上电测试成功完成后，该信息显示	无需任何操作
	CMPT	从 CN2R 模块与主 CN2R 模块兼容	无需任何操作
	DSNP	从 CN2R 模块与主 CN2R 模块不兼容	检查主机架相应插槽中模块的类型和修订号
	PwDS	CN2R 模块是主模块，冗余模块不正常	检查 1756-CN2R 模块的类型和修订号

（续）

OK 指示灯 状态	模块状态 显示器显示	说明	解决方法
绿色常亮	PQgS	CN2R 模块是主模块，冗余模块正常	冗余系统状态。无需操作
	PwQS	CN2R 模块是主模块，冗余模块正常	
	PwNS	CN2R 模块是主模块，无冗余模块	检查冗余机架相应插槽中的模块是否正确
	QgS	从 CN2R 模块正在获取资格	冗余系统状态。无需操作
	QS	从 CN2R 模块正常	
	MACID SWITCH ERROR	加电后节点地址开关已更改	不需要，但建议将开关返回到其初始设置或替换模块，因为这可能说明硬件有潜在问题
	A#xx	信息显示为节点地址，01…99	无需任何操作
绿色闪烁	Invalid Network Configuration	Control Net 配置错误	重新检查配置，确定模块网络地址小于等于 UMAX
	NET ERR	网络电缆连接错误或网络上无其他活动节点	重新检查网络电缆连接，并确保网络上有另一节点处于活动状态（联机）
	OK	常规操作	不需要。在这种情况下，尚未有到达（或通过）模块的连接
	Rev xx. xx	当你启动模块时，显示模块主，次版本	无需任何操作
绿色常亮或关闭	CPU = xx%	显示 CPU 占用率，0…99%。只有当 CPU 占用率超过 80% 时，该信息显示	无需任何操作

2. 通过 1794-ACNR15 模块状态灯查看

1794-ACNR15 的通信指示灯如图 5-54 所示，网络信道状态指示灯状态信息，见表 5-11。

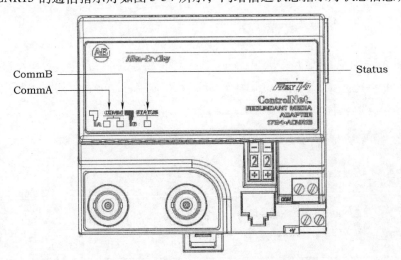

图 5-54　1794-ACNR15 模块前端视图

表 5-11　1794-ACNR15 模块网络信道状态指示灯状态信息

LED 指示灯	显　示	状　态　信　息
两个信道状态指示灯处于同一状态	熄灭	没有上电或重启
	红色常亮	检测到不可修复的故障
	交替变换红色/绿色	自检
	交替变换红色/关闭	错误的节点配置，或是重复的节点地址
任一信道状态指示灯处于该状态	熄灭	通道被禁止
	绿色常亮	模块正常工作
	绿色闪烁	暂时的网络错误
	红色闪烁	介质故障，电缆损坏或冗余报警
	红色/绿色闪烁	错误的网络配置
状态指示灯	熄灭	没有上电
	绿色闪烁	在线，但是没有连接
	绿色常亮	在线，连接正常
	红色闪烁	I/O 模块被移除、嵌入错误的 I/O 模块或正在刷新固件
	红色常亮	Critical-adapter failure

3. 通过软件查看

通信模块和 I/O 模块在 RSLogix 5000 软件中查看故障的方法类似，即查看模块属性对话框的 Connection 选项卡和 Modlue Info 选项卡，不再阐述。

4. 通过 MSG 指令查看控制网通信模块故障

RSLogix 5000 软件提供了以异步方式从/向网络中的另一个模块读取/写入数据块的指令 MSG，该模块可以读取控制网模块的信息，单机 MSG 模块上的方框配置模块信息，如图 5-55 所示。

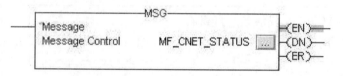

图 5-55　MSG 指令

在配置选项卡中选择消息类型（Message Type）为“CIP Generic”，服务类型（Service Type）为“Get Attribute Single”，并在目标（Destination）填入对应目标标签，如图 5-56 所示。

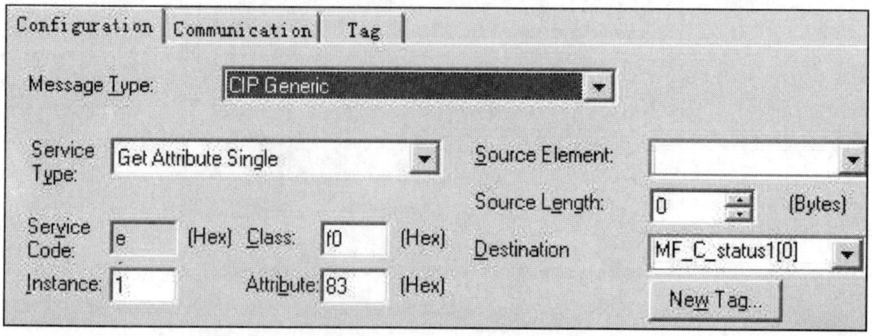

图 5-56　MSG 配置选项卡

单击连接选项卡，选择所要读取状态的模块，如图 5-57 所示。通过目标标签的状态位来判断所选模块状态是否正常。

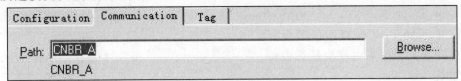

图 5-57　MSG 通信选项卡

5.3　DeviceNet 网络组态

DeviceNet（设备网）是一种基于 CAN 的通信技术，主要用于构建底层控制网络，在车间级的现场设备（传感器、执行器等）和控制设备（PLC、工控机）间建立连接，从而避免了昂贵和繁琐的硬接线。

DeviceNet 作为开放式现场总线标准，其技术规范公开。任何个人或制造商都能以少量的复制成本从开放 DeviceNet 供货商协会 ODVA（Open DeviceNet Vendors Association）获得 DeviceNet 协议规范。2000 年，DeviceNet 成为国际标准，是 IEC62026 的控制器与电器设备接口的现场总线标准之一。2002 年，DeviceNet 被批准成为我国国家标准 GB/T 188858.2—2002（《低压开关设备和控制设备控制器-设备接口（CDI）第 3 部分：DeviceNet》），并于 2003 年 4 月 1 日开始实施。

如图 5-58 所示，DeviceNet 应用于工业网络的底层，是最接近现场的总线类型。目前，已开发出带有 DeviceNet 接口的设备，包括开关型 I/O 设备、模拟量 I/O 设备、温度调节器、条形码阅读器、机器人、伺服电动机控制器和变频器等。一些国家的汽车行业、半导体行业和低压电器行业等都在采用该项技术，以推进行业的标准化。

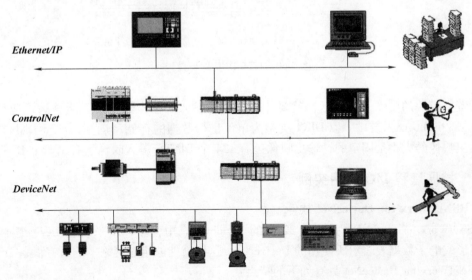

图 5-58　DeviceNet 概况图

5.3.1　设备网通信模块

在 ControlLogix 控制系统中，DeviceNet 使用 1756-DNB 模块对整个网络的设备进行监视和控制。在 1756-DNB 模块的顶部有三个旋转式的开关，用来对模块进行硬件设置，如图 5-59 所示。

1756-DNB 模块支持 DeviceNet 的三种通信速率，分别为 125Kbit/s、250Kbit/s、500Kbit/s，通信速率的设置见表 5-12 所示，出厂默认的通信速率为 125Kbit/s。

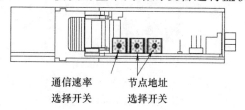

图 5-59　1756-DNB 硬件组态开关

表 5-12　通信速率设置表

开关设置	通　信　速　率
0	125Kbit/s
1	250Kbit/s
2	500Kbit/s
8	三个旋钮开关均为 8 时，则 1756-DNB 模块恢复出厂默认设置，正常使用时请勿使用
其余值	从 RSNetWorx for DeviceNet 软件选择通信速率

如图 5-60 所示，使用选择开关可以设置从 0 到 63 的任意一个节点地址，如果所设置的节点地址超过 63，那么就可以通过 RSNetworx for DeviceNet 软件对节点进行设置。

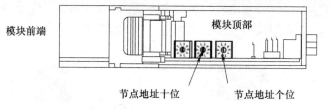

图 5-60　1756-DNB 地址设置

设置完模块的硬件设置之后，就要计算模块的输入、输出数据是否能够满足应用的要求。在 ControlLogix 系统中，以 DINT 类型为单位进行数据的存储和运算，1756-DNB 模块的输入输出映像的大小是固定的，输出映像区有 124 个 DINT，输入映像区有 123 个 DINT。

5.3.2　扩展远程 I/O 应用实例

1. RSNetWorx for DeviceNet 软件

RSNetWorx for DeviceNet 是一款 32 位的 Windows 应用程序，用来组态 DeviceNet 设备。采用图形或电子数据表表示所使用的 DeviceNet，这样就能够组态网络上的所有设备。

RSNetWorx for DeviceNet 具有如下的特点：

- 整个网络的组态存储在一个文件中，因此更好进行文件管理。
- 更好的 EDS 文件支持。能够自动获得更新版本的 EDS 文件。

●同罗克韦尔自动化其他软件进行集成。例如同 RSLogix 集成在一起。

●可以通过 ControlNet、DH + 、EtherNet 等网络，路由访问 DeviceNet。

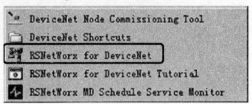

●具有 Windows95、98、2000、xp 系统都兼容的用户界面。

2. 组态 1794 系列 Flex I/O

第一步，启动 RSNetWorx for DeviceNet 软件，单击程序→Rockwell Software→RSNetWorx →RSNetWorx for DeviceNet，如图 5-61 所示。

图 5-61　启动 RSNetWorx for DeviceNet

出现如图 5-62 所示的界面。

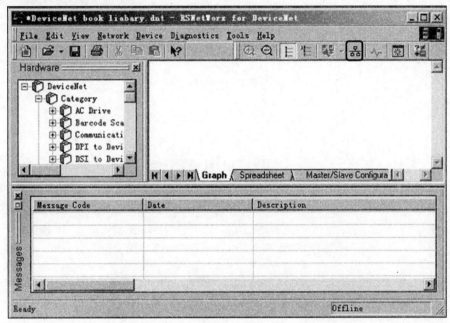

图 5-62　RSNetWorx for DeviceNet 界面

第二步，选择工具栏中的 Network 按钮，选择 Online，或者选择图 5-62 中所标出的按钮，出现如图 5-63 所示的对话框，选择其中的 DeviceNet 网络。

在 DeviceNet 网络上有一个地址为 2 的 1756-DNB 模块和一个地址为 4 的 1794-ADN 模块。1794-ADN 模块上连接了两个模块，一个为 1794-IB16，另一个为 1794-OB16。扫描后的网络如图 5-64 所示。

第三步，双击 1794-ADN 的图标，出现一个对话框，选择 Module Configuration 选项卡，如图 5-65 所示。

从图 5-65 左侧的设备列表中选择相应的设备，完成组态如图 5-66 所示，然

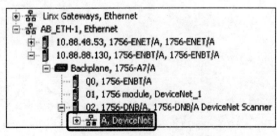

图 5-63　选择 DeviceNet 界面

后选择确定。

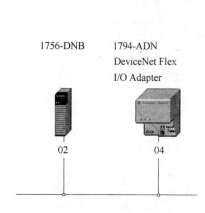

图 5-64　网络扫描图

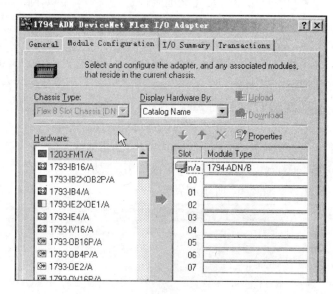

图 5-65　组态 I/O

第四步，双击 1756-DNB 模块，并选择 Scanlist 选项卡，如图 5-67 所示。

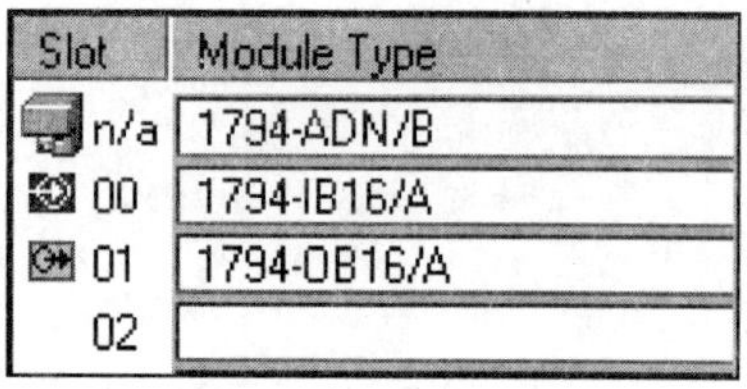

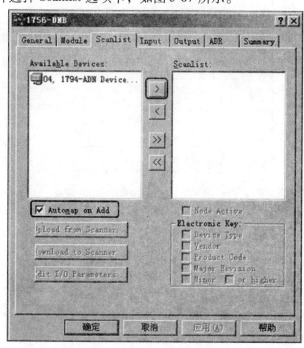

图 5-66　组态 I/O

图 5-67　组态 Scanner 扫描列表

若选择图 5-67 中的 Automap on Add 选项，然后单击 > 按钮进行添加模块，然后分别选择 Input 选项卡和 Output 选项卡，则 IO 分配如图 5-68 所示。

可观察到 1794 模块的输入数据被分配到了 1756-DNB 模块的"1：I. Data［0］"所在的

数据区，而输出数据则被分配到了"1：O. Data［0］"所在的数据区。

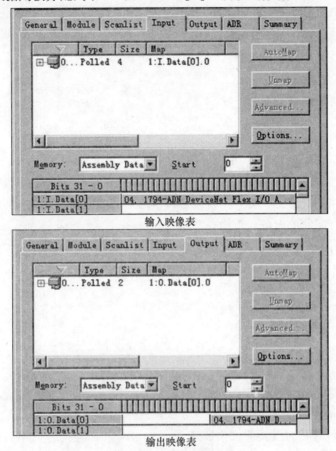

输入映像表

输出映像表

图 5-68 输入输出映像表

第五步，选择确定按钮，将数据下载到 1756-DNB 扫描器模块中。至此，完成 1794 系列 I/O 模块的组态。

5.3.3 设备网的故障诊断

DeviceNet 网络故障大多情形都是硬件或网线的故障，除了利用仪器帮助检查，还可以根据现象去判断或根据模块的面板助记符提示，找到故障原因。

1. 常见问题

（1）共模电压引起的问题

现象：

1）正常操作时，电源末端附近的站点不通信。

2）只有减少站点或缩短主干线长度才能通信。

3）扫描器探测不到正确组态的适配器设备。

解决：

1）检查网络末端设备的通信连接有无问题。

2）检查共模电压是否低压 15V。

3）摘除超载部分的设备。

4）缩短超长的网络电缆。

5）将电源超载设备的方向挪动。

6）摘除耗用网络电流大的设备。增加第二个电源。

7）将网络分为两个。

（2）总线问题

现象：

1）站点操作时断时续（支线突然关闭）。

2）LED 或其他显示指出 Bus off。

解决：

1）检查波特率的设置，只要有一个设备设置不对，就会影响到其他站点。

2）替换怀疑有问题的设备，重检查波特率。

3）检查操作时断、时续的站点，电缆或连接头是否松动、弯曲或扭曲，并重检查波特率。

（3）总线信息流问题

现象：

1）站点停止通信。

2）设备出现超时。

解决：

1）检查扫描器组态，确定扫描速率是正确的。（扫描时间太短会引起设备超时，扫描时间太长降低了带宽的利用率）。

2）检查 COS 设备是否过多的占用带宽。

3）对设备的运用时间进行约束，或把设备改成 Poll、Cyclic 或 Strobe 通信形式。

4）检查占用带宽过多或比平均值高出很多的站点。

（4）总线电源问题

现象：

1）正常操作时，电源末端附近的站点不通信。

2）只有减少站点或缩短主干线长度时，网络才能通信。

解决：

1）检查站点上的网络电源电压。

2）检查站点上的共模电压。

3）检查取用网络电源的输出设备。

4）检查网络电缆通路靠近高压或射频信号而引起的冲突。

5）用示波器检查电源波形。

6）检查操作时断、时续的站点，电缆或连接头是否松动、弯曲或扭曲，并检查峰值电压。

（5）屏蔽线电压问题

现象：

1）操作时断、时续的站点。

2）扫描器探测不到正确组态的适配器设备。

解决：

1）检查屏蔽电压。

2）检查 V-端的漂移电压或屏蔽线的连接。

3）检查是否连接松散。

4）确认只有屏蔽线和 V-一起连接到接地端。

2. 通过模块状态查看

扫描器的屏幕显示该模块的工作状态或故障代码，如果扫描器与某个从设备的故障，则在故障代码之后给出从设备的站号。扫描器故障代码见表 5-13。

表 5-13　扫描器故障代码

70	扫描器检查到重号，另外一个节点有相同站号
72	某个设备长时间没有相应，代号后面给出站号
73	扫描器的扫描列表中设定的电子识别不匹配，代号后面给出站号
75 或 76	扫描器扫描未被激活
77	扫描器扫描列表中传送到接收的数据尺寸与从设备中的不匹配，代号后面给出站号
78	从设备不能从扫描器得到响应，代号后面给出站号
79	扫描器重号，传送没有应答，网络布线有问题或没有其他设备在网上
80	控制器没有在运行状态或命令没有使能 RUN
81	控制器没有在运行或扫描器故障
82	—
83	从设备返回错误响应，如从设备不支持扫描器请求的连接类型（例如 COS），或设备由另一个主设备拥有
84	扫描器正在初始化通信，发生在上电和扫描器与从设备通信自动清除后
85	扫描器扫描列表中传送或接收的数据尺寸与从设备中的不匹配，扫描器与从设备的通信正常，但从设备的 I/O 尺寸改变，代码后面给出站号
86	扫描器在运行方式产生了 Idle 数据，扫描器曾经接收过数据，但现在得到的是 0B
89	当执行 ADR 命令时，扫描器发生错误，或许是存储在扫描器中的 ADR 文件与设备不匹配，重装有效的 ADR 以解决问题
90	扫描器在 DISABLE 方式
91	扫描器 Bus-off，重上电以解决问题
92	没有 24V 电源连接到扫描器上
95	扫描器版本刷新，扫描器列表或组态下载
97	扫描器在 HALT 方式

从设备的 LED 状态表达了设备的状态，见表 5-14。

表 5-14　扫描器 LED 状态

状态	说　　明	解决办法
无	设备未上电；或设备是自动波特率但没有传送	检查连接到设备的电源，在网上至少有一个设备自动波特率被传送
红色常亮	上电或复位失败或 Bus-off	网络和设备重上电，如故障仍然存在，检查网络和设备
红色常亮	上电时查到重号或无效的波特率	检查网上另一个重号的设备，检查设备的波特率，重上电清除故障

（续）

状态	说　　明	解决办法
红绿交替闪烁	通过 RSNetWork 软件中的 Faulted Address Recovery 设置了 LED 闪烁	在软件中停止 FAR FlashLED
红色闪烁	主设备 I/O 连接丢失或超时	检查主设备是否连接在网上，是否正常工作
绿色闪烁	设备连接到有效的网络上，但没有被主设备扫描	检查主设备扫描列表对该设备组态的信息是否正确
绿色常亮	正常工作	

5.4　Modbus 通信

Modbus 协议是应用于电子控制器上的一种通用语言。通过此协议，控制器相互之间、控制器经由网络（例如以太网）和其他设备之间可以通信。它已经成为一种通用的工业标准。有了它，不同厂商生产的控制设备可以连成工业网络，进行集中监控。此协议定义了一个控制器能认识使用的消息结构，而不管它们是经过何种网络进行通信的。它描述了一台控制器请求访问其他设备的过程，如何回应来自其他设备的请求，以及怎样侦测错误并记录。它制定了消息域格局和内容的公共格式。

标准的 Modbus 口是使用 RS-232C 兼容的串行接口，它定义了连接口的针脚、电缆、信号位、传输波特率和奇偶校验。通信时，每个控制器需要知道它们的设备地址，识别按照地址发来的消息，决定要产生何种行动。如果需要回应，控制器将生成反馈信息并用 Modbus 协议发出。

1. MVI56-MCM 模块的硬件设置

MVI56-MCM 模块有三个通信口，最上端的为组态端口，用于对模块本身的配置。其他两个端口 P1、P2 用于和外部设备进行通信。底部有三组跳线，分别是 RS-232、RS-422、RS-485，如图 5-69 所示。

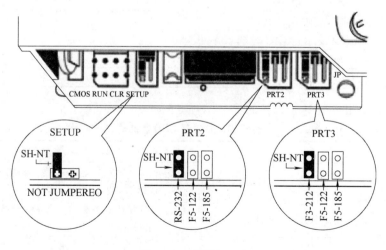

图 5-69　跳线设置图

对于 P1 端口设置，选择 PRT2 跳线；对于 P2 端口设置，选择 PRT3 跳线，默认状态下两个端口的跳线均为 RS-232 方式。SETUP 跳线默认状态是断开的，未经 ProSoft 人员授权不要随意更改。

P1、P2 两个端口都是 RJ-45 型，如果做串行通信，需要先将出厂提供的 RJ-45 转 RS-232 连接线接到 MVI56-MCM 模块上，再将 RS-232 端分别接到配套的 DB9 接头上。通过螺钉端子按如图 5-70 方式接线。

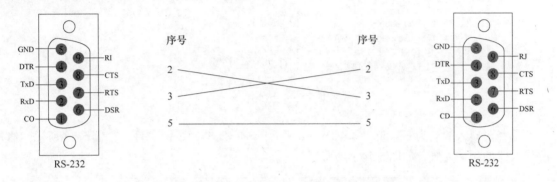

图 5-70　RS-232 接线

2. MVI56-MCM 模块的软件组态

首先需要新建工程，选择 CPU 并进行相关组态配置。在组态 IO 模块时，要选择 others→1756-Module。注意模块所处的槽号，通信的数据格式要选择 INT 类型。组态模块信息如图 5-71 所示。

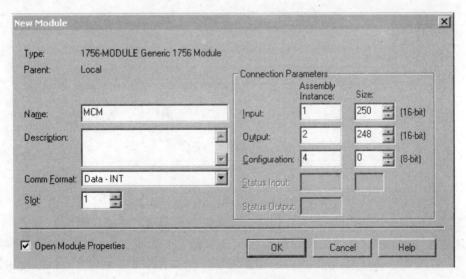

图 5-71　配置模块信息

打开梯形图导入例程（MainProgram 双击进入梯形图，右键单击 rung，会弹出如图 5-72 所示界面，选择 Import Rung）。

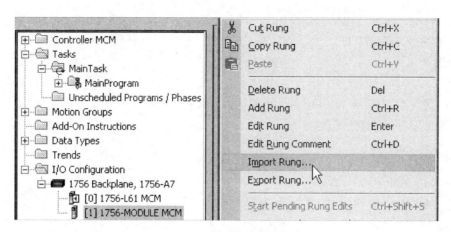

图 5-72　导入例程

选择要导入的名为 MVI56(E)MCM_AddOn_Rung_v2_8. L5X 的文件，如图 5-73 所示。修改导入时的相关配置，如图 5-74 所示。

图 5-73　导入的 AOI 文件

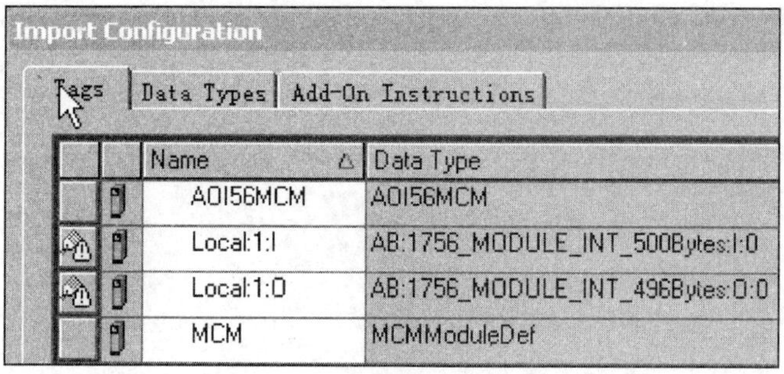

	Name △	Data Type
	AOI56MCM	AOI56MCM
	Local:1:I	AB:1756_MODULE_INT_500Bytes:I:0
	Local:1:O	AB:1756_MODULE_INT_496Bytes:O:0
	MCM	MCMModuleDef

图 5-74　模块相关配置

图 5-74 中将 Local:1:I,Local:1:O 这两个变量修改为硬件所在槽位对应的变量，由于本示例模块插在主站 1 槽，所以修改完配置如图 5-74 所示。单击确定后，可以发现整个工程里面多了一些配置，包括 ControllerTags、Data Type - UserDefine、Add - On Instructions 等；导入后在例程中会出现 MCM 模块标准的运行程序如图 5-75 所示，下载程序到 ControlLogix 控制器中。

下载完毕后，请观察模块的 OK 灯是否变为绿色，而且 APP status 和 BP AC 指示灯显示橙色。

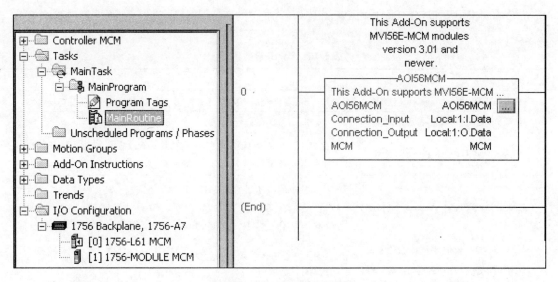

图 5-75　导入的标准通信例程

3. 对 MVI56-MCM 模块进行配置

对于 Modbus 通信协议来说，每个 Modbus 网络只可以有一个主站，主站可以发出请求信息，等待从站的响应。当从站设备有响应或者响应超时时，主站模块都会去执行下一条命令。对于该模块来说无论将端口配置为主站或从站，必须对以下三个地方进行配置。

ModDef：这里主要是进行读写区域的分配，该模块一共有 5000 个数据寄存器，在这里我们可以配置哪些寄存器用于模块向 CPU 发送数据，哪些寄存器用于模块从 CPU 读取信息。

PortX：主要用于配置端口参数，如波特率、数据位、停止位等。

PortXMasterCommand：当模块作为主站时，需要在这里做一个轮询数据表，这个表主要告诉模块，要和 Modbus 网络里的哪些设备进行连接，需要进行哪些数据交换，读/写的数据存到什么位置等信息。

（1）配置 ModDef

双击 ControllerTags 进入变量表，展开 MCM - MCM. config - MCM. Config. Moddef，变量详细说明见表 5-15。

表 5-15　Moddef 变量详细说明

变　　量	描　　述
WriteStartReg	写寄存器起始地址，这个变量用来表示从 CPU 往 MVI 模块写数据的起始地址，有效范围为 0 ~ 4999
WriteRegCnt	写寄存器的数量，从 CPU 写到 MVI 模块的寄存器个数，参数有效范围为 0 ~ 5000
ReadStartReg	读寄存器的起始地址，这个变量用来表示 CPU 从 MVI 模块读数据的起始寄存器地址，有效范围为 0 ~ 4999
ReadRegCnt	读寄存器的数量，这个变量表示 CPU 从 MVI 模块读取的寄存器个数，有效范围为 0 ~ 5000

（2）Port1 和 Port2 的端口设置

不管端口作为主站还是从站，该项设置是必需的。该设置位于 ControllerTag 选项里的

MCM. Config. PortX 部分，Port1 和 Port2 是相互独立的，需要分别进行配置。各项参数说明见表 5-16。

表 5-16 Port1 参数说明

变　量	描　述
MCM. CONFIG. Port1. Enabled（使能位）	1 = 使能端口，0 = 端口禁止
MCM. CONFIG. Port1. Type（端口类型）	0 = Master，1 = Slave
MCM. CONFIG. Port1. Protocol（协议）	这个参数决定端口使用的 Modbus 协议。有效协议为：0 = Modbus RTU 和 1 = Modbus ASCII
MCM. CONFIG. Port1. Baudrate（波特率）	这参数定端口使用的波特率。比如，要选择 19K 波特率，那就输入 19200。有效的输入为 110、150、300、600、1200、2400、4800、9600、19200、28800、38400、57600 和 115
MCM. CONFIG. Port1. Parity（校验方式）	0 = 无校验，1 = 奇校验，2 = 偶校验，3 = 标记校验，4 = 空格校验
MCM. CONFIG. Port1. DataBits（数据位）	数据位，有效值 5 ~ 8
MCM. CONFIG. Port1. StopBits（停止位）	停止位，有效值 1 ~ 2
MCM. CONFIG. Port1. SlaveID（从站地址）	这个参数定义的是模块从站站地址，仅当模块设置为从站的时候，该参数生效
MCM. CONFIG. Port1. CmdCount（命令个数）	这个参数指定 Modbus 主站端口处理的命令个数

（3）端口命令配置

当端口被配置为主站的时候，必须对该项参数进行设置，主站命令主要包括：使能位，数据存储地址，数据长度，轮询时间以及要处理的从站站点号，从站的数据地址以及 Modbus 功能码。各项参数说明见表 5-17。

表 5-17 MasterCmd 参数说明

变　量	描　述
MCM. CONFIG. Port1MasterCmd［0］. Enable	0 = 禁止该条指令执行 1 = 允许指令执行 2 = 有条件执行，该指令只适用于功能码为 5、6、15、16 的写指令，当数据有变化时指令执行
MCM. CONFIG. Port1MasterCmd［0］. IntAddress	该参数指定与命令相关的内部数据库起始地址，当功能码设置为读从站数据，则该地址为将从站数据读上来后存取的内部数据库的起始地址。当功能码设置为写从站数据时，则该地址表示要写到从站的内部数据库的起始地址。当使用位操作时，需要将内部数据库地址乘以 16 后作为起始地址
MCM. CONFIG. Port1MasterCmd［0］. Count	要操作的数据长度，该参数用来表示要和从站设备进行交换的数据个数，参数的有效范围为 1 ~ 125 个字或 1 ~ 16000 个 bit
MCM. CONFIG. Port1MasterCmd［0］. Node	这个参数指定了发送到 Modbus 网络上的命令要到达的从站地址。合法输入是 0 ~ 255。大多数 Modbus 网络的上限值是 247

（续）

变　　量	描　　述
MCM. CONFIG. Port1 MasterCmd[0]. Func	Modbus 功能码，有效输入 1、2、3、4、5、6、15、16 1 = 读输出状态（即读取 Modbus 0 区的值） 2 = 读输入状态（即读取 Modbus 1 区的值） 3 = 连续读数据寄存器的数据（即连续读取 Modbus 4 区的值） 4 = 读输入寄存器的值（即读取 Modbus3 区的值） 5 = 写单个位（即对 Modbus 1 区的值进行写操作） 6 = 写单个数据寄存器（即对 Modbus 4 区的值进行但数值的写操作） 15 = 连续写多个位（即对 Modbus 1 区的值进行连续写操作） 16 = 连续写多个寄存器（即对 Modbus 4 区的值进行连续的写操作）
MCM. CONFIG. Port1 MasterCmd[0]. DevAddress	Modbus 数据地址，要和从站进行哪些数据交换，这里指的是 Modbus 的起始数据地址，这个参数依赖于从站设备厂商对其设备的数据定义

4. MVI56-MCM 模块做主站的配置方法

MVI56-MCM 模块作为 Modbus 主站时的配置方法如图 5-76 所示。

⊟ MCM	{...}
⊟ MCM.CONFIG	{...}
⊟ MCM.CONFIG.ModDef	{...}
⊞ MCM.CONFIG.ModDef.WriteStartReg	0
⊞ MCM.CONFIG.ModDef.WriteRegCnt	600
⊞ MCM.CONFIG.ModDef.ReadStartReg	1000
⊞ MCM.CONFIG.ModDef.ReadRegCnt	200
⊞ MCM.CONFIG.ModDef.BPFail	0
⊞ MCM.CONFIG.ModDef.ErrStatPtr	-1

图 5-76　ModDef 配置

写寄存器起始地址为 0，寄存器的数量为 600。读寄存器的起始地址为 1000，读寄存器的数量为 200。无条件连续运行，不保存错误状态。此时模块的工作原理如下图 5-77 所示。

写数据的过程如下：CPU 将 MCM. Data. WriteData[0]的数据映射到 MVI56 - MCM 的内部寄存器[0]，内部寄存器[0]再发送给 Modbus 从站设备。

读数据的过程如下：MVI56-MCM 模块先将从站设备的数据读到内部寄存器[1000]中，内部寄存器[1000]再将数据映射到 MCM. Data. ReadData[0]，完成读取数据过程。

Port1 配置如图 5-78 所示。Port2 本实验不使用。

MCM. CONFIG. . Port1 MasterCmd[0]配置如图 5-79 所示。

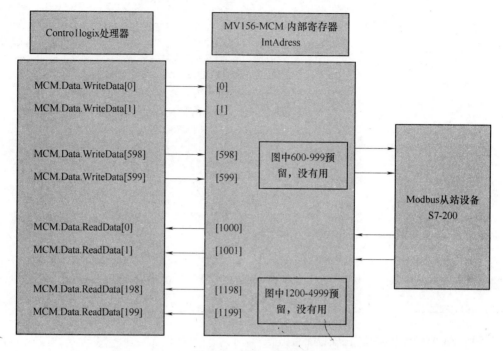

图 5-77　模块工作原理

⊞ MCM.CONFIG.Port1.Enabled	1
⊞ MCM.CONFIG.Port1.Type	0
⊞ MCM.CONFIG.Port1.FloatFlag	0
⊞ MCM.CONFIG.Port1.FloatStart	0
⊞ MCM.CONFIG.Port1.FloatOffset	0
⊞ MCM.CONFIG.Port1.Protocol	0
⊞ MCM.CONFIG.Port1.Baudrate	9600
⊞ MCM.CONFIG.Port1.Parity	2
⊞ MCM.CONFIG.Port1.DataBits	8
⊞ MCM.CONFIG.Port1.StopBits	1

图 5-78　Port1 口配置

⊞ MCM.CONFIG.Port1MasterCmd[0].Enable	1
⊞ MCM.CONFIG.Port1MasterCmd[0].IntAddress	1000
⊞ MCM.CONFIG.Port1MasterCmd[0].PollInt	0
⊞ MCM.CONFIG.Port1MasterCmd[0].Count	10
⊞ MCM.CONFIG.Port1MasterCmd[0].Swap	0
⊞ MCM.CONFIG.Port1MasterCmd[0].Node	2
⊞ MCM.CONFIG.Port1MasterCmd[0].Func	3
⊞ MCM.CONFIG.Port1MasterCmd[0].DevAddress	0

图 5-79　端口命令配置

功能码 3 表示读取 Modbus 网络上的起始地址为 DevAddress + 400001。本实验表示将 2 号 Modbus 从站的 400000 ~ 400009 这 10 个数据读取到内部寄存器 1000 ~ 1009。

5. MVI56-MCM 模块作为从站的配置方法

MVI56-MCM 模块作为从站的配置方法和主站配置一样，新建工程导入例程。和作主站相区别的地方是 Port 端口配置，从站端口命令不需要配置。从站 Port1 端口配置如图 5-80 所示。

MCM.CONFIG.Port1	{...}
⊞ MCM.CONFIG.Port1.Enabled	1
⊞ MCM.CONFIG.Port1.Type	1
⊞ MCM.CONFIG.Port1.FloatFlag	0
⊞ MCM.CONFIG.Port1.FloatStart	0
⊞ MCM.CONFIG.Port1.FloatOffset	0
⊞ MCM.CONFIG.Port1.Protocol	0
⊞ MCM.CONFIG.Port1.Baudrate	9600
⊞ MCM.CONFIG.Port1.Parity	2
⊞ MCM.CONFIG.Port1.DataBits	8
⊞ MCM.CONFIG.Port1.StopBits	1
⊞ MCM.CONFIG.Port1.RTSOn	0
⊞ MCM.CONFIG.Port1.RTSOff	0
⊞ MCM.CONFIG.Port1.MinResp	0
⊞ MCM.CONFIG.Port1.UseCTS	0
⊞ MCM.CONFIG.Port1.SlaveID	2

图 5-80 从站 Port1 端口配置

Type = 1 表示设置为从站，SlaveID = 2 表示从站地址设置为 2。其他配置和主站一样。

将程序编译下载到 ControlLogix 控制器中运行，观察 MVI56-MCM 的 RJ45 接头左侧发送接收灯都处于闪烁状态，APP 和 OK 灯都处于常绿状态。至此，Modbus 通信完成。

5.5 过程控制系统与 ESD 系统的通信

5.5.1 通信的建立(MSG)

过程控制系统和 ESD 系统的通信是通过以太网建立起来的，具体落实到程序的编译，是在 ESD 系统中完成的。并且该通信的建立并不需要进行 I/O 组态，直接利用上一章的 MSG 指令，既可以完成数据的传递。

首先，将 ESD 系统的数据写入过程控制系统，命名 MESSAGE 结构标签为 ESD_to_PLC_W，单击 MSG 指令进入组态界面，需要将 ESD 系统中标签 ESD_to_PLC_INT[0] 至 ESD_to_PLC_INT[4] 中的数据传递给过程控制系统的标签 ESD_to_PLC_INT[0] 至 ESD_to_PLC_INT[4] 中，故组态信息如 5-81 所示。

另外，过程控制系统的网络拓扑结构如图 5-82 所示，其中 1756-ENBT 的网络地址是

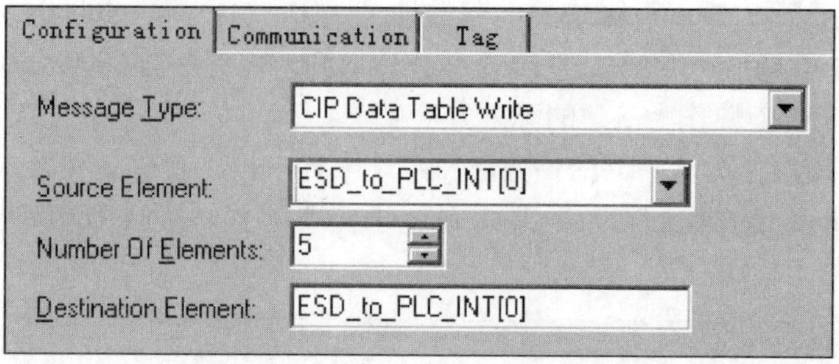

图 5-81　控制器写数据的 MSG 组态界面

172. 17. 182. 217，控制器 1756-L63 所属框架在 ControlNet 系统中的节点是 16。所以，根据 MSG 通信路径的书写规则可知，通信路径如图 5-83 所示。

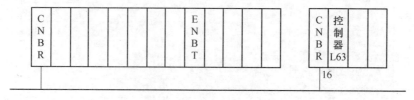

图 5-82　网络拓扑结构

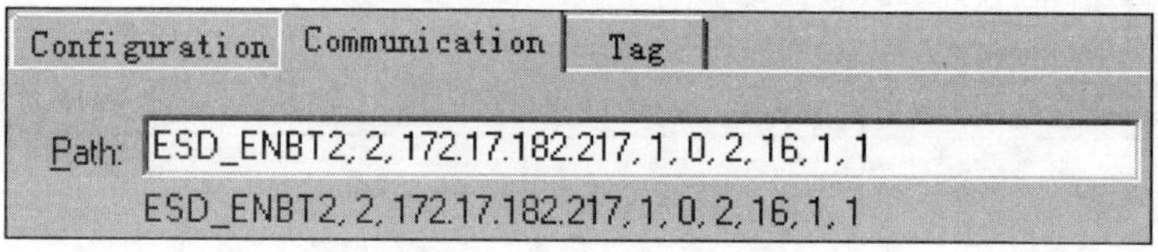

图 5-83　MSG 通信路径

其次，还要考虑 ESD 系统接收来自过程控制系统的数据。命名 MESSAGE 结构标签为 ESD_to_PLC_R，单击 MSG 指令进入组态界面，需要将过程控制系统的标签 PLC_to_ ESD _INT[0]至 PLC_to_ ESD _INT[4]中的数据传递给 ESD 系统中标签 PLC_to_ESD _INT[0]至 PLC_to_ ESD _INT[4]中，故组态信息如图 5-84 所示。

图 5-84　控制器读数据的 MSG 组态界面

5.5.2 通信数据结构

ControlLogix 控制器与控制器之间一般通过 MSG 指令进行通信，而 MSG 指令的源标签和目的标签的书写是有一定规范的，遵循的标签规范见表 5-18。

表 5-18 MSG 指令标签规范

通信路径	源标签和目的标签书写规范
Logix 控制器写到另一个 Logix 控制器	对于源标签可以使用别名标签，用一个别名指向偏移值；对于目的标签不能使用别名，必须是基本标签
Logix 控制器读取另一个 Logix 控制器	对于源标签不能使用别名，必须是基本标签；对于目的标签可以使用别名标签，即用一个别名指向偏移值

对于 MSG 指令的数据结构，支持除布尔型以外的基本数据类型，同时也支持自定义数据类型和数组，并且源标签和目的标签的数据类型必须一致。当源标签为基本数据类型和自定义数据类型时，MSG 指令只允许传送一个数据元素；而当源标签为数组时，MSG 指令可以传送的元素个数不能超过源数组和目的数组的最小维数，其最大值为 32767。另外，源标签为数组标签时，默认数据是从数组的第 0 个元素开始传送。

5.6 冗余系统的维护及故障诊断

一般情况下，冗余系统是很稳定的，很少发生切换。如果发生了切换，这就需要现场的工作人员或者工程师了解发生了什么事情，并且一旦出现了故障，如何进行排查以恢复系统正常运行，从而保证生产过程的顺利进行。在本节中，读者将会学习到如何对冗余系统进行维护及故障诊断。

5.6.1 通过控制网模块的诊断

首先，需要先搞清楚发生了什么故障，这主要通过控制网通信模块前端的显示面板决定的，控制网通信模块的前端面板如图 5-85 所示。

如果冗余系统出现故障，控制网模块前端显示面板显示 PwNS、PwDS 和 PwQS。信息代表的含义见表 5-19。

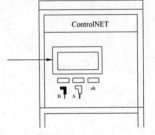

图 5-85 控制网模块前端显示面板

表 5-19 控制网通信模块显示的内容

显示的内容	表示含义	详细的信息
PwQS	主从模块同步	冗余机架同步
PwDS	主模块和状态错误的从模块	存在一个错误。冗余机架不同步
PwNS	仅有主模块，无从模块	

关于 PwDS 和 PwNs 的详细信息和推荐采取的措施见表 5-20、表 5-21。

表 5-20　如果控制网通信模块显示 PwNS 时的信息

如果从机架	主框架内的通信模块	从框架内的通信模块	推荐采取的措施
通电	在从机架内有对等方模块	红色 OK LED	更换 CNB 模块
		绿色 OK LED	检查 1756-SRCX 电缆是否正确连接
	在从机架内没有对等方模块	⟶	安装一个 CNB 模块
没有通电	⟶		恢复供电

表 5-21　如果控制网通信模块显示 PwDS 时的信息

如果 SRM 模块具有	主框架内的通信模块	从框架内的通信模块	推荐采取的措施
绿色 OK LED	不显示 NET ERR	闪烁红色 OK LED	清除控制器的主要故障
		固定红色 OK LED	1. 给机架重新上电 2. 如果仍保持固定红色 OK LED，则更换控制器并将控制器升级为合适的操作系统版本
	显示 NET ERR	⟶	检查所有的 ControlNet 分接器、连接器以及终结器连接是否正确
红色 OK LED	⟶		1. 给机架重新上电 2. 如果 SRM 模块仍保持固定红色 OK LED，请与 Rockwell Automation 办事处或者当地分销商联系

　　在冗余系统中，从控制器是一直和主控制器进行同步的，如果主从控制器同步失败，这时，从控制器所在框架内的控制网通信模块前端显示面板会显示！CPT 的信息，如图 5-86 所示。

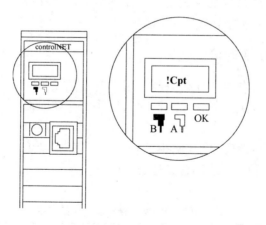

图 5-86　从框架内控制网模块
同步失败时前端显示面板

　　从控制器所在框架内的控制网通信模块前端显示面板有时还会显示 CMPT、DULL NODE 和 NET ERR 等。这些信息都表示有故障，详细的信息见表 5-22。

表 5-22　从框架控制器同步失败时，控制网通信模块显示信息

如果显示	含　义	检查下列事项
! Cpt	主从机架中的 CNB 模块某些方面不匹配	1. 每个冗余机架中的 CNB（或 CNBR）模块都为 D 系列 2. 每个 CNB（或 CNBR）模块与另一机架上的对等方模块槽号相同 3. 对等方 CNB（或 CNBR）模块（每机架中一个）设置相同的节点地址 4. 每个冗余机架中的 CNB（或 CNBR）模块均为有效的 Keeper
CMPT	除 CNB（或 CNBR）模块外，主从机架中的其他模块不匹配	1. 每个 CNB（或 CNBR）模块与另一机架上的对等方模块槽号相同 2. 每个对等方控制器（每个机架一个）有相同的内存板（如：1756-L61） 3. 每个模块有兼容的固件。请参阅第 5.5.2 节 4. RSLogix 5000 工程被组态用于 1756-L61 控制器并使能冗余 5. 1757-SRM 模块的模块组态窗口并不列出通信失败的原因
DUPL NODE	在用户 ControlNet 网络上超过一个设备使用相同节点号	在 ControlNet 网络上，没有其他设备的节点号设置为 CNB（或 CNBR）节点地址加 1 例如，如果 CNB（或 CNBR）模块被设为 3，其他设备不能设为 4 2. 两个 SRM 模块都连着 1757-SRCX 电缆
NET ERR	ControlNet 介质没有完全连接	所有的 ControlNet 分接器、连接器以及终结器连接正确

同时控制网通信模块还会显示其他的四字字符，如详细的信息见表 5-23。

表 5-23　从控制网通信模块显示信息

CNB 模块的信息	显　示	含　义	
CPU 利用率的百分比	% Cxx	xx 表示 CPU 利用率的百分比。显示范围 00～99%	
开放性连接个数	nCxx	xx 表示 CNB 模块使用的开放性连接的个数	
非连接缓存个数	nUxx	xx 表示 CNB 模块使用的非连接缓存的个数	
模块 Keeper 功能的状态	Kpxx	xx 表示模块 Keeper 功能的状态	
		如果 xx 是：	那么 Keeper 为
		Ai	带有下列信息的激活状态网络 Keeper： ●无效的 Keeper 信息 ●该 Keeper 标记与网络的 Keeper 标记不符
		Av	带有下列信息的激活状态网络 Keeper： ●有效的 Keeper 信息 ●该 Keeper 标记定义了网络的 Keeper 标记
		Li	带有下列信息之一的未激活状态的网络 Keeper： ●无效的 Keeper 信息 ●该 Keeper 标记与网络的 Keeper 标记不符
		Lv	带有有效的 Keeper 信息且与网络的 Keeper 标记匹配的未激活状态的网络 Keeper
		Oi	●上电且 Keeper 信息无效 ●下线且 Keeper 信息无效
		Ov	●上电且 Keeper 信息无效，可能与网络 Keeper 标记匹配 ●下线且 Keeper 信息有效，可能与网络 Keeper 标记匹配
超出模块带宽的次数	Bxnn	nn 是指自模块关闭或复位后，超出模块带宽（超出带宽错误）的次数	

为了保证通信正确，冗余系统对于冗余机架中的各个 ControlNet 模块 CPU 利用率有明确要求。系统要求保持在 75% ControlNet 模块 CPU 利用率以下。因为

1）各个冗余 ControlNet 模块都需要充足的额外处理时间进行冗余操作。

2）在进行像同步这样的峰值操作时，冗余操作需要额外占用 ControlNet 模块 CPU 的 8%（近似值）。

3）总 CPU 利用率高于 75% 可能会使从机架在切换后无法同步。

要降低模块的 CPU 利用率，请采取以下任意操作：

1）更改 ControlNet 网络的网络更新时间（NUT）（通常情况下，延长 NUT 可降低 ControlNet 模块的 CPU 利用率）。

2）增加用户连接的请求信息包间隔（RPI）。

3）减少 ControlNet 模块上的连接数量。

4）减少 MSG 指令的数量。

5）为各个冗余机架再添置一个 ControlNet 模块。

5.6.2　固件版本附表

1. Firmware 13 版控制器冗余系统

Firmware 13 版控制器冗余系统的固件配置见表 5-24。

表 5-24　冗余系统需要的硬件及其固件版本对应表

模块	目录号	系列	固件版本号
ControlLogix 5561 控制器	1756-L61	所有	13.71
ControlLogix 5562 控制器	1756-L62		
ControlLogix 5563 控制器	1756-L63		
ControlLogix 5555 控制器	1756-L55		13.70
ControlNet 通信模块	1756-CNBR/D	所有	5.51
	1756-CNB/D		
1756-ENBT 模块	1756-ENBT	E01 及以上	3.7
1756-EWEB 模块	1756-EWEB	所有	2.4
冗余模块	1757-SRM/A	所有	3.39
	1757-SRM/B		

注意：

表中模块版本高于或等于所列版本时，才能构成冗余系统。非表中模块与该控制器版本的冗余系统不匹配，不能出现在冗余机架中，否则冗余系统不能正常工作，见表 5-25。

表 5-25　冗余系统需要的操作软件及其版本

软　　件	版　　本	软　　件	版　　本
RSLinx Classic	2.50	RSNetWorx for ControlNet	4.21
Redundancy Module Configuration Tool	2.6.4	RSLinx Enterprise	3.0
RSLogix 5000	13.0	RSNetWorx™ for DeviceNet™	4.21

2. Firmware 15.61 版控制器冗余系统

Firmware 15.61 版控制器冗余系统的固件配置见表 5-26。

表 5-26 冗余系统需要的硬件及其固件版本对应表

模　块	目录号	系　列	固件版本号
ControlLogix 5561 控制器	1756-L61	所有	15.61
ControlLogix 5562 控制器	1756-L62		
ControlLogix 5563 控制器	1756-L63		
ControlLogix 5555 控制器	1756-L55		
ControlNet 通信模块	1756-CNBR	D	7.13
		E	11.03
1756-ENBT 模块	1756-ENBT	所有	4.04
1756-EWEB 模块	1756-EWEB	所有	4.04
冗余模块	1757-SRM	A, B	4.06

注意：非表中模块与该控制器版本的冗余系统不匹配，不建议在冗余机架中使用，否则可能导致冗余系统不能正常工作，见表 5-27。

表 5-27 冗余系统需要的操作软件及其版本

软　件	版　本	注　意
RSLinx Classic	2.51	
Redundancy Module Configuration Tool	3.6.4	使用该版本冗余系统时，不要升级 1757-SRM 模块的组态工具 Configuration Tool
RSLogix 5000	15.02	—
RSNetWorx™ for ControlNet	5.11	—
RSLinx▲ Enterprise	3.00	对于 RSView Supervisory Edition 软件，需要安装 RSLinx Enterprise HOTFIX

3. Firmware 16.81 版控制器冗余系统

Firmware 16.81 版控制器冗余系统的固件配置见表 5-28。

表 5-28 冗余系统需要的硬件及其固件版本对应表

模块	目录号	系列	固件版本号
ControlLogix 5561	1756-L61	所有	16.81
ControlLogix 5562	1756-L62		
ControlLogix 5563	1756-L63		
ControlLogix 5564	1756-L64		
ControlLogix-XT	1756-L63XT		
ControlNet 通信模块	1756-CN2	B	20.11
	1756-CN2R	B	
	1756-CN2RXT	B	

（续）

模块	目录号	系列	固件版本号
1756-EN2T 模块	1756-EN2T	所有	2.07
1756-EN2TXT 模块	1756-EN2TXT	所有	
冗余模块	1756-RM	A	2.05
	1756-RMXT		

注意：

此系统为增强型冗余系统，仅表 5-28 中所列的相应固件版本的模块才能构成该冗余系统。非表中模块与该控制器版本的冗余系统不匹配，不能出现在冗余机架中，否则冗余系统不能正常工作。冗余系统需要的操作软件及其版本见表 5-29。

上述模块固件版本文件在 http：//rockwellautomation. com/support 中也可找到，名为 V16. 81 EnhClxRed。

表 5-29　冗余系统需要的操作软件及其版本

软　　件	版　　本
RSLinx Classic	2.54
Redundancy Module Configuration Tool	6.2.10
RSLogix 5000	16
RSNetWorx for ControlNet	8.00（CPR 9，SR1）
FactoryTalk View Site Edition	5.00.00（CPR 9）
FactoryTalk Services Platform	2.10.01（CPR9，SR1）
FactoryTalk Alarms and Events	2.10.00（CPR 9）
FactoryTalk Batch	10.00.26
RSLinx Enterprise	5.17（CPR9，SR1）

注意：

如果系统中使用 ControlLogix-XT 模块，并且放置在 1756-A5XT 槽架中 RSLinxClassic 需要 2. 55 或者更新的版本。

4. Firmware 19. 53 版控制器冗余系统

Firmware 19. 53 版控制器冗余系统的固件配置见表 5-30。

表 5-30　冗余系统需要的硬件及其固件版本对应表

模块	目录号	系列	固件版本号
ControlLogix 5561	1756-L61	所有	19.52
ControlLogix 5562	1756-L62		
ControlLogix 5563	1756-L63		
ControlLogix 5564	1756-L64		
ControlLogix-XT	1756-L63XT		
ControlLogix 5565	1756-L65		

（续）

模块	目录号	系列	固件版本号
ControlLogix 5572	1756-L72		
ControlLogix 5573	1756-L73	所有	19.53
ControlLogix 5574	1756-L74		
ControlLogix 5575	1756-L75		
ControlNet 通信模块	1756-CN2	B	
	1756-CN2R	B	20.13
	1756-CN2RXT	B	
EtherNet/IP 通信模块	1756-EN2T		4.03
	1756-EN2TR	所有	4.04
	1756-EN2TXT		4.03
冗余模块	1756-RM	A	3.2
	1756-RMXT		

注意:

此系统为增强型冗余系统，仅表 5-30 中所列的相应固件版本的模块才能构成该冗余系统。非表中模块与该控制器版本的冗余系统不匹配，不能出现在冗余机架中，否则冗余系统不能正常工作。冗余系统需要的操作软件及其版本见表 5-31。

表 5-31　冗余系统需要的操作软件及其版本

软　件	版　本
RSLinx Classic	2.57(CPR9,SR3)
Redundancy Module Configuration Tool	7.2.7
RSLogix 5000	19.01 (CPR9,SR 3)
RSNetWorx for ControlNet	10.01 (CPR 9,SR3)
FactoryTalk View Site Edition	5.10.00(CPR9,SR2)
FactoryTalk Services Platform	2.10.02 (CPR9,SR3)
FactoryTalk Alarms and Events	2.20.00 (CPR9,SR2)
FactoryTalk Batch	11.00.00
RSLinx Enterprise	5.21 (CPR9,SR2)
RSNetWorx for EtherNet/IP	10.01 (CPR 9,SR3)

注意:

如果系统中使用 ControlLogix-XT 模块，并且放置在 1756-A5XT 机架中 RSLinxClassic 需要 2.55 或者更新的版本。

第 6 章

压气站的启站与停站

学习目标

- 压气站的启站流程
- 压气站的停站流程
- 压气站阀门控制流程

压气站的安全正常运行在天然气的输送中起到了至关重要的作用。根据下游用气量以及天然气的温度、压力等指标，压气站有 3 种运行模式。第一种是越站模式，天然气并不流经站内，只是通过越站阀流向下一个压气站；第二种是越机组模式，天然气流经压气站中的过滤分离系统并通过越机组阀流向下一个压气站，此种模式并不对天然气进行加压；第三种是正常的过滤增压流程，天然气通过过滤分离系统后进入压缩机内增压后流向下一个压气站。本章主要介绍压气站的启站和停站流程。

6.1　压气站的启站流程

压气站启动是整个压气站运行的第一道工序，它为压气站的后续运行提供可靠保证。压气站只有在正确启动的条件下，才能安全可靠地工作。压气站的启动可以大致分为两种，一种是在压气站正常停站后再启动流程，另一种是在触发 ESD 后，压气站紧急停站后再启动流程。两种流程大致相同，只具有一些微小的差别。下面将具体介绍两种压气站的启动流程。

6.1.1　压气站的正常启站工艺分析

压气站的启动大致分为两种情况，首先介绍第一种正常停站后再启站流程。当压气站正常停站后需要再次启动压气站时，必须首先检查压气站是否具备启站的基本条件，如阀门位置是否正确、过滤分离器系统是否启动成功，以及压缩机机组是否能正常工作等。压气站的启动命令既可以通过中心下达，也可以通过站场直接下达。但是，这两种控制命令在同一时刻只能有一个有效，主要是由中心下发的中心站控切换命令决定。当此信号为 0 时，则整个站场的运行由站场自行控制；当此信号为 1 时，则站场的控制信号将会失去作用，整个站场将由中心控制。

当站场进行大规模检修或者由于其他原因需要对站场进行正常停站作业，为了不影响整条西气东输管道的正常工作，需要切换越站流程。在确保压缩机停机的状态下，打开站场的越站阀门 31101，使从上一压气站输送过来的天然气在不经此站场的情况下可以直接输送到下一压气站，然后将天然气的进站阀门 31203 和出站阀门 31303 关闭。当检修完成后需要重新正常启动站场时，将天然气的进站阀门 31203 和出站阀门 31303 打开，然后将天然气的越站阀门 31101 关闭，这样才能满足站场启站的基本条件。

1. 正常启站条件判断

启站条件的判断比较严格，需要多个条件同时满足时方可触发，如图 6-1 所示，当各条件均满足时，START_REDAY 置 1，由于判别条件较多在此进行了省略，全部变量见表 6-1。

2. 启站命令的触发

启站条件满足后就可以进行启站操作了，首先通过中心站控切换命令 CS 决定由哪一种方式启站，启站方式分为中心正常启站命令或站控正常启站命令。CS 为 1 表

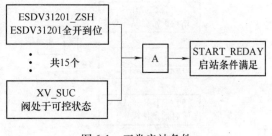

图 6-1　正常启站条件

示启站由中心站控制，为 0 时采用站控控制，如图 6-2 所示。无论是触发中心正常启站命令还是站控正常启站命令，都在 2s 后自动复位。有正常启站失败（NORO_FAIL）、正常启站（NORO_SUC）、复位命令（RESET）或过滤分离器启动失败（SC_FAIL）产生时，解锁启站命令条件。

表 6-1　阀门处于正确位置参数

程序中标签	程序中注释	程序中状态
ESDV31201_ZSH	站入口 ESD 阀开到位	1
ESDV31301_ZSH	站出口 ESD 阀开到位	1
ESDV31101_ZSH	越站阀开到位	1
ZSL_31203	站入口阀关到位	1
ZSL_31303	站出口阀关到位	1
ZSL_31202	收球阀关到位	1
ZSL_31302	发球阀关到位	1
SBDV31206_ZSL	放空阀关到位	1
SBDV34502_ZSL	放空阀关到位	1
SBDV34603_ZSL	放空阀关到位	1
ZSL_1601	联络阀关到位	1
ZSL_1602	联络阀关到位	1
XV4501. ZSL	联络阀关到位	1
XV4502. ZSL	联络阀关到位	1
XV_SUC	阀门处于可控状态	1

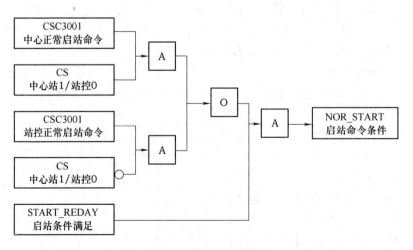

图 6-2　机组启站命令

3. 阀门控制

启站命令触发后，打开站入口阀 31203，站出口阀 31303 以及越机组阀 32001 并启动过滤分离器，如图 6-3 所示。

当站场入口阀 31203 和出口阀 31303 全开到位，且过滤分离器全启动成功时，关闭越站阀 31101，如图 6-4 所示。

当启站命令触发，且越站阀全关到位和越机组阀全开到位时，站正常启站成功，NORO_SUC 仅提供一个高位脉冲，而 NORO_SUC_H 信号的作用就是 NORO_SUC 置 1 后跟随置 1，当 NORO_SUC 复位后，NORO_SUC_H 最多继续保持置位状态 60s，如图 6-5 所示。

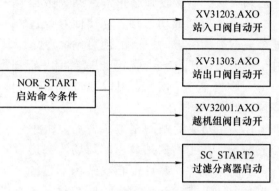

图 6-3　阀门自动开

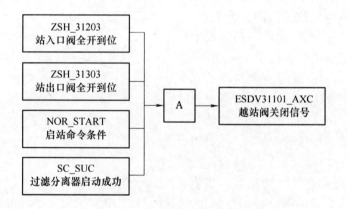

图 6-4　越站阀关闭条件

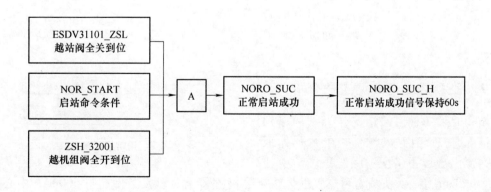

图 6-5　启站成功的判定

5. 启站失败的判定条件及复位

当启站命令条件信号触发后，若该命令处于置位状态时间超过 600s 时，则将判别该机组启站失败。当接收到站正常启站失败信号、站正常启站成功信号、复位信号或过滤分离器启动失败时，会解锁启站命令条件（NOR_START），然后停止启站流程。NORO_FAIL 置 1，该状态可以通过 RESET 复位，如图 6-6 所示。

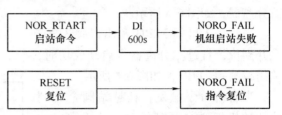

图 6-6　启站失败的判定及复位

在满足站场启站的基本条件后，由中心或站场下达正常启站命令，站场才会进行正常启站流程。并且中心或站场下达的启站命令只能维持 2s 时间，以防止程序中一些误操作。当站场的过滤分离器启用成功，并且天然气的进站阀门和出站阀门已经完全打开，站场内的放空阀门全部关闭，越站阀门已经关到位，则认定站场启站成功，并且触发启站成功信号提示 30s。在站场启站控制程序中，通过时间来判断站场是否启动成功。当站场启站的基本条件已经满足，并且中心或站场已下达正常的启站命令时，计时器开始计时 10min，当计时完成且没有启站成功信号时，则认为此次启站失败，从而触发启站失败信号。当有综合复位信号时，启站失败信号进行复位。站场具体的启站流程如图 6-7 所示。在压气站的启站流程中，为了导通流程，防止憋压，因此在启站过程中打开越压缩机机组的阀门，进行越机组控制流程。当阀门的状态处于远程，自动且没有超时报警信号时，则认为阀门的状态正常，即满足开阀的条件。

6.1.2　ESD 停站后启站工艺分析

站场的第二种启站情况是当站场遇到紧急情况时，而且站场没有处在 ESD 休眠状态，当出现以下情况：触发压气站中任

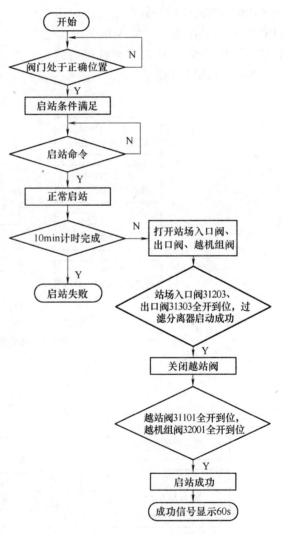

图 6-7　正常启站流程图

何一个 ESD 按钮、火灾或者可燃气气体浓度高高报警满足触发条件超过 500ms、中心下发 ESD 命令时，将触发站场 ESD 紧急停站流程。紧急停站后，需检查出触发紧急停站的原因，当排除故障后需要重新启站流程。当执行站场 ESD 停站流程时，ESD 系统会同时停止压缩

机，关闭天然气进站阀 31201，天然气出站阀 31301，开越站阀 31101，在进站阀 31201 和出站阀 31301 全都关到位后，打开进站场内的放空阀。因此，在站场紧急停站后再启动站场时，系统必须首先恢复这些阀门的位置，以满足站场启站的基本条件，如图 6-8 所示。

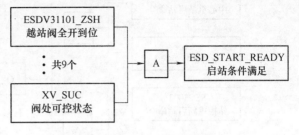

图 6-8　ESD 后启站条件判定

1. ESD 停站后启站条件判断

紧急停机后，进站阀及出站阀两端压差过大时，阀门将无法开启且突然充压会给设备带来安全隐患，因此启站时首先要检查 ESD 入口阀和出口阀两端压差时否符合要求：

$$|PT\_31201-PT\_31202| < 0.2(ESD\_RESTART\_M[1] 置 1),$$
$$|PT\_31301-PT\_31303| < 1(ESD\_RESTART\_M[2] 置 1)。$$

启站时，先检测各阀门状态是否正确及进出站阀门两端压差，当符合启站条件时，ESD_START_READY 置 1，表示启站条件准备好。由于判别条件较多，在此进行了省略，全部变量见表 6-2。

表 6-2　阀门处于正确位置参数

程序中标签	程序中注释	程序中状态
ESDV31101_ZSH	ESDV31101 全开到位	1
ZSL_31203	进站阀关到位	1
ZSL_31303	出站阀关到位	1
SBDV31206_ZSL	放空阀关到位	1
SBDV34502_ZSL	放空阀关到位	1
SBDV34603_ZSL	放空阀关到位	1
ESD_Restart_M[1]	进站阀的前后差压小于 0.2MPa	1
ESD_Restart_M[2]	出站阀的前后差压小于 1MPa	1
XV_SUC	阀门处于可控状态	1

2. ESD 停站后启站命令的触发

启站条件满足后就可以进行启站操作了。首先通过中心站切换命令 CS 决定由哪一种方式启站，启站方式分为中心重新启站命令及站场重新启站命令，如图 6-9 所示。CS 为 1 表示启站由中心站控制，为 0 时采用站控控制。中心重新启站命令和站场重新启站命令触发 2s 后，自动复位。有 ESD 后启站失败（ESDO_FAIL）、正常启站（ESDO_SUC）、复位命令（RESET）或过滤分离器启动失败（SC_FAIL）产生时，重新解锁启站命令条件。

3. 重新启站命令触发后阀门动作

重新启动命令触发后，打开站入口 ESD 阀 31201、出口 ESD 阀 31301 和越机组阀 32001，如图 6-10 所示。

当站场入口 ESD 阀 31201 和出口 ESD 阀 31301 开到位且过滤分离器启动成功时，关闭越站阀 31101，如图 6-11 所示。

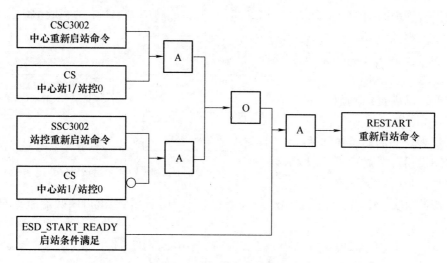

图 6-9　重新启站命令判定

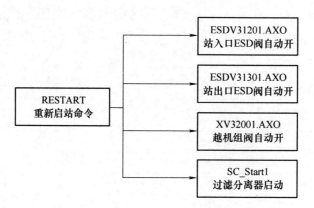

图 6-10　重新启站命令触发

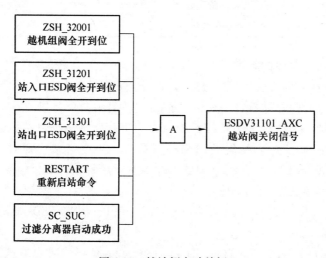

图 6-11　越站阀自动关闭

4. ESD 停站后启站成功判定条件

当重新启站命令触发且越站阀全关到位时，ESD 启站成功，启站成功信号 ESDO_SUC 高位脉冲，ESDO_SUC_H 信号的作用就是 ESDO_SUC 置 1 后跟随置 1，当 ESDO_SUC 复位后，ESDO_SUC_H 继续保持置位状态 30s，如图 6-12 所示。

图 6-12　启站成功的判定

5. ESD 停站后启站失败的判定及复位

启站命令触发后，若该命令处于置位状态时间超过 600s，则将判别该机组启站失败，ESDO_FAIL 置 1，该状态可以通过 RESET 复位。只有当接收到站 ESD 启站失败信号、站 ESD 启站成功信号、复位信号或过滤分离器启动失败时，才会解锁启站命令条件（RESTART），如图 6-13 所示。

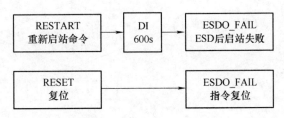

图 6-13　启站失败判定及复位

站场紧急停站再启动和站场正常停站再启动类似，都具有两个启站命令，一个是由中心下发的紧急停站后启站命令，一个是直接由站场发出的紧急停站后启站命令，且两个信号也只能维持 2s。

由于站场在紧急停站后关闭了天然气进出站阀门，打开了站场内的放空阀，导致站场内外的压差极大，故在启动过程中进出站阀门无法直接打开。所以在紧急停站再启站流程中，必须首先通过调节平衡阀给战场充压避免给设备安全带来风险，然后才能打开进、出站阀门。也就是说，在紧急停站后再启站时，必须首先检查压气站的入口阀和出口阀两侧的压差。并且站场处于启站状态时，也需要程序控制许多阀门。故要判断这些阀门是否满足程序控制，即阀门处于自动，远程状态且没有超时报警信号的状态。

站场在触发全站紧急停站后启站命令后，需要判断站场是否启站成功，并将这些信号在上位机界面上显示一段时间。站场的启站失败信号是由延时时间判断的，触发全站启站命令后开始计时，计时 10min 内如果仍然存在该命令，则认为启站失败。因为当站场紧急停站后启站成功、综合复位命令或有过滤分离器投运失败信号时，站场的重新启站命令就会消失，停止启站流程。ESD 停站后再启站的流程图，如图 6-14 所示。

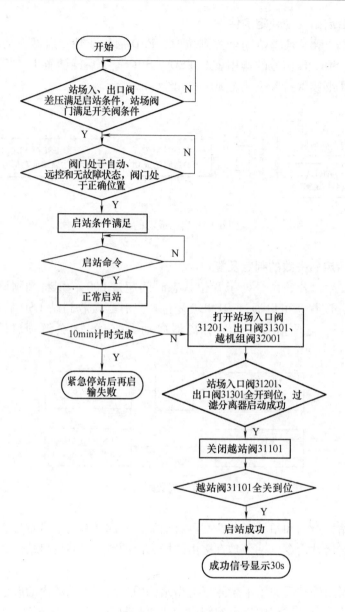

图 6-14　站场紧急停站后再启站的流程

6.2　压气站的停站流程

当压气站需要进行检修或者发生重大故障时，则需要对整个压气站系统进行停站。压气站的停站具有两种模式，一种是当压气站需要检修时进行正常停站模式，另一种是紧急情况下为保护站场安全而进行 ESD 紧急停站模式。下面将介绍压气站的正常停站流程，ESD 停站将在第 9 章单独介绍。

1. 正常停站命令的触发

正常停站时，由中心或站场发出停站命令，但是，这两个命令在同一时间只能一个有效，这是由中心下发的中心站控切换状态决定的。与此同时，一些阀门都要满足程序控制状态（即为该阀处于自动、远控和无故障状态），且停站信号触发，这些条件同时满足时才发出正常停站信号，如图 6-15 所示。中心停站命令或站控停站命令触发 2s 后自动复位，并且为了不引起一些误操作，这两个命令触发 2s 后自动复位。当接收到站，停站成功、失败、合建站场正常停站成功或综合复位信号时，会复位正常停站命令，如图 6-16 所示。

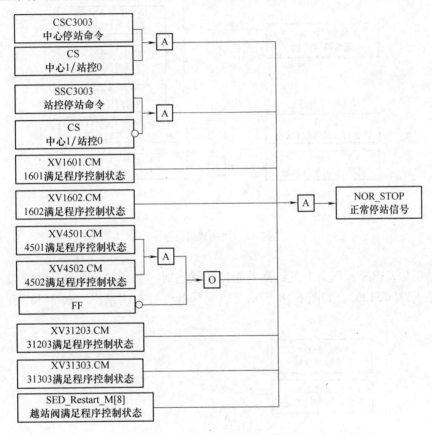

图 6-15　停站信号产生条件

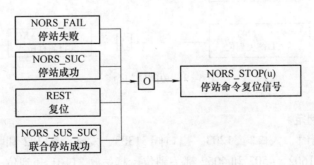

图 6-16　停站命令复位的条件

2. 正常停站阀门的动作

当停站命令发出时，一些阀门会关闭，同时分别检测 3 台机组是否处在运行状态，没有运行的机组不用再发出停止命令，如图 6-17 所示。如果 10min 之内没有检测到停站成功信号/即发出正常停站失败信号，并且失败信号保持 60s。

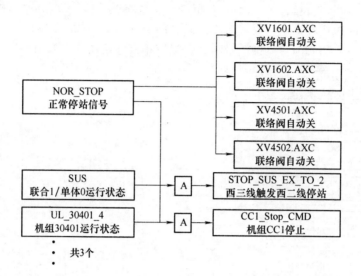

图 6-17　关闭机组命令

当停站信号发出时，且 3 个机组都处于停止状态时，如果站入口阀 31203 没有关到位时，关闭站入口阀 31203，如图 6-18 所示。以同样的方法关闭站出口阀 31303 和打开越站阀 31101。

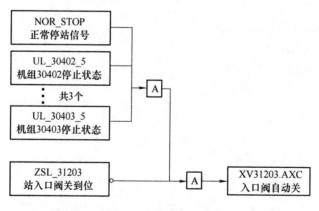

图 6-18　关闭阀门命令

3. 停站成功的判定

当单条管线运行时，入口阀 31203、出口阀 31303、发球阀 31302 和收球阀 31202、两条管线联络阀 1601 和 1602、4502 和 4062 都关到位，越站阀 31101 开到位，站正常停站成功，成功信号保持 60s，如图 6-19 所示。

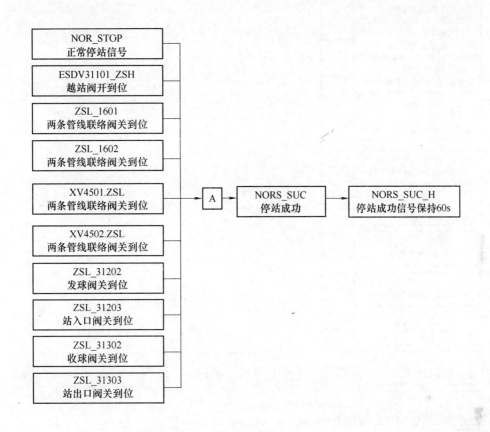

图 6-19　单体运行状态站场停站成功条件

当站场内的两条管线联合运行时，除了上述条件外还需要保证另一条管线的越站阀开到位、站场入口阀和出口阀关到位，三台压缩机机组处于停止状态，才能实现正常停站成功，成功信号保持 60s，如图 6-20 所示。

当压气站需要进行大规模维修时，必须对其进行停站操作。正常停站时，必须由中心下达中心停站命令或者由站场直接发出站控停站命令，并且为了不引起一些误操作，这两个命令触发 2s 后自动复位。但是，这两个命令在同一时间只能一个有效，这是由中心下发的中心站控切换状态决定。当此状态为 1 时，则整个站场由中心进行监督控制，站场的操作对其是无效的。当此状态为 0 时，则整个站场系统由站场自行控制。

当触发站场正常停站命令时，系统将向正在运行的压缩机机组发出停压缩机命令。如果站场内的两条管线处于联合运行状态，则还需要发出联合运行停站命令。当发出站场正常停站命令时，必须关断天然气的进站阀门 31203 以及出站阀门 31303，从而使天然气不再进入此压气站。当站场内的压缩机机组都停止运行时，站场的入口阀门和出口阀门已经关闭，为了保证此站的停站不影响整个西气东输工程的正常运行，所以需要打开站场的越站阀门 31101，使天然气在不经过本压气站的情况下还能输送到下一压气站，从而使整个西气东输工程能正常工作。

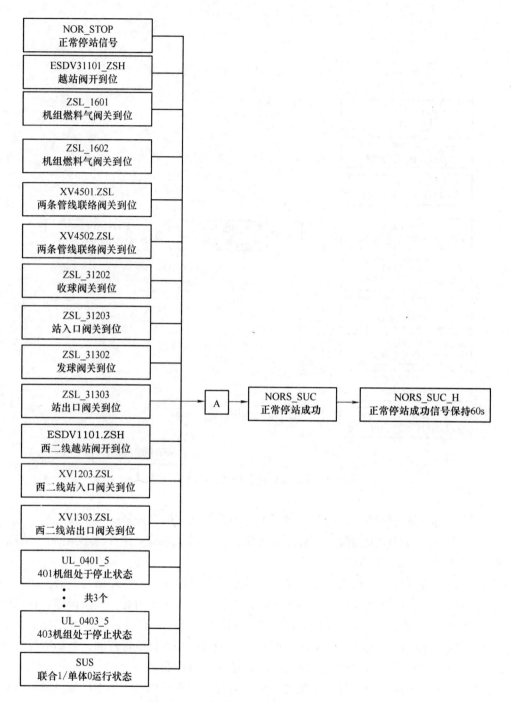

图 6-20　联合运行状态站场停站成功条件

　　当发出压气站正常停站命令时，还需判断压气站是否能正常停站成功。发出正常停站命令后，开始触发计时器计时，在计时 10min 内，没有出现站场正常停站成功的信号时，则认为站场正常停站失败并触发停站失败信号。当站场的入口阀和出口阀关到位，越站阀开到位，则认为站场停站成功。如果系统处于联合运行状态，则还需要判断另一条管线的站场阀门、机组状态，才认为停站成功。正常停站的流程如图 6-21 所示。

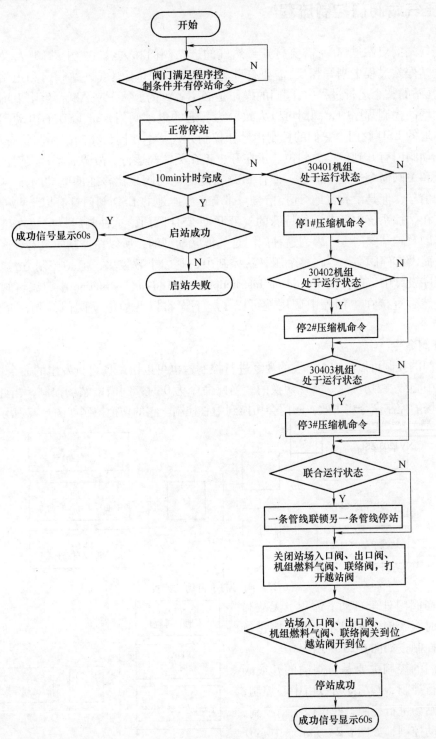

图 6-21　正常停站流程

6.3 压气站阀门控制流程

在压气站的启站过程中,需要打开天然气的进站阀门和天然气的出站阀门,关闭越站阀门。压气站停站过程中刚好相反,需要打开越站阀门,关闭天然气进站阀门和出站阀门。因此,在压气站的整个运行过程中,阀门的操作是必不可少的。接下来,将介绍阀门的控制流程。

在站场的控制程序中,阀门可以大致分为普通的电动阀门,带 ESD 的电动阀门以及带有远程本地的 ESD 阀门。它们的控制信号和控制方式基本相同,在阀门控制状态略有差异。普通的电动阀门有开到位、关到位、正在开、正在关、阀运行、故障、本地/远控、手自动、开阀命令和关阀命令这几个信号。带有 ESD 功能的电动阀只比普通的电动阀多一个 ESD 输出的控制信号,但是没有就地/远控信号。带有远程本地的 ESD 阀门具有以上两种阀门的所有信号。在站控系统中还有一种特殊的气液联动 ESD 阀门,这种阀门只应用在压气站的进口和出口以及越站阀门上。因为这种阀门是气液联动型的,所以在控制中只有开阀命令和关阀命令,而没有停阀命令。在整个压气站控制中,阀门个数较多,但是控制方式基本相同,因此在程序设计中,选择使用 Add-on Instruction。在 Add-on Instruction 中,编辑阀门的控制梯形图,然后直接在主例程中调用就可以了。下面将以普通电动阀门为例,介绍阀门的 Add-on 指令。

1. 开阀命令

对阀门的控制可以由中心下发的命令进行控制,也可以由站场自行发出的命令进行控制,它是通过中心/站控切换命令实现切换的,当此命令为 0 时,阀门由站场控制,当此命令为 1 时,则站场的控制命令将失效,阀门会切换到中心控制。它的切换控制如图 6-22 所示。

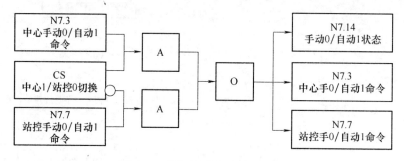

图 6-22   阀门的手自动切换控制

只有当阀门处于自动、远程、无故障且没有超时报警时,阀门才能由程序进行自动开关控制,如图 6-23 所示。

对阀门的控制主要是对阀门的开或阀门的关进行控制,阀门既可以由中心控制,也可以由站场进行控制,既可以手动控制,也可以自动控制,如图 6-24 所示。中心开阀、站控开阀、自动开命令在 2s 后自动解锁。

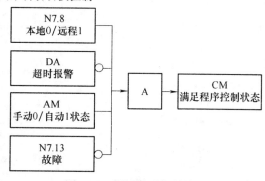

图 6-23   阀门的可控制状态

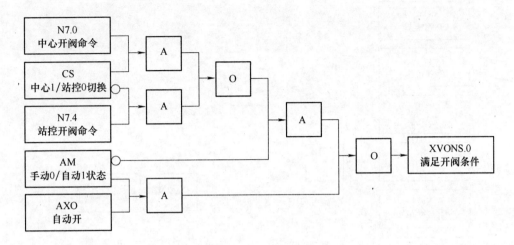

图 6-24　阀门的开阀输出（一）

只有在电动阀门没有处于正在关状态、无故障、没有全开到位，有开阀条件且无关阀条件时，才能进入开阀状态，如图 6-25 所示。

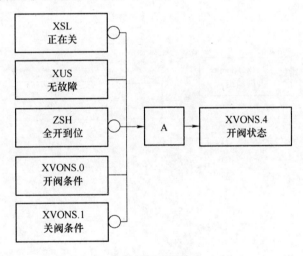

图 6-25　阀门的开阀输出（二）

开阀状态在没有超时报警的情况下，触发开阀输出，如图 6-26 所示。

只有当阀运行和开阀输出同时满足，才能触发正在开命令，如图 6-27 所示。

2. 关阀命令

关阀输出和开阀输出控制类似，阀门既可以由中心控制，也可以由站场进行控制；既可以手动控制，也可以自动控制，如图 6-28 所示。中心关阀、站控关阀、自动关命令在 2s 后自动解锁。

只有在电动阀门没有处于正在开状态、无故障、没有全关到位，有关阀条件且无开阀条件时，才能进入关阀状态，如图 6-29 所示。

最后关阀状态在没有超时报警的情况下触发关阀输出，如图 6-30 所示。

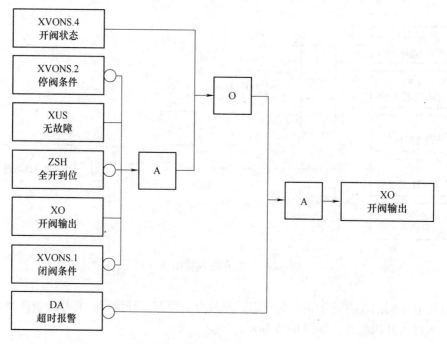

图 6-26　阀门的开阀输出（三）

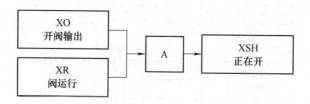

图 6-27　阀正在开状态判定

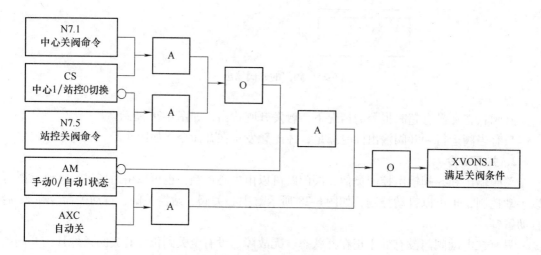

图 6-28　阀门的关阀输出（一）

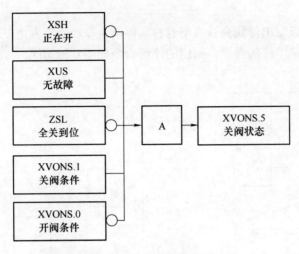

图 6-29 阀门的关阀输出（二）

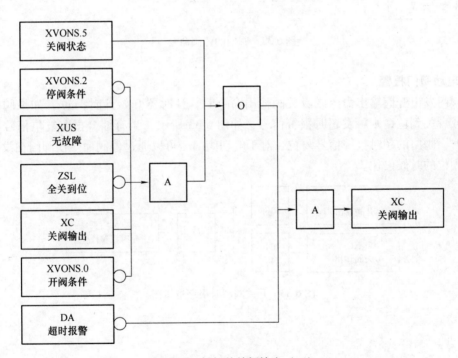

图 6-30 阀门的关阀输出（三）

只有当阀运行和关阀输出同时满足，才能触发正在关命令，如图 6-31 所示。

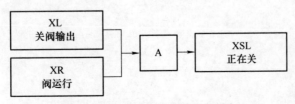

图 6-31 电动阀门正在关状态判定

3. 停阀命令

中心、站控都可以发出停阀命令或是有自动停阀命令产生，在电动阀门由远程切换为本地控制状态时，也会产生停阀命令。阀门的停阀命令如图 6-32 所示。

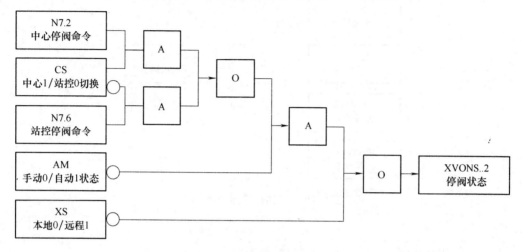

图 6-32　阀门的停阀命令

4. 电动阀门报警

当阀门发出开阀输出命令或者关阀输出命令时，计时器开始计时 1min，如果阀门没有开到位或者关到位，则触发超时报警信号，如图 6-33 所示。当有综合报警复位信号或者停阀命令时，阀门的超时报警信号复位。对于电动阀门，可以通过停阀命令使阀门在没有开到位或关到位的时候停住。

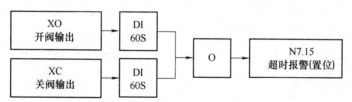

图 6-33　开关阀超时报警逻辑图

第 7 章

压缩机组的自动化控制

学习目标

- 起压缩机流程
- 停压缩机流程
- AOI 指令的使用

　　调度员在进行天然气管道输送工况调整时，需要通过 SCADA 系统对站场压缩机组进行控制。压缩机控制主要包括起压缩机流程控制和停压缩机流程控制。在压缩机起动前首先检查站场辅助系统是否满足起动条件，包括燃料气供气系统、供电系统、空气供气系统等。压缩机的起机命令可以由中心下发也可以由站场控制，压缩机的停机命令除了可以由站场或中心下发的命令控制外，站场在执行停站流程时也会触发自动停压缩机命令。同时，当站场中的一些工艺参数如压缩机进出口压力、温度过高或过低时，压缩机机组会自动保护停机。由于压气站场的压缩机组不止一台，且它们的控制信号和起停流程相同，因此在程序设计中选择使用 Add-on Instruction（以下简称 AOI 指令）实现压缩机组的逻辑控制。在 AOI 指令中完成压缩机组控制逻辑的编辑后，在主例程中可以非常方便地调用。下面将具体介绍压缩机起机流程和停机流程。

7.1　起压缩机流程控制

　　起机控制程序的作用主要是判断外部条件是否满足起机条件以及执行起压缩机组流程。下面将具体介绍压缩机组起动逻辑控制的 AOI 指令。

　　在起动压缩机组之前，必须由中心或站控确认即将起动的压缩机组是否具备起动条件，并发出允许压缩机组起动命令，中心允许命令和站控允许命令 2s 后自动解锁。允许起动压缩机组状态反馈将被输出至压缩机控制系统，并作为远程起机的前提条件。当程序逻辑判断出机组不处于准备好（READY）的状态或者机组起动失败都会解锁允许起动压缩机组状态反馈信号。压缩机组允许起动逻辑如下图 7-1 所示。

　　压缩机组处于允许起动状态，且压缩机组准备好（READY），处于远控状态、机组未运行、无起机失败报警等条件同时满足时，由中心或站场发出起动压缩机组命令，压缩机组才可以进入起动流程，如图 7-2 所示。中心起机组命令和站控起机组命令 2s 后自动解锁。当接收到起动过程失败信号或者起动过程完成信号时，会解锁起机组命令。

　　压缩机组的准备好（READY）信号来自于 ESD 系统。当 ESD 系统中的火灾探测系统和可燃气体报警系统均满足机组投运条件，并且站场、自用气系统和空压机系统也满足机组投运条件时，压缩机组处于准备好（READY）状态，如图 7-3 所示。当站内管路导通、进出站阀门全开到位、压缩机组无入口压力低、出口超温、超压报警时，站场满足机组投运条件；当空压机的出口压力不低于 0.65MPa 时，不会触发空压机低压报警信号，空压机系统满足机组投运条件；当站场自用气系统的入口出口阀门全开到位，且它的差压满足条件时，自用气系统满足机组投运条件。

　　从上一站来的天然气进入站场后，可以经工艺管线顺利的输送到下一压气站，则认为站内管路处于导通状态，即站场内的进出站阀门（31203、31303）、进出站 ESD 阀门（31201、31301）、越压缩机组阀门（32001）全开到位，且至少有一组过滤分离器处于导通状态，如图 7-4 所示。

　　当有机组起动命令时，需要联锁起动压缩机厂房的排风机。若站场在起动此机组的时候还有其他的机组在处于运行状态，则不再发送压缩机厂房排风机起动命令，如图 7-5 所示。

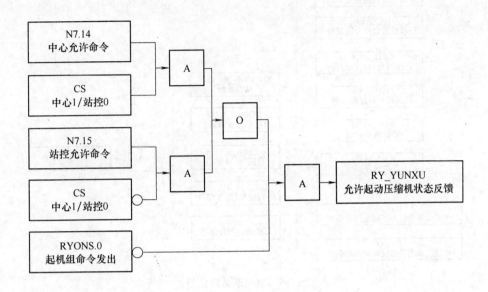

图 7-1　压缩机允许起动逻辑

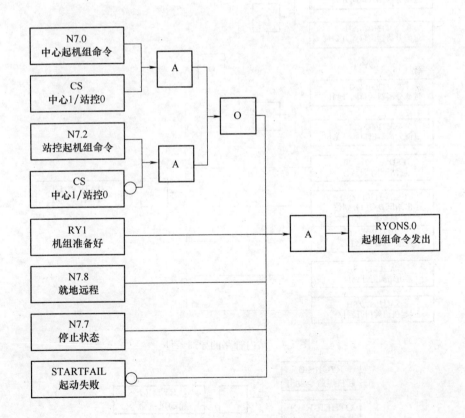

图 7-2　压缩机起动命令

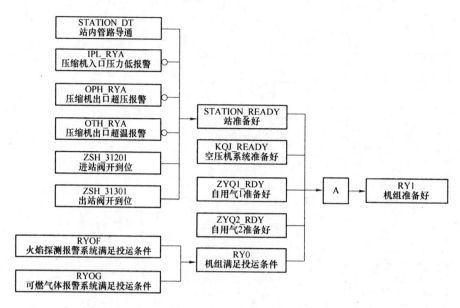

图7-3　机组准备好信号

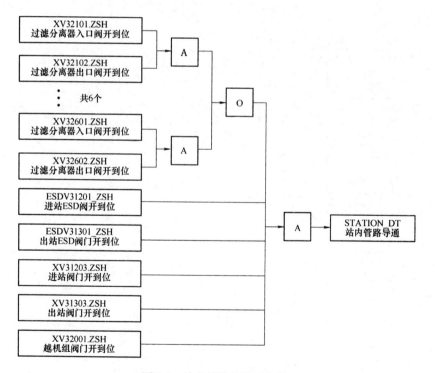

图7-4　站内管路的导通条件

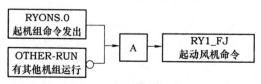

图7-5　起动风机命令

当站场的通风系统满足起动机组条件时，则触发机组远程起动命令，如图 7-6 所示。此处分为两种情况：第一种是在有其他机组运行的情况下，通风系统一旦满足起机条件，立刻下发机组起动命令；第二种是当站场此时没有机组运行时，为防止厂房有可燃气体等危险因素，通风系统满足起机条件后需要运行 900s，之后下发机组起动命令。

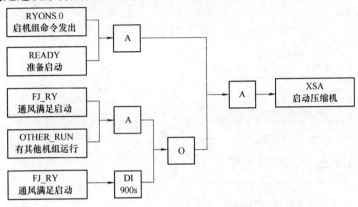

图 7-6　远程起动机组命令

当机组起动命令下发时，计时器开始计时 45min，在此时间内若机组起动成功，则计时器停止计时。若计时器顺利计时完成，则认为机组起动失败。综合复位命令可以复位机组起动失败信号。机组起动的流程如图 7-7 所示。

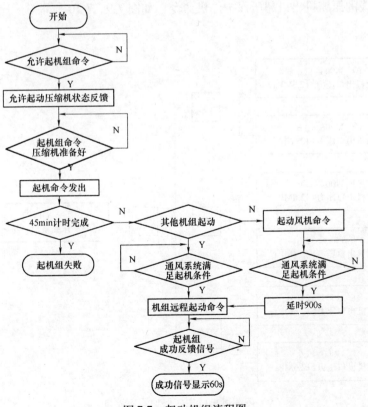

图 7-7　起动机组流程图

7.2　停压缩机流程控制

当压缩机出口超温、超压，入口压力过低或仪表风压力过低时，会触发机组保护停机逻辑，如图 7-8 所示。

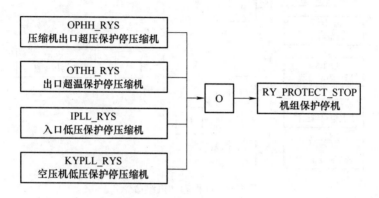

图 7-8　机组保护停机命令

当压缩机出口的三个压力数值有两个或两个以上大于 12.6MPa 时，会触发压缩机出口超压保护停机命令。若两条管线处于联合运行状态，来自另一条管线的超压保护停机命令也会触发本条管线的压缩机出口超压保护停机命令，如图 7-9、7-10 所示。

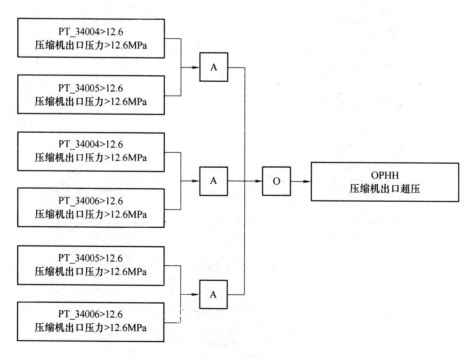

图 7-9　压缩机出口超压保护停压缩机（一）

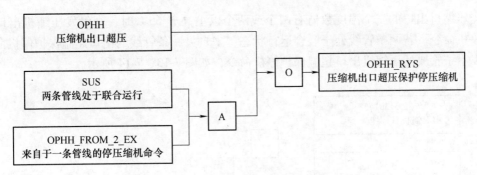

图 7-10　压缩机出口超压保护停压缩机（二）

当压缩机入口的三个压力数值有两个或两个以上低于 3.8MPa 时，会触发压缩机入口低压保护停机命令。若两条管线处于联合运行状态，来自另一条管线的入口低压保护停机命令也会触发本条管线的压缩机入口低压保护停机命令，如图 7-11、图 7-12 所示。

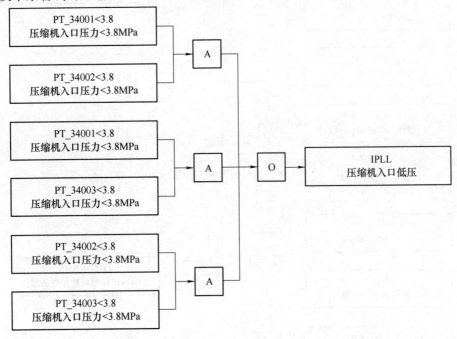

图 7-11　压缩机入口低压保护停压缩机（一）

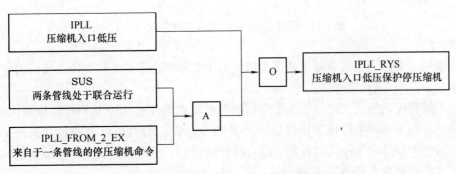

图 7-12　压缩机入口低压保护停压缩机（二）

当压缩机出口的三个温度数值有两个或两个以上高于55℃时，会触发压缩机出口超温保护停机命令。若两条管线处于联合运行状态，来自另一条管线的出口超温保护停机命令也会触发本条管线的压缩机出口超温保护停机命令，如图7-13、7-14所示。

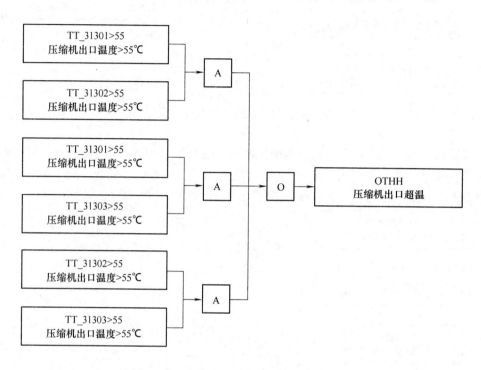

图7-13 压缩机出口超温保护停压缩机（一）

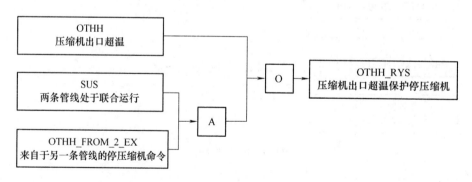

图7-14 压缩机出口超温保护停压缩机（二）

当仪表风三个压力数值有两个或两个以上低于0.6MPa时，会触发仪表风压力低保护停压缩机信号，如图7-15所示。

停机控制程序的作用主要是根据操作原则等逻辑产生停机指令并执行停压缩机组流程。下面将具体介绍压缩机组停机逻辑控制的AOI指令。停压缩机可以有两种方式，一种是自动停机，另外一种是命令停机。首先介绍自动停机流程，机组联锁自动停机或机组保护停机均会触发自动停机命令如图7-16所示。

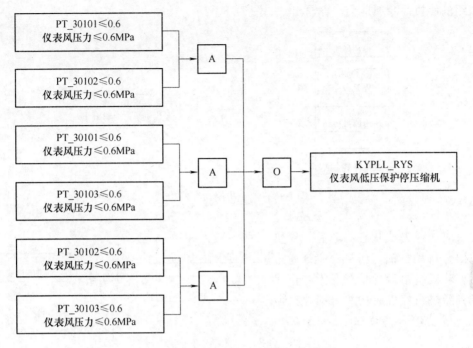

图 7-15　仪表风压力低保护停压缩机

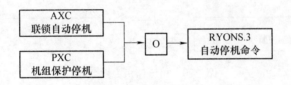

图 7-16　机组自动停机命令

下面介绍命令停机，当需要停止压缩机组时，可以由中心或站控发出停机命令，也可以由正常停站命令触发，如图 7-17 所示。中心、站场停机组命令均在延迟 2s 后自动解锁。

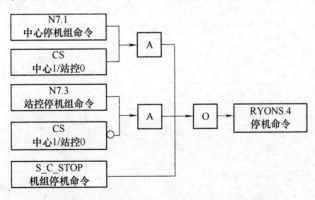

图 7-17　停机命令

机组有自动停机信号或命令停机信号，并且在没有收到停机成功或失败的信号之前，给压缩机组的停机命令通道会一直输出，如图 7-18 所示。

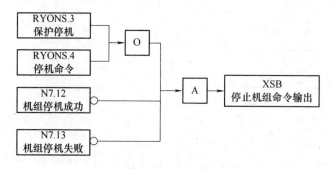

图 7-18　停止机组命令输出

停机成功或失败状态更新后，停机命令输出会自动解锁。当停机命令通道输出时，若机组由运行状态变为停止状态，则判断机组停机成功并解锁停机命令输出，成功信号持续 60s，如图 7-19 所示。

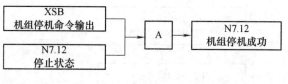

图 7-19　机组停机成功

若停机命令输出持续 60s 后，没有停机成功信号将停机命令输出解锁，则判断机组停机失败，如图 7-20 所示。

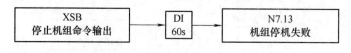

图 7-20　机组停机失败命令

停机失败信号可以被综合复位命令复位清除。压缩机组停机控制流程如图 7-21 所示。

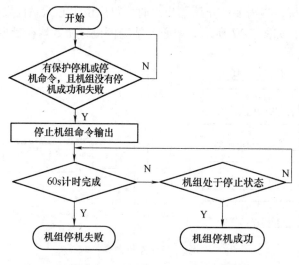

图 7-21　机组停止自定义功能块流程图

第 8 章

压气站辅助系统的自动化控制

学习目标

- 压缩机厂房通风系统控制

- 空冷器系统控制

- 火灾报警系统控制

- 过滤分离器系统控制

- 自用气撬系统控制

- 冷却水系统控制

- AOI 指令的使用

    压气站的主要功能是将上游来气增压输送到下游站场，压缩机组是压气站运行的核心关键设备。为保证压缩机组安全可靠地工作，站场内的一些辅助设备必不可少。从上游来的天然气可能带有固体或液体杂质，如果这样的天然气直接进入精密的压缩机组，则会对压缩机组带来损害，因此进入压气站的天然气需要首先经过过滤分离器系统除杂。天然气属于易燃、易爆的危险性气体，在压缩机厂房内的通风系统是必不可少的。压缩机的通风系统包括送风和排风两部分，由于天然气的特殊属性，因此在压缩机厂房必须设置火灾和可燃气体浓度检测系统，以便及时预防和发现火灾、爆炸等事故的发生。为避免加压后高温的天然气给管道及附属设备带来危害，压缩后的天然气需经过后空冷器系统冷却后输送。仪表风系统是压气站非常重要的辅助系统，它的主要功能有：为站场内的一些设备提供空气动力，为压缩机组主润滑系统提供密封气，机组空气进气滤反吹扫等。压气站一主一备两台空压机交替运行，为站场提供了源源不断的清洁、干燥的压缩空气（即仪表风）。为保护机组的安全运行，当仪表风压力低于 0.6MPa 时，压缩机组将保护停机。压气站的辅助系统还包括自用气系统，由于站场内的天然气资源丰富，所以以维持站场的能源可以就地取材。但是管道内的天然气不能直接使用，因此需要通过自用气撬进行调压、过滤、加热等处理，以满足站场生产、生活用气的需要。本章将具体介绍压气站的辅助系统的自动化控制。

8.1　压缩机厂房通风系统的控制

    压缩机厂房属于相对封闭空间，一旦发生天然气泄漏聚集，极易引发严重的事故，将威胁整个站场的安全，因此压缩机厂房应该具有良好的通风系统。压缩机厂房的通风系统设计分为两个目的：一是为保证工艺系统的正常运行，消除工艺设备余热及室内有害气体而进行的正常通风；二是为危险性气体大量散去所进行的事故通风。压缩机厂房内部工艺设备、管道排列紧凑，空间有限，对于正常通风和事故通风分别建立不同系统往往难以实现，而且还存在增大成本、布置复杂等不利因素。因此，压缩机厂房内通风系统的设计常常将两者综合考虑，采用一套系统满足不同情况的需求。在实际应用中，压缩机厂房通风系统由屋顶排风机和机械进风系统构成。压缩机厂房两侧单独设置送风机房，风机房的机械进风系统应考虑厂房正常情况下的补风需求，并在进风口设置空气过滤器，使室外新鲜空气经送风机和送风管道送入压缩机厂房内部；在压缩机厂房屋顶安装屋顶排风机，屋顶风机排风量应能满足正常排风及事故情况下排风的要求。

8.1.1　风机控制的 AOI 指令分析

    压缩机房通风系统的控制程序主要是对送风机和排风机的起停进行控制，因为站场中送风机和排风机的数量很多并且它们的控制信号相同，都包括手/自动状态、风机运行状态、故障状态、远控/就地切换状态、站控起风机命令和停风机命令、自动起风机和停风机命令等，并且它们的控制方式也相同，因此在程序设计中选择使用 Add-on Instruction（以下简称 AOI 指令）。在 AOI 指令中完成风机控制程序的编辑，在主例程中就可以非常方便地调用以实现风机的控制。下面将具体介绍风机逻辑控制的 AOI 指令。

    当风机处于远控控制模式时，程序所发送的指令允许对其进行控制；当风机处于就地模式时，程序发送的指令失效。只有当风机处于远控、无故障的条件下，才能触发风机的起停信号。起风机命令的控制如图 8-1 和图 8-2 所示，停风机命令的控制如图 8-3 图 8-4 所示。N7.8 为手自动状态，FLT 置 1 时，表示存在故障，TJ 置 1 时，表示正在运行，JY 置 1 时，表示远控模式。

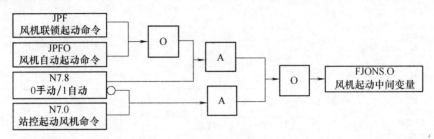

图 8-1 风机的起动命令（一）

8.1.2 厂房通风系统的控制流程

压缩机厂房的屋顶一共安装有 20 台排风机，它们可以分为 10 组，每组两台排风机设置成"一主一备"模式。压缩机厂房两侧各安装有一台送风机，当触发起动送风机命令时，两台送风机同时起动。当两台送风机同时运行且有 7 组以上压缩机厂房屋顶排风机运行时，则认为压缩机厂房通风系统满足压缩机组投运条件，否则压缩机组不满足

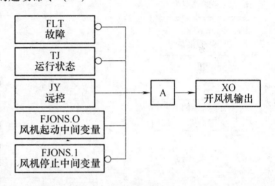

图 8-2 风机的起动命令（二）

投运条件。当有站场 ESD 紧急停站信号（站场 ESD 手报按钮、中心 ESD 命令、火焰探测器触发全站 ESD 等）时，停止压缩机厂房所有屋顶排风机和送风机。当仅触发压缩机机组 ESD 紧急停机信号（机组 ESD 手报按钮、可燃气体触发机组 ESD 停机等）时，起动全部压缩机厂房排风机和送风机。站场 ESD 停止风机命令的优先级高于压缩机组 ESD 起动风机命令，即当同时存在站场 ESD 和压缩机组 ESD 触发条件时，厂房所有排风机、送风机必须停止。

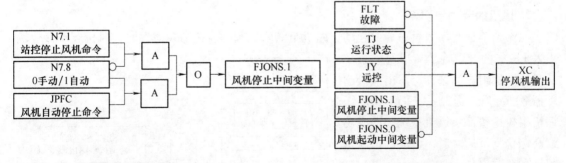

图 8-3 风机的停止命令（一）　　　　　　　图 8-4 风机的停止命令（二）

1. 风机状态的检测

在对通风系统进行控制时，首先需要检测 20 台排风机和两台送风机的工作状态，并反

馈至上位机。各风机只有处于无故障且远控控制状态下时，才认为该风机可以正常工作，故当风机存在处于就地状态或故障状态时，上位机会显示相应的报警。风机的检测逻辑如图8-5、8-6所示。

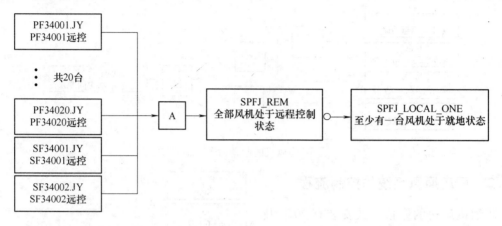

图 8-5　风机本地/远控状态检测

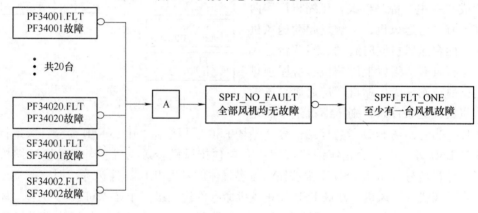

图 8-6　风机故障状态风机检测

2. 风机的起动和切换

当站场单独起动风机命令或起动压缩机组的联锁起动风机命令触发时，风机起动命令输出置1，如图8-7所示。当通风系统满足压缩机组投运条件，发出风机起动命令30s后，通风系统仍不满足压缩机组投运条件、风机系统起动成功或有综合复位信号时，都会解锁风机起动命令输出。

把20台屋顶排风机分成10组，每组两台排风机为"一主一备"配置。当需要开起风机时，首先起动每组风机中的主用风机，若主用风机在

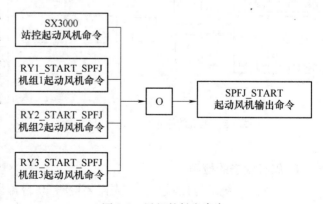

图 8-7　风机的触发命令

10 秒内没有起动成功，则起动该组的备用排风机。如果备用风机在 20s 内也没有起动，则触发该组风机的起动偏差报警信号，如图 8-8 所示。其他 9 组也以同样方式运行。

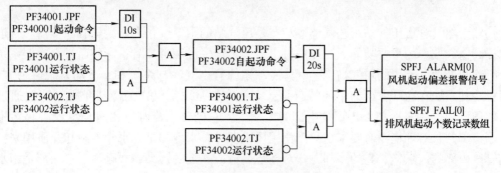

图 8-8　风机的切换过程

当 7 组以上排风机和两台送风机全部正常运行时，判断通风系统满足机组投运，如图 8-9 所示。

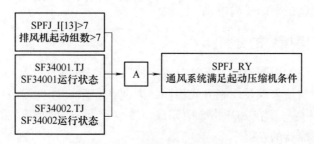

图 8-9　通风系统满足条件

通风系统起动的流程如图 8-10 所示。

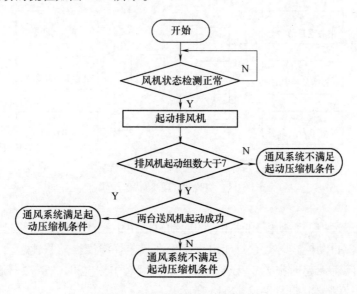

图 8-10　通风系统起动流程图

8.2　空冷器系统的控制

长输天然气管道压气站工艺气体冷却器是压气站的重要设备之一，具有保护输气管道安全和提高输气效率的重要功能。当压缩机出口的天然气温度过高时，需要通过空冷器系统对其进行冷却处理。常用的压气站工艺气体冷却系统有空气冷却系统和水冷却系统两种方式。这两种冷却系统在冷却方面的主要特点是：空气冷却是以空气作为冷却介质（一般通过风机增加通风量）用来冷却工艺管线内部的天然气，它的整个冷却过程对环境没有热污染和化学污染，并且对环境没有要求，只需使用风机即可；水冷却是以水作为冷却介质用来冷却工艺管线内部的天然气，它的冷却方式对环境会造成一定的污染，并且由于水冷却是用水作为介质的，所以它对环境的要求极其的严格，必须专门设置供水系统，而且还要靠近水源。由于新疆地区水源的限制，所以压气站的天然气冷却系统大部分都选择为空气冷却方式。空冷器出口电动阀开起组数与起动压缩机台数相关，而空冷器风机起动台数与出口温度有关。在空冷器的每台电机上均安装有一个振动开关，当后空冷器运行时，如果振动开关报警，站控制系统应自动停止该报警的风扇电机。

8.2.1　空冷器 AOI 指令的分析

站场的空冷器系统的控制程序主要是对空冷器风机的起、停进行控制，由于空冷器数量众多，并且它们的控制信号以及控制方式相同，因此在程序设计过程中使用 Add-on Instruction（以下简称 AOI 指令）。在 AOI 指令中完成空冷器控制逻辑的编写后，直接在主例程中调用就可以实现对空冷器的控制。

空冷器的工作模式包括手动和自动模式，它的手/自动切换命令可以由中心或站场下发，手自动切换逻辑如图 8-11 所示。

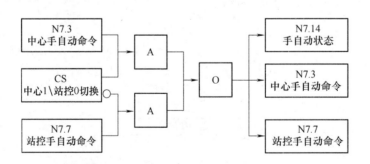

图 8-11　空冷器的手动状态逻辑

当空冷器处于远控、手动模式时，它的起动只能由中心或站控下发的起动命令控制；当空冷器处于远控、自动模式时，它只能由程序根据工艺气温度自动联锁起动。只有当空冷器处于远控、无故障、无超时报警、无停止命令、处于停止状态时，空冷器起动命令才会输出。空冷器起动控制逻辑如图 8-12、8-13 所示。

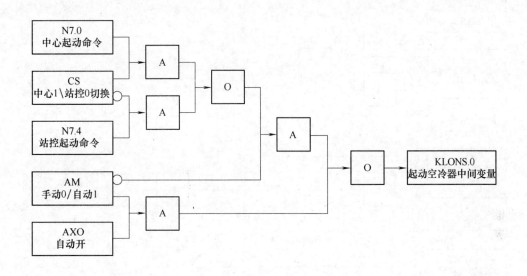

图 8-12 空冷器起动控制逻辑（一）

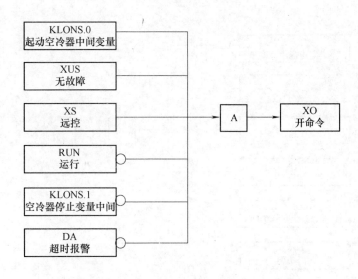

图 8-13 空冷器起动控制逻辑（二）

当空冷器处于远控、手动模式时，它的停止命令只能由中心或站控下发的停止命令控制；当空冷器处于远控、自动模式时，它只能由程序根据工艺气温度自动联锁停止。当空冷器振动开关报警时，会触发空冷器停止运行，且优先级最高。只有当空冷器处于远控、无故障、无超时报警、运行且没有起动命令时，空冷器停止命令才会输出。空冷器停止控制逻辑如图 8-14、8-15 所示。

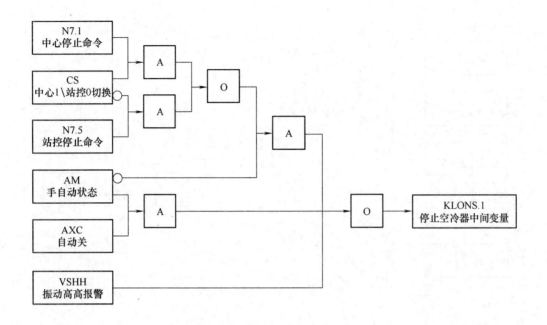

图 8-14　空冷器停止逻辑（一）

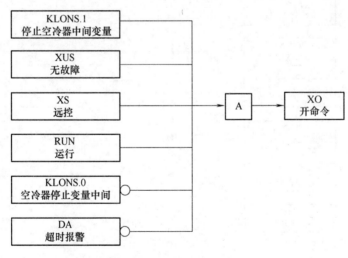

图 8-15　空冷器停止逻辑（二）

8.2.2　空冷器系统的控制流程

空冷器的工作原理是利用电动机带动叶轮转动，产生的涡流不断将空气吸入，冷空气与热管接触后带走热量，将管道内的高温天然气冷却。空冷器系统可以根据站场运行的压缩机组台数和机组出口天然气的温度，起动不同数量的空冷器，从而以最优化的方式达到比较好的冷却效果。

1. 空冷器入口阀阀位的检测

某站场的空冷器系统共有 28 台空冷器，这 28 台空冷器被分为 7 组，每组有 4 台空冷器。在起动空冷器系统之前，程序首先判断空冷器系统的入口阀是否全开到位，如果有任意一个入口阀没有全开到位，则会触发入口阀未全开报警信号，如图 8-16 所示。

2. 空冷器出口阀的打开条件

空冷器系统会自动根据运行压缩机组数打开空冷器系统的出口阀门。当站场内有一台压缩机组运行时，自动打开 3 组空冷器系统的出口阀门，并且这 3 组空冷器出口电动阀全开后，若空冷器旁通阀未全关，则自动关闭空冷器旁通阀，如图 8-17 所示。当站场内有两台压缩机组运行时，再开两组空冷器的出口阀，即共计打开五组空冷器的出口阀，如图 8-18所示。当站场内有 3 台压缩机机组运行时，则打开剩余两组空冷器出口阀，即打开全部空冷器的出口阀门，如图 8-19 所示。每台空冷器都有振动开关监测其振动幅度，当振动开关报警时会触发空冷器保护停止命令。

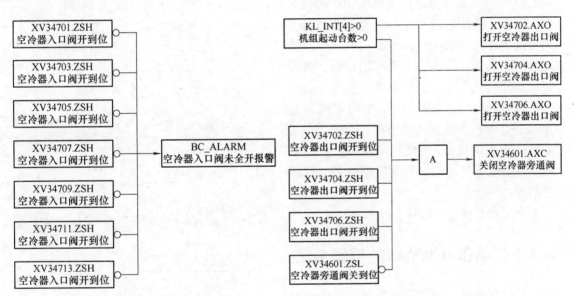

图 8-16　空冷器入口阀未全开报警

图 8-17　有压缩机运行时，自动开 3 组空冷
出口阀、关闭空冷器旁通阀

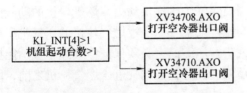

图 8-18　有两台或两台以上机组运行
时，继续开两路空冷出口阀

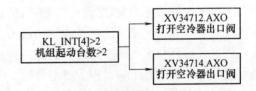

图 8-19　3 台机组运行时，自动
开最后两路空冷出口阀

3. 空冷器自动起动控制逻辑

压缩机区温度的判定见表 8-1。

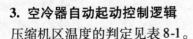

表 8-1　压缩机区温度判定

条　　件	结　　果
TT_34002 空冷器入口温度 > 52°	TT_34002_H 空冷器入口温度高
TT_34002 空冷器入口温度 > 60°	TT_34002_HH 空冷器入口温度极高
TT_34003 空冷器出口温度 > 52°	TT_34003_H 空冷器出口温度高
TT_34003 空冷器出口温度 > 60°	TT_34003_HH 空冷器出口温度极高

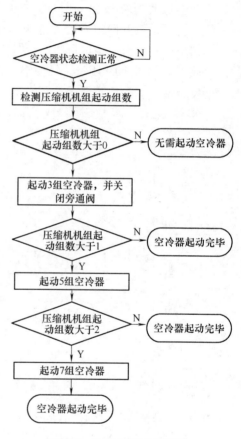

空冷器系统的自动起动采取顺序起动的方式，顺序起动的时间间隔由空冷器入口、出口的温度决定。当空冷器入口、出口的温度大于 52℃ 小于 60℃ 时，空冷器系统每间隔 2min 启动两台空冷器；当空冷器的出口温度大于 60℃ 时，则空冷器系统每隔 10s 起动两台空冷器。具体起动空冷器的台数由空冷器出口阀所开的个数决定，例如只有一台机组运行，那么就打开 3 组空冷器出口阀，故此时所打开的空冷器个数为 12 个。当空冷器出口的温度小于 40℃ 时，则空冷器系统每隔 2min 停止两台空冷器直到全部停止为止。最后空冷器系统检测每台空冷器的运行状态，当空冷器全部停止时，则触发空冷器全部停止信号。

空冷器起动流程如图 8-20 所示。

8.3　火焰和可燃气体的报警系统

天然气属于易燃、易爆气体，而压缩机厂房又属于相对密闭空间，厂房内一旦发生天然气泄漏或出现明火，将严重威胁压缩机

图 8-20　空冷器起动流程图

组乃至整个压气站场的安全运行。压缩机的运行需要燃气轮机提供动力，燃气轮机的动能由天然气与空气混合燃烧后的化学能转换而来。参与燃烧的空气先经过燃气轮机的压气机压缩成高压空气后再与天然气进行混合燃烧。在对空气进行压缩前，必须保证空气纯净且不能掺杂可燃气体，否则在压缩过程中将会导致严重的后果。因此，在空气进入燃气轮机之前，同样需要经过可燃气体检测系统检测空气中可燃气体的浓度。

8.3.1　火焰和可燃气体检测系统的简介

火焰探测器又称感光式火灾探测器，它是用于响应火灾的光特性，即探测火焰燃烧的光照强度和火焰闪烁频率的一种火灾探测器。根据火焰的光特性，使用的火焰探测器有 3 种：第一种是对火焰中波长较短的紫外光辐射敏感的紫外探测器；第二种是对火焰

中波长较长的红外光辐射敏感的红外探测器；第三种是同时探测火焰中波长较短的紫外线和波长较长的红外线的紫外/红外混合探测器。对于火焰燃烧中产生的 0.185 ~ 0.260μm 波长的紫外线，可采用一种固态物质作为敏感元件，如碳化硅或硝酸铝。对于火焰中产生 2.5 ~ 3μm 波长的红外线，可采用硫化铝材料的传感器，对于火焰产生的 4.4 ~ 4.6μm 波长的红外线可采用硒化铝材料或钽酸铝材料的传感器。根据不同燃料燃烧发射的光谱可选择不同的传感器。

可燃气体探测器即气体泄露探测器，是区域安全监视器中的一种预防性报警器。当工业环境中可燃气体浓度过高时，可燃气体报警器会发出报警信息，用来提醒工作人员采取安全措施，并及时地关断压缩机机组同时驱动排风机，防止发生爆炸、火灾，从而保障安全生产。可燃气体探测器主要探测空气中的可燃气体，常见的如氢气(H_2)、甲烷(CH_4)、乙烷(C_2H_6)、丙烷(C_3H_8)、丁烷(C_4H_{10})、乙烯(C_2H_4)、丙烯(C_3H_6)、丁烯(C_4H_8)、乙炔(C_2H_2)、丙炔(C_3H_4)、丁炔(C_4H_6)和磷化氢等。

压缩机厂房和油品库房内安装有可燃气体浓度检测系统。当油品库房任何一个可燃气体探测器高高报警时，会触发站场可燃气体浓度高高(非压缩机部分)总报，当压缩机厂房任何一个可燃气体探测器高高报警时，会触发站场可燃气体浓度高高(压缩机部分)总报信号，此时必须派出专人检测并查明报警原因，以消除安全隐患风险。当全站有两个或两个以上可燃气体探测器浓度高高报警时，将会触发压缩机组 ESD 信号。压缩机厂房还安装有火焰探测系统。任意一个火焰探测器报警都会触发站场火焰探测器总报警，当压缩机厂房同一区域内两个或两个以上火焰探测器报警时，则会触发全站 ESD 命令。

8.3.2　火焰和可燃气体检测系统的控制流程

压气站的压缩机房和油品库房分布有 9 个可燃气体浓度探测器。当 9 个探测器中有两个或两个以上高报警，则会产生站场可燃气体高报报警，并联锁起动厂房所有备用风机(厂房环境温度超过 45℃时也会起动备用风机)。当 9 个探测器中有两个或两个以上高高报警，就会产生站场可燃气体高高停机报警，并触发压缩机组 ESD，同时起动所有风机。上述两种报警均会将可燃气体报警系统的满足压缩机组投运条件置为 0，即可燃气体报警系统不满足压缩机投运条件。可燃气体检测系统的程序逻辑如图 8-21、图 8-22、图 8-23 所示。

图 8-21　可燃气体浓度高检测

图 8-22　可燃气体浓度高高检测

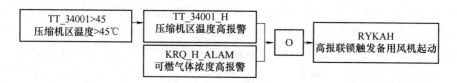

图 8-23　备用风机起动条件

　　压气站的压缩机厂房中分布有 24 个火焰探测器，按分布区域将所有火灾探测器分为 3 组，1 ~ 8 号火灾探测器、9 ~ 16 号火灾探测器、17 ~ 24 号火灾探测器分别为一组。同一组内有两个或两个以上火灾探测器报警时，则会触发全站火灾综合报警信号，并触发全站 ESD 紧急停站信号。同时，将火灾探测系统满足压缩机组投运条件置为 0，即火灾探测系统不满足压缩机投运条件。火焰探测系统的程序逻辑如图 8-24 所示。

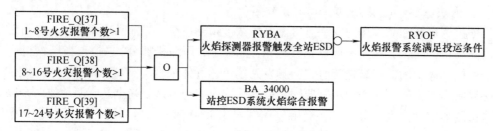

图 8-24　火焰探测系统程序逻辑

8.4　过滤分离器系统的控制

8.4.1　过滤分离器系统的工艺

　　上游输送来的天然气往往带有一部分液体和固体杂质，这些杂质不仅会腐蚀管道、设备和仪表，而且还可能堵塞阀门管线、损坏设备从而影响正常的生产过程。因此，进站天然气必须首先进行过滤除杂后再进入压缩机组，加压输送到下游站场。一般站场的旋风分离器和卧室分离器组合使用，从上一站来的天然气先经过旋风分离器清除里面的大颗粒固体杂质，然后再经过卧室分离器清除杂质。

　　某压气站进站天然气首先经过 6 组过滤分离器进行分离除杂后，再经过压缩机组增压外输。但是，过滤分离器系统在自动起动过程中，只起动前五组过滤分离器，第六组过滤分离器作为备用。当前 5 组过滤分离器的任意一个发生故障时，再起动第六组过滤分离器。在每一组过滤分离器的两侧都有一个电动阀用来控制过滤分离器是否起用，当过滤分离器前后两个阀门中的一个阀门没有全开到位时，则程序判断这个过滤分离器没有开起成功。只有在两个电动阀同时全开到位后，才认定这一路的过滤分离器起动成功。投用过滤分离器系统时只要有 5 路过滤分离器起动成功，则认为整个过滤分离器系统投用成功。过滤分离器前后安装有差压变送器，当过滤分离器前后的压差大于 100kPa 时，程序判断这组过滤分离器出现故障，需要切换。过滤分离器的工艺过程如图 8-25 所示。

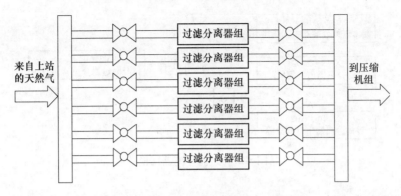

图 8-25　过滤分离器系统的流程示意图

8.4.2　过滤分离器系统的程序设计

过滤分离器系统的控制程序主要完成过滤分离器的起动流程和检测过滤分离器是否发生故障，以及在发生故障时能否及时对其进行切换，以防其影响整个生产过程的安全。当过滤分离器两端的差压大于 100kPa 时，则认为此过滤分离器组有故障，并产生相应报警。

1. 过滤分离器压差高报警的分析

为了防止过滤分离器堵塞，当其两端压差高过设定值 100kPa 时，显示此路分离器故障。

当 PDIT_320101（压力检测传感器）检测压差 >100kPa 时，第一路分离器故障报警。

当 PDIT_320201（压力检测传感器）检测压差 >100kPa 时，第二路分离器故障报警。

当 PDIT_320301（压力检测传感器）检测压差 >100kPa 时，第三路分离器故障报警。

当 PDIT_320401（压力检测传感器）检测压差 >100kPa 时，第四路分离器故障报警。

当 PDIT_320501（压力检测传感器）检测压差 >100kPa 时，第五路分离器故障报警。

当 PDIT_320601（压力检测传感器）检测压差 >100kPa 时，第六路分离器故障报警。

2. 过滤分离器系统的控制程序分析

当紧急停站后起站或正常起站命令触发时，前五路过滤分离器出口阀自动打开，如图 8-26 所示。当前 5 路过滤分离器的出口阀任意一个产生故障时，则联锁打开第六个过滤分离器出口阀，如图 8-27 所示。

图 8-26　起动过滤分离器

过滤分离器入口阀、出口阀均全开到位，则认为该过滤分离器成功开起，如图 8-28 所示。当有 5 路或 5 路以上过滤分离器起动成功时，判断过滤分离器系统起动成功，否则过滤分离器起动失败。若开起失败可以通过复位按键复位，如图 8-29 所示。

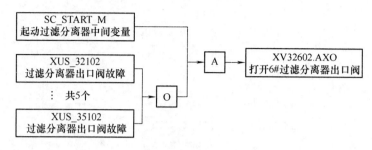

图 8-27　过滤分离器切换

起动过滤分离器流程如图 8-30 所示。

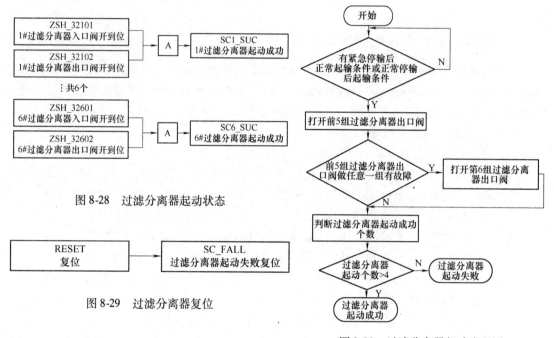

图 8-28　过滤分离器起动状态

图 8-29　过滤分离器复位

图 8-30　过滤分离器起动流程图

8.5　自用气撬系统的控制

站场的生活用气、燃气轮机燃烧所用的天然气都来自于工艺管线天然气,干线天然气必须经过自用气撬处理后才能使用。

8.5.1　自用气撬系统的工艺

自用气撬对干线来气进行计量、过滤、预热、调压,使处理后的天然气满足自用气要求。为方便自用气撬的检修维护,并预防气撬故障给生产生活带来的隐患,气撬采用"一主一备"冗余配置。

在自用气撬的天然气入口处,分别装有压力、温度传感器对进气压力、温度进行测量显示,为后续的调压和预热提供依据,随后天然气通过网状过滤器完成过滤工序。加热器的控制柜根据传感器测得参数和 PLC 指令完成天然气预热工序，最后自用气撬集成的调压阀对天然气进行调压。经过以上工序，干线天然气被变为温度、压力均符合要求的站场自用气，供生产、生活设备使用。

8.5.2 自用气撬加热器 AOI 指令的分析

在加热器没有故障的情况下，中心起动加热器、站控起动加热器、加热器自动起动都可以控制加热器的起动，如图 8-31 所示。中心、站控起动加热器信号 2s 后自动解锁。

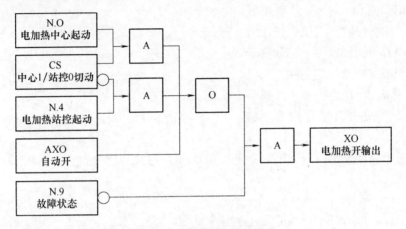

图 8-31　电热器起动逻辑

加热器的停止逻辑与起动逻辑类似，如图 8-32 所示。

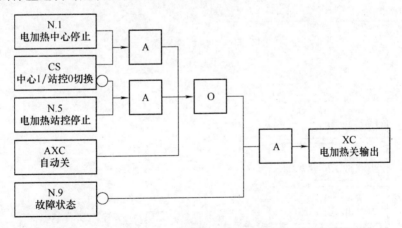

图 8-32　电热器关闭的逻辑图

8.6　仪表风系统的控制

为了保证压缩机及其辅助系统的正常运行，压气站内设置一套压缩空气供气系统，也被称为仪表风系统。该系统由空气压缩机、储气罐、管路、设备以及控制系统组成。仪表风系统是压气站非常重要的辅助系统，它的主要功能有：为站场内的一些设备提供空气动力、为压缩机组主润滑系统提供密封气、机组空气进气滤反吹扫等。压气站"一主一备"两台空压机交替运行，为站场提供了源源不断的清洁、干燥的压缩空气（即仪表风）。空压机正常排气压力为 0.75MPa，空气储气罐出口压力 ≤0.75MPa 时，起动空压机；当出口压力低于 0.65MPa 时报警，出口压力低于 0.6MPa 时，停运天然气压缩机。

空压机是仪表风系统的重要组成部分。空压机的起动和停止命令，可以通过上位机发出，如图 8-33 所示。

空压机出口任何一处压力显示低于 0.65MPa，都会触发空压机出口压力低报警。当空压机出口所有压力显示均高于 0.65MPa 时，系统判断空压机系统满足压缩机组投运要求，否则会触发空压机不满足机组投运报警，如图 8-34 所示。

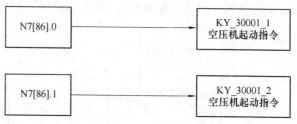

图 8-33　空压机的起动和停止命令

当任意两个空压机出口压力同时低于 0.6MPa 时，会触发空压机低压停压缩机信号，如图 8-35 所示。

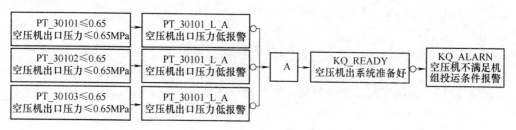

图 8-34　空压机报警逻辑

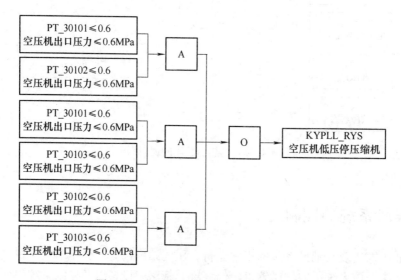

图 8-35　空压机出口压力低触发停车逻辑

8.7 冷却水系统的控制

站场内电驱压缩机是由变频器带动的，变频器在持续运行中会产生大量热，因此需要在压缩机运行时，对变频器进行冷却。冷却水系统可以分为 4 个部分，分别为循环泵房、给水泵房、变频器间和电机间。循环泵房有 4 个循环泵，2 个补水泵和 4 个电动阀门，给水泵房有 4 个给水泵、4 个电动阀门，变频器间有 4 个电动阀门，电机间有 4 个电动阀门。

1. 冷却塔的起动

冷却水起动命令发出后，打开循环泵房的 4 个阀门（XV_0901-XV_0904）和变频器的 4 个冷却水阀门（XV_09013-XV_09016），如图 8-36 所示。阀门开到位且冷却塔运行处于远控状态、无故障、无综合报警，则认为冷却塔起动成功，如图 8-37 所示。

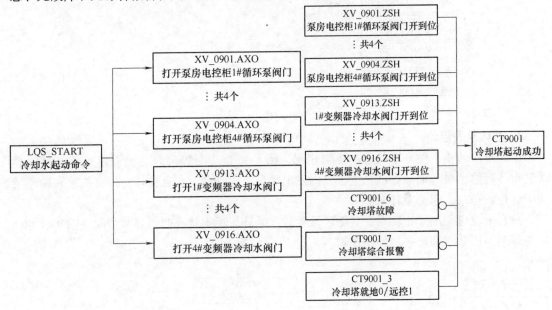

图 8-36 冷却水起动命令触发逻辑　　　　　图 8-37 冷却水起动成功逻辑

冷却塔的起动命令也可以从上位机发出，当冷却塔风扇起动命令发出后，且冷却塔风扇处于无故障、远控、无综合报警时起动冷却塔风扇，如图 8-38 所示。

2. 给水泵的起动

冷却塔起动成功后，延时 60s 起动 1 号给水泵，30s 后打开对应的阀门；冷却塔起动成功后，延时 90s 起动 2 号给水泵，30s 后打开对应的阀门；冷却塔起动

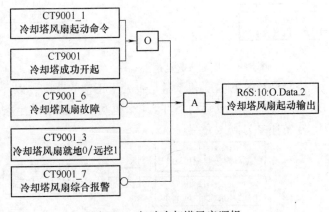

图 8-38 起动冷却塔风扇逻辑

成功后，延时 120s 起动 3 号给水泵，30s 后打开对应的阀门。此时，如果前 3 个循环泵任意一个发生故障或是任意一个给水泵对应的阀门没有开到位，则起动 4 号给水泵，30s 后打开对应的阀门，如图 8-39 所示。

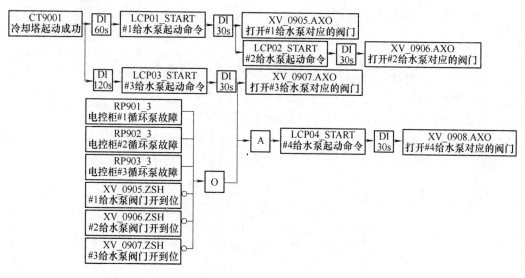

图 8-39　给水泵起动逻辑

3. 循环泵的起动

循环泵房的 4 个循环泵的起动逻辑相同，图 8-40 以 1 号循环泵为例介绍了循环泵的起动逻辑。有给水泵起动命令或从上位机内发出循环泵起动命令，且循环泵没有故障和循环泵处于远控状态时，起动循环泵。

只有上位机发出停止命令，且循环泵无故障并处于远控状态时循环泵关闭，图 8-41 以 1 号循环泵为例介绍循环泵的停止逻辑。

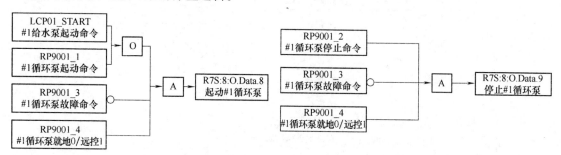

图 8-40　循环泵起动逻辑　　　　　　　　图 8-41　循环泵停止逻辑

检测循环泵的温度和流量是否处于正常的范围，以此检测电动机冷却系统有无故障，冷却水满足外部电动机起动条件。4 个电动机冷却水满足条件的逻辑判断相同，图 8-42、8-43 以 1 号循环泵为例做介绍。

图 8-42　电动机冷却系统运行逻辑

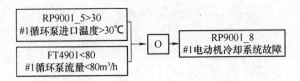

图 8-43 电动机冷却系统故障逻辑

4 个电动机有一个处于运行状态，则冷却水系统满足自动起动机组外部条件，如图 8-44 所示。

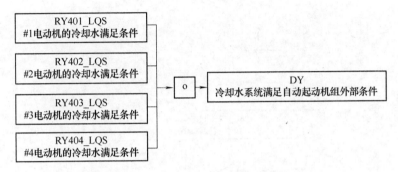

图 8-44 电动机冷却系统满足自动起机组条件

4 个循环泵中有 3 个处于无故障状态，且给水阀开到位，则代表冷却水泵起动成功，如图 8-45 所示。

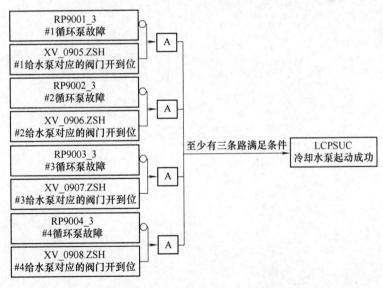

图 8-45 电动机冷却系统故障逻辑

4. 补水泵的起动

在运行过程中，如果循环泵房中的冷却水不够用了，可以通过上位机起动循环泵房的补水泵。2 个补水泵的起动逻辑相同，图 8-46 以#1 补水泵为例介绍了补水泵的起动逻辑。补水泵的关闭也由上位机发出命令，当其无故障且处于远控状态时关闭。

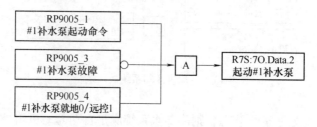

图 8-46   补水泵起动逻辑

冷却水系统的起动流程如图 8-47 所示。

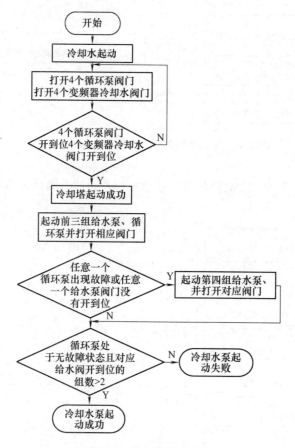

图 8-47   补水泵起动逻辑

8.8   阴极保护系统的控制

现场有 A，B 两个阴极保护设备，可通过上位机选择起动哪个，并通过上位机将阴极保护设备关闭，如图 8-48 所示。无论是阴极保护设备起动命令还是阴极保护设备关机命令，都是 2s 后自动解锁。并将 A，B 机的运行状态传到 N7 文件对应的标签中，运行的电流，电压数据传到 F8 文件对应的标签里。

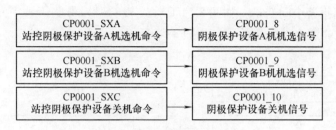

图 8-48　阴极保护启停逻辑

8.9　消防系统的控制

消防系统的控制程序主要是对消防泵的起停进行控制，因为站场中对消防泵的控制信号相同，都包括消防泵运行状态、故障状态、报警状态和消防泵起停命令等，并且它们的控制方式也相同，因此在程序设计中选择使用 AOI 指令。在 AOI 指令中完成消防泵控制程序的编辑，在主例程中就可以非常方便地调用以实现消防泵的控制。下面将具体介绍消防泵逻辑控制的 AOI 指令。

消防泵房变频控制柜中有两个消防泵、两个稳压泵。对于消防泵房变频控制柜中的 1、2 消防泵的起动控制逻辑如图 8-49 所示。消防泵起动命令发出后，在消防泵没有故障，超时报警且无停止命令，不处于运行状态时，起动消防泵。消防泵的停止逻辑与起动逻辑类似，如图 8-50 所示。消防泵的起动、停止命令都是 2s 后自动解锁。如果消防泵的起动、停止输出持续 100s，则触发消防泵超时报警。

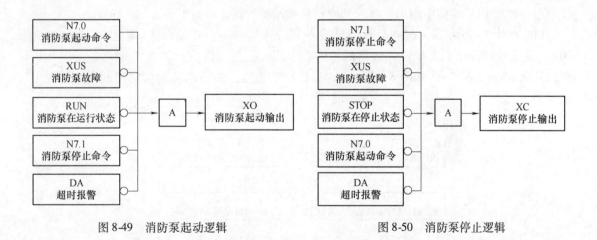

图 8-49　消防泵起动逻辑　　　　　　　图 8-50　消防泵停止逻辑

8.10　旁通报警系统

站控室、压缩机房、机柜间、火焰探测器和可燃气体处会安装旁路故障判断装置。以站控室旁路报警故障判断为例，在火灾报警无故障、无旁路报警复位命令且触发火灾报警旁路命令时，触发旁路报警中间变量，如图 8-51 所示。没有触发旁路报警中间变量且火灾报警没有故障时，火灾报警系统发生故障，如图 8-52 所示。

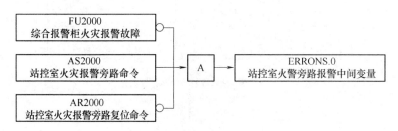

图 8-51　火灾报警旁路中间变量触发

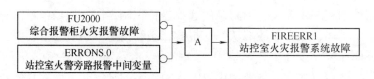

图 8-52　火灾报警系统故障触发

8.11　通信检测系统

调控中心的上位机与站场 PLC 进行实时的通信，但是如果调控中心与站场 PLC 的通信中断，会对站场的控制产生巨大的影响，使用 Comm_Check_CS 功能块能，则可在检测到调控中心与站场 PLC 通信中断后，将控制权切换到站场控制，增加了系统的可靠性。

PLC 产生一个从 1s ~ 60s 不断循环变化的变量 SEND_C（例如 1s 时为 1；30s 时为 30），发送给调控中心上位机，如果调控中心上位机检测到该数值不发生变化，可进行诊断位检测（N.4，N.5），如图 8-53 所示，通过诊断位检测，可以从上位机判断通信是否出现故障。

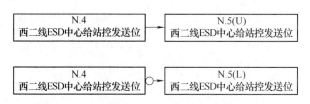

图 8-53　调控中心上位机检测通信是否中断

同理，PLC 可从上位机接收实时变化的数据 RECEIVE_C，通过逻辑判断，如果连续三次检测周期，均判定通信丢失，则产生通信中断报警，如若 PLC 中心使能通信中断切换功能，则上述条件持续触发 20s，产生通信失败切换站控命令。通信检测流程如图 8-54 所示。

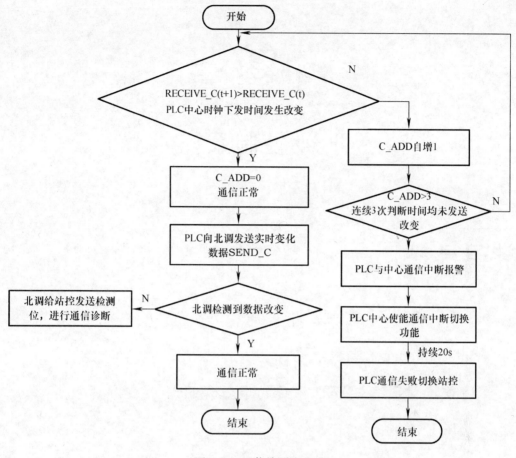

图 8-54　通信检测流程图

第 9 章

ESD 控制系统

学习目标

- Safety Manager 硬件组成
- Safety Manager 编程组态
- 过程控制系统与 ESD 系统的通信说明
- 站场 ESD 保护流程
- 压缩机 ESD 保护流程

天然气属于易燃、易爆的危险性气体，因此压气站的安全工作非常重要，当站场发生或可能发生危险事故时，必须对站场和压缩机组采取 ESD 安全保护措施。站场控制与 ESD 控制程序采用两套 PLC 分别编写，这样既能保证控制的独立性又能保证控制的安全性。以某站场为例，站场控制系统采用的是罗克韦尔公司的 ControlLogix 系列控制器，ESD 控制系统采用的是 Safety Manager（以下简称 SM）控制器。本章主要介绍 SM 控制器的使用方法，站场控制系统所使用的控制器和 ESD 系统所使用的控制器的通信方法，以及对 ESD 控制逻辑的分析。

9.1　Safety Manager 简介

SM 安全管理器能够提供一个经安全、完整性等级（SIL）认证的集成型安全平台。其安全架构已通过 ISA 安全合规协会（ISA，Security Compliance Institute）定义的嵌入式设备安全保证（Embedded Device Security Assurance）计划的认证。通用安全输入/输出可以进一步提高灵活性，使加工制造商能够集成多种安全设备，同时简化工程设计，降低安装与维护成本。通用安全逻辑解算器能够对过程进行保护，即使是在与安全管理器的通信出现中断的情况下也是如此。本小节主要介绍 SM 控制器的使用方法。

9.1.1　Safety Manager 硬件介绍

1. 处理器（QPP）

QPP 是 Quad Processor Park 的缩写，每一个 QPP 包含两个处理器，主要处理器和冗余处理器，如图 9-1 所示。两个处理器将同时执行相同的程序，它们将比较所运行过程数据的一致性，并做自我测试，这个功能就是 1oo2D。站控系统所用的系统，采用的是冗余的控制器配置，这样就构成了 2oo4D 的表决机制。

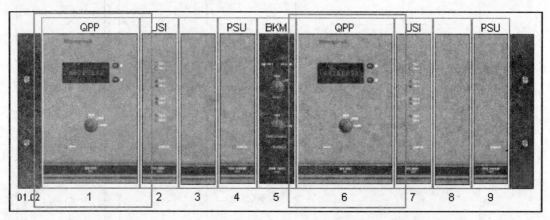

图 9-1　处理器（QPP）实物图

SM 安全控制器的硬件性能（处理器速度、内存、I/O 卡件）和软件的性能（组态工具和控制算法）以及系统的安全可靠性较之前的 FSC 都有了很大的提高。

相较于常规控制器，SM 控制器具有双冗余的配置结构，采用 2oo4D 表决机制，能提供高达99%的故障诊断率，具有高可靠性和有效性。

SM控制器具有丰富的I/O总线，易于拓展，同时还提供多种通信协议，便于与不同设备进行通信。采用通用的接口卡件，组态方便。

与此配套的Safety Builder组态编程软件，采用可视化的图形组态和功能逻辑图编程，操作简便，编程工作量小。

作为SM系统的核心，QPP的主要功能如下：

1）执行应用程序软件　扫描所有的输入并从I/O读输入信号，按顺序执行功能逻辑程序，并将运行结果通过输出接口输出。系统的两个处理器在运行过程中，始终保持同步。同时处理器还连续测试系统硬件，以保证安全控制。

2）自我测试程序　除了应用程序，处理器还需要运行自我测试程序，也即系统软件。系统软件是系统必需的，用来对系统本身可能发生的错误进行完整的自我测试，并作出适当的反应。

另外，QPP中还有看门狗模块。Watchdog是非常重要的、独立的安全功能，它将监视处理器的正确运行，并检查某些处理器运行所必需的条件，它的功能是当存在可能导致危险情形发生的故障时，确保输出进入安全状态。

在每个处理器上面，都有一个用户接口。包括液晶显示屏、操作按钮、钥匙开关和状态指示灯，如图9-2所示。

LED灯也有三种不同状态。绿色表示正常，红色表示故障，无指示时，请检查钥匙开关位置和是否上电如图9-3所示。

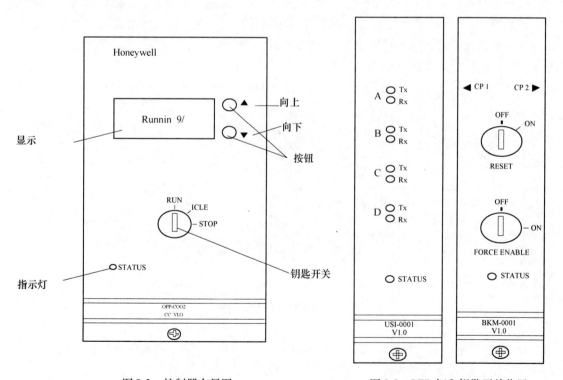

图9-2　控制器布局图　　　　　　图9-3　LED灯和钥匙开关位置

2. 电源模块 PSU

在 SM 系统机柜中，有两种不同的电源模块：一种是 220V AC-24V DC，一种是 24V DC-5V DC。

其中 220V AC-24V DC 将 220V 的交流电源转换成 24V 的直流电源，供整个系统的用电；

24V DC-5V DC 将 24V 的直流电源转换成为 5V 的直流电源，供系统进行故障诊断和看门狗用电。

例如：PSU-UNI2450 是一种 220V AC-24V DC。能输出 25V 和 28V 两种不同电压的直流电源，通过设置输出拨码开关可以选择，如图 9-4 所示。

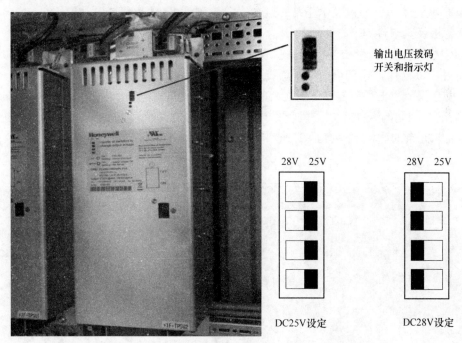

图 9-4　电源模块 PSU 及开关选择说明

PSU 模块上有两个指示灯，其指示灯状态说明见表 9-1。

表 9-1　PSU 模块指示灯说明

绿　灯		红　灯	
状态	说明	状态	说明
常亮	PSU 失效	常亮	PSU 正常工作
常闭	没有错误	常闭	PSU 被关闭
闪亮	温度过高	闪亮	风扇没达到要求的转速

3. 通信模块（USI）

USI 是 Universal Safety Interface 的缩写，通常放在 QPP 右侧的两个槽里面，是 SM 控制系统的通信模块，负责 SM 系统与第三方设备的通信。一个控制器最多带 2 块 USI 模块。USI 模块有 A、B、C、D 4 个通信通道，可以被用作 4 种不同的通信解决方案。通过查看发送和接受 LED 状态指示灯，可以确认相关通道的数据通信是否有效。正常通信时，LED 灯为绿色闪亮。在 4 个通道中，A 和 B 接口用作高速以太网通信，C 和 D 接口用作串行 RS-232 或者 RS-485 通信。

4. 电池和钥匙开关模块（BKM）

BKM 是 Safety Manager 的必需组成模件，通常放置在 CP 卡笼箱的中间部分。

在 BKM 的前面有两个钥匙开关和一个 LED 状态指示。它们的作用如下：

1）故障复位开关　从实时诊断缓存中清除故障信息；启动控制器。

2）强制开关　转到 ON 位置，对于允许的输入/输出点可以执行强制；转到 OFF 位置，清除所有强制，并且不能做任何强制。

3）LED 状态指示　绿色表示正常；红色表示检测到 BKM 故障或电池电量低。

5. IO 背板及其卡件

每个 IO 背板上有 21 个安装槽位，从左到右的 18 个槽位可以用于安装 IO 卡件，第 19 个槽位为空位。最后两个用于安装 IO 总线。

IO 背板有冗余和非冗余之分，在冗余的 IO 背板上，从第一个卡槽开始，每相邻的两个卡槽上安装的是相同的卡件。而且冗余的 IO 背板上，最后两个（即 20、21）卡槽用于安装 IO 总线，而非冗余的背板上只有第 21 个卡槽用于安装 IO 总线。图 9-5 为一个非冗余的 IO 背板示例。

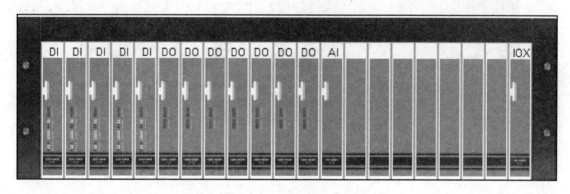

图 9-5　IO 背板及其卡件

9.1.2　Safety Manager 编程组态

Safety Builder 是 SM 控制器的编程软件。该软件有离线（off-line）和在线（on-line）两个功能。其中离线功能是用于网络组态和程序编辑；在线功能主要提供一个用户接口界面，进行程序下载。其功能简介见表 9-2。

表 9-2　Safety Builder 功能简介

	工　具	功　能
离线功能	（Network Configuration）网络组态	定义 Safety Manager 的网络及其相应的网络位置
	（Hardware Configuration）硬件组态	定义 Safety Manager 机柜、背板、卡件类型和位置
	（Point Configuration）点组态	建立并设定当前系统中所有点的属性
	（Application Editor）应用程序（FLD）组态	设计功能逻辑图（FLD）
	（Application Compiler）应用程序编译器	校验组态程序的语法、完整性、一致性，编译组态文件为可下载的机器文件

（续）

工　具	功　能
在线功能	（Controller Management）控制器管理	下载机器文件到控制器中，并实时查看诊断信息和系统状态
	（Application Viewer）程序查看器	当程序正确下载并运行时，用于监视 FLD 内的实际值，在强制使能的情况下，还可在此强制一些点的值

1. 网络组态

网络组态中可以定义网络中所有组件的物理/逻辑网络属性。

（1）创建物理网络

创建物理网络的时候，首先在 Safety Manager Controllers 内创建一个工作站，再依次创建 SM 控制器所有的物理连接，包括 Safety Builder 编程、服务器 PKS、上位机和通信连接的控制器。图 9-6 为某站场的物理网络结构图。

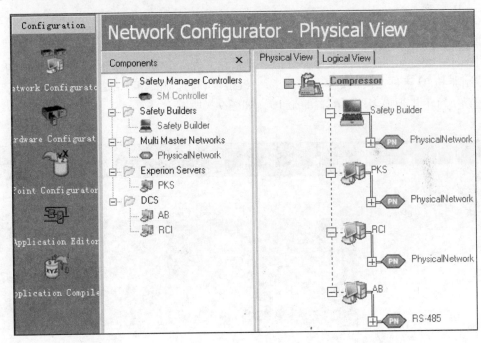

图 9-6　某站场的物理网络图

（2）创建逻辑网络

创建逻辑网络时，先切换到 Logical View 界面中。然后，单击工具栏中的 Generate Logical View 图标，如图 9-7 所示，再按提示操作即可自动生成一个与物理网相对应的逻辑网络。

另外一种创建逻辑网络的方式是手动一个个实际添加，右键单击 Logical View 界面的内容，如图 9-8 所示。选择 Add Logical Connection，然后依次选择相应的 Node Id、Peer Id 和协议，后面各项即自动填充，需要注意与 AB 控制器通信协议为 Modbus 协议、与 Safety Builder 通信协议为 Safety Builder。

图 9-7　逻辑网络图标

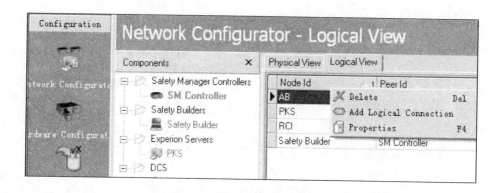

图9-8　添加逻辑网络图

2. 硬件组态

在最左侧选择并单击左侧功能树 Configuration 下的 Hardware Configurator 图标，开始进行硬件组态。在硬件组态中，可以选择机柜、机架和卡件。一套 SM 系统最多由 4 套系统柜组成，控制器和 IO 卡件之间的最大距离是 2 个机柜。SM 控制器和 IO 通常从机架的第二个槽开始配置，每个机柜最多可以配置 8 个 IO，如图9-9所示。

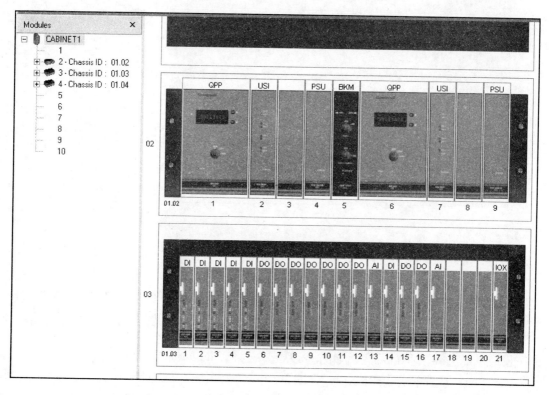

图9-9　硬件组态图

配置 IO 卡件。配置之前，需要设置 IO 卡件的属性。以某压气站为例 SM 系统为非冗余 IO 配置。单击 Configure，选择控制器属性。

在弹出的对话框中，前两个标签是关于系统的相关信息，包括温度报警上下限、工作模式等，只需默认就可以。在 IO bus configuration 中，需要配置 IO 总线的构架，即是否冗余。配置非冗余顺序从 4→1，从非冗余到冗余顺序则为 1→4。以某压气站为例 ESD 系统使用的是非冗余的 IO 配置，需要依次将各个 IO 总线设置为非冗余如图 9-9 所示。

配置完之后，就可以按实际情况分配 IO 了。

3. 配置点

SM 系统的控制程序是通过 FLD 来编写的。FLD 是使用逻辑功能块连接输入信号和输出信号的集合体，如图 9-10 所示。每一个应用程序最多包含 2500 页 FLD。在画 FLD 时，一定要在每类程序之间预留 2～3 页的空白页，以便修改时不必更改其他 FLD 的页码，如图 9-11 所示。建议使用以下推荐的 FLD 页码分配：

- 页 1　　　　　　　　Cover sheet；
- 页 2～9　　　　　　　FLD index；
- 页 10～29　　　　　　Tag number index；
- 页 30～49　　　　　　Legend of symbols；
- 页 50～99　　　　　　System utilities；
- 页 100～1999　　　　Program blocks；
- 页 2000～2049　　　　Function blocks&Equation blocks。

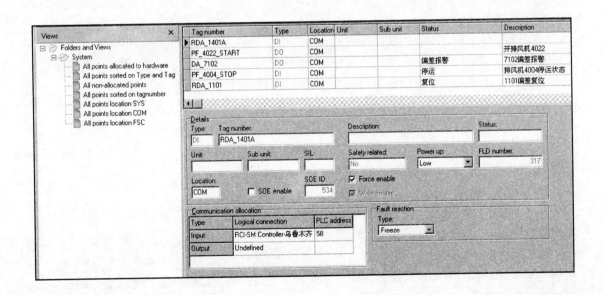

图 9-10　点表属性图

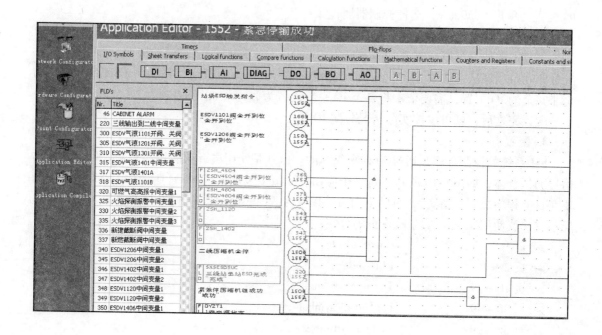

图 9-11　程序编辑图

4. 编译程序

编写好的程序不能直接被 SM 控制器识别并执行，需要将用 FLD 编好的程序编译成可执行的机器代码。

程序编写好之后，单击左侧功能树 Configuration 下的 Application Compiler 图标，即可进行程序编译。在编译过程中，会同时生成一个编译报告。报告中包括编译的一些系统信息。同时有警告和错误提示。通过查看错误和报警可以对程序进行修改和完善。

5. 程序下载

首次连接使用的是 232 串口。使用左端的第一组串口中的最后一个串口进行下载。首次下载之前应先清空 CP1 和 CP2，清空方法为：先关闭 CP1 和 CP2，然后按住向上键，将开关打到 IDLE，直至显示 Release 131.5，并且查看显示 SYS 0 即清空完毕。

6. 程序在线测试

程序正常下载完成后，即可单击左侧功能树 On-Line 下的 Application Viewer 图标，进入 FLD 页面，实时查看编辑的 FLD 程序。

在应用程序查看器中还可以对数据量进行强制给值，测试逻辑。并能通过 I/O 模块上的状态指示灯查看各相应硬点的状态变化，还能通过上位机和下位机查看一些通信点的状态变化，查看是否符合逻辑。

7. SM 编程组态时注意事项

1）SM 系统会自动保存文件，但是在更改文件路径之后，程序会出错，建议不要轻易更改文件路径。否则，只能删除文件之后重新打开，甚至是重新开始创建。因此，建议不定时

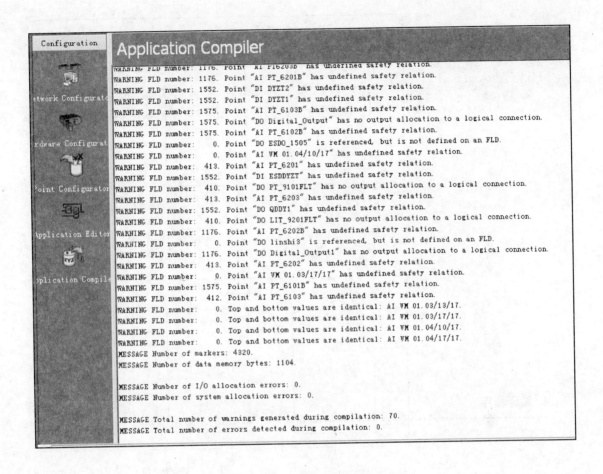

图 9-12　程序编译图

备份文件。程序编译图如图 9-12 所示。

2）系统中不同的数据点的故障响应有所不同。硬件组态时，与实际相对应的是非冗余的 IO 配置。与此对应需要在硬件上选择合适的短接端子，即检查在适当的 IO 总线上选用的是否为 TERM-0001 型的短接端子。

3）有关串口的使用规则　初次下载程序时使用的 1C 串口，其在串口模块上所处的位置是 1F-WCOM1 的 232 串口上；与 PLC 进行通信的 485 串口分别为 1D 和 2D，分别在 1F-WCOM2 和 1F-WCOM3 的第一个 485 串口上。

9.2　PLC 与 ESD 控制系统的通信说明

以某站场为例，站场控制系统采用的是罗克韦尔公司的 ContolLogix 系列控制器，ESD控制系统使用的是 Safety Manager，逻辑控制 PLC。与 ESD 系统借助 AnyBus 网关通信，通过 ControlNet 网，实现过程控制系统和 ESD 系统的通信，如图 9-13 所示。

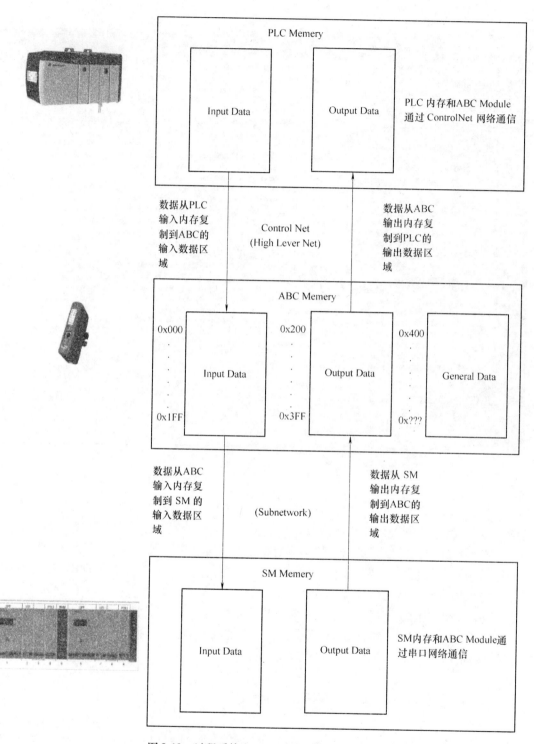

图 9-13 过程系统和 ESD 系统通信说明

9.2.1 AnyBus Configuration 软件中的配置

1. AnyBus Configuration 数据概述

AnyBus 模块对于 SM 控制器来说是主站,所以 AnyBus Configuration 中的 Read 即 AnyBus 模块从 SM 控制器中读数据;而 Write 即 AnyBus 模块将数据写入 SM 控制器中。

AnyBus 模块的内存缓冲区作为一个中间的数据交换区域,实现主网和子网之间的数据交换。根据功能的不同,可以将内存缓冲区分为输入数据、输出数据和系统数据三个区域,如图 9-14 所示。

1) 输入数据 这里储存的数据是从主网中读取的,最多能储存 512 个字节。

2) 输出数据 这里储存的数据是向主网中写入的,最多能储存 512 个字节。

3) 系统数据 这个区域不能和主网进行数据交换,只能和各个节点子网的数据进行交换。它的实际大小取决于子网上交换的数据量。AnyBus 最多可以处理 1024 字节的数据。

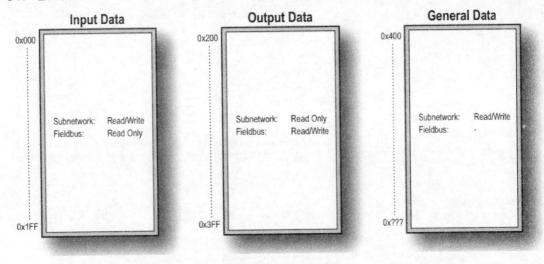

图 9-14 SM 数据分配

输入和输出数据区域可以容纳两种类型的数据:I/O 数据和参数数据。参数数据中存储的则是一些系统信息,而 I/O 数据是用户用来使用的实际变量值,其大小需要用户自己定义。I/O 数据包含两个部分:2 个字节的触发条件和用户定义的数据。

AnyBus Configuration 软件的基本说明:

(1)现场总线

选择通信使用的网络类型和用户要使用的 I/O 数量,如图 9-15 所示。其中 I/O 的数量可以选择 Automatic 或是 User defined。

Automatic 表示:所有数据将被表示为 I/O 数据。

User defined 表示:用户自行设定 I/O 的输入、输出地址,其余的地址用于参数数据的存储。

(2)通信配置

通信配置设置一些串口信息、模式等信息,如图 9-16 所示。

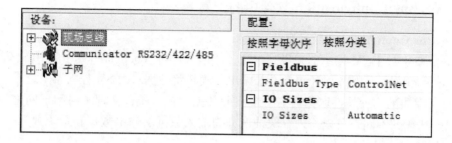

图 9-15　现场总线说明

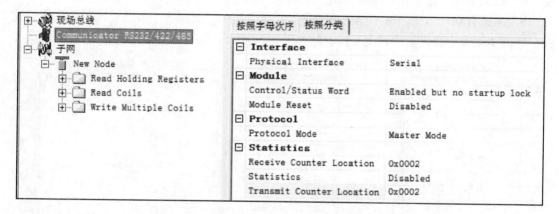

图 9-16　通信属性配置

Physical Interface 表示此模块支持的物理端口，这里一般就是串口连接即为 Serial。
Control/Status Word 的信息说明见表 9-3。

表 9-3　Control/Status Word 说明

选　项	描　述	补充说明
Enabled	控制和状态寄存器使能	控制寄存器中的"有效数据"必须经过设置才能启动子网络通信
Enabled but no startup lock	控制和状态寄存器使能	不需要设置"有效数据"，就能启动子网络通信
Disabled	禁止控制和状态寄存器使能	

Module Reset 的信息说明见表 9-4。

表 9-4　Module Reset 说明

选　项	描　述	补充说明
Enabled	模块重启使能	当产生错误时,模块自动重启,并清错
Disabled	禁止模块重启使能	当产生错误时，模块停止运行，并显示错误

Protocol Mode 协议模式见表 9-5。

表 9-5　Protocol Mode 协议模式

选　项	描　述	补充说明
Generic Data Mode	适用于 Produce & Consume 模式	一般要求 AnyBus 网关和子网设备是主从关系
Master Mode	适用于 Query & Response 模式	要求只有一个主站,可以有多个子站,适用于 ControlNet 网络
DF1	适用于 DF1 模式	要求 AnyBus 网关作为主站,使用半双工运行模式

　　Statistics 一般是在测试时使用的，所以一般是禁止。

　　（3）地址查询

　　数字量和模拟量都可以进行读、写操作。读、写操作区都会分为 Query 和 Response 两个数据分配区，如图 9-17 所示。对于读操作来说，数据是从 SM 控制器流向 AnyBus 模块，所以 Query 是 SM 控制器中的地址设置，而 Response 为 AnyBus 模块的地址分配。写操作正好和读操作相反。

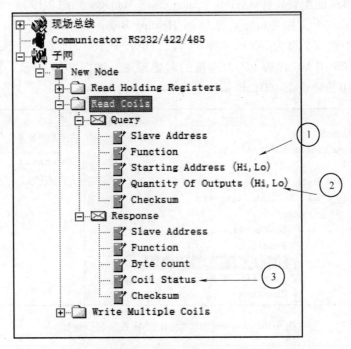

图 9-17　读、写配置说明

　　1）起始地址（Starting Address）　此处存贮的是 SM 控制器中地址的起始地址。

　　注：地址填写使用十六进制进行填写。

　　2）数据长度（Quantity Of Outputs）　此处存贮的是数据个数。

　　注：数据个数填写使用十六进制进行填写。

　　3）线圈状态（Coil Status）　RSlogix 5000 中地址分配，如图 9-18 所示。

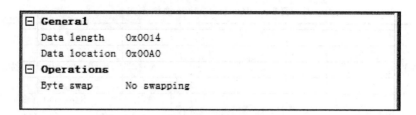

图 9-18　RSlogix 5000 中地址分配说明

Data length：数据长度如图 9-18 所示为 20 个字节。

Data location：数据偏移量，如图 9-18 所示其数据偏移量为 160 个字节，由于对于 run/idle Header 占了 4 个字节，所以其地址的偏移应为 164 个字节。用户使用的数据存储应从 RSlogix 5000 中的 Data［82］.0 开始。

以某压气站为例，介绍如何查找 SM 控制器中的 ZSH_1101 变量，在 RSlogix 5000 中，对应哪个变量地址。

1）ZSH_1101 变量在 SM 控制其中的 PLC address 是 460。

2）打开 AnyBus 的配置软件 AnyBus Configuration Manager 如图 9-19 所示，打开左侧功能树，"子网"下边有三个文件夹，分别为 Read Holding Registers，Read Coils，Write Coils，要查找的变量是一个数据类型为 BOOL 的变量所以，单开 Read Coils，其中 Query 下边的 Starting Address 中的"00x01A0"代表 SM 中变量的起始地址，如图 9-19 所示，转化成十进制为 416。而 ZSH_1101 的地址是 460，即偏移量为 44。

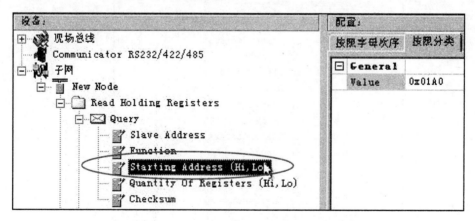

图 9-19　AnyBus 中读数据的 SM 数据起始地址

其中 Response 下的 Coil Status 中 Data location 是 AB 软件中的数据偏移量，如图 9-20 所示，加上其他偏移量，所以 AB 中的起始地址是 ABC1：I. Data［82］.0。

根据 44 偏移量可算出，ZSH_1101 对应的 AB 中的变量是 ABC［84］.11。

某压气站西二线的 ESD 系统使用的是 HoneyWell 公司出品的 Safety Manager 软件。其程序主要包含了 ESD 阀的控制，如何产生 ESD 信号以及产生 ESD 信号后各设备应有的动作。

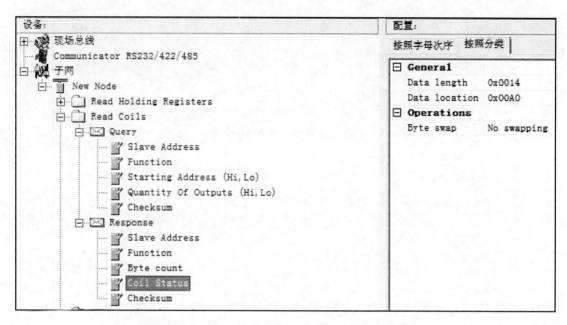

图 9-20　AnyBus 中读数据的 RSlogix 5000 中的地址说明

9.2.2　AnyBus 通信在 RSLogix 5000 中的配置

虽然 AnyBus 属于第三方通信模块，但是它支持 CotrolNet 网络协议，所以可将其作为一个节点组入 CotrolNet 网络中。

步骤如下：

1）在 New Module 中选择"controlnet module"。

2）在弹出的对话框中添加组态参数，如图 9-21，图 9-22 所示。

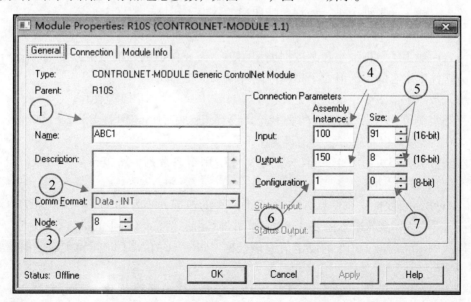

图 9-21　AnyBus 在 RSlogix 5000 中组态参数(一)

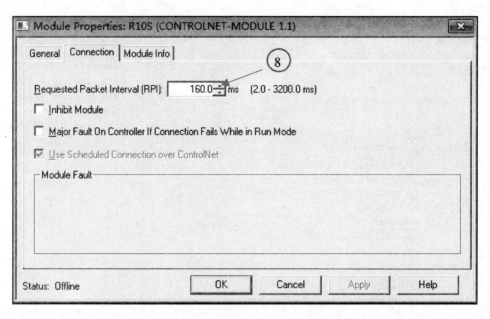

图 9-22　AnyBus 在 RSlogix 5000 中组态参数(二)

参数说明：

①模块名称。

②数据类型：本例中选择的数据类型是 INT 型，说明此模块数据区是以 16 位为一个数据元素，进行数据存储的。

注：当数据类型确定后，无法修改。如果要进行修改只能重新组态。

③节点号：AnyBus 模块作为 ControlNet 网中的一个节点，需要给其分配一个空闲节点。

④实体集合数输入为 100，输出为 150 是固定值。

⑤输入，输出的数据大小：根据实际使用的数据大小填写数据大小。

注：

· 输入、输出的数据大小和其数据类型相关，需要保证输入的数据总和与 AnyBus Configuration 软件中组态的输入值大小相同。同理输出也要如此。

· 输入数据的前 4 个字节需要分配给 run/idle Header，用户不能使用。

⑥组态实例值：本来 AnyBus 模块不需要设置组态实例值，但是 RSlogix 5000 软件此处值不能为 0，所以可以将组态实例值设为 1。

⑦组态数据大小：由于 AnyBus 模块不需要引用组态数据，所以不用再 RSlogix 5000 中给其组态信息分配存储区。

注：AnyBus 模块的组态信息 ABC1：C. DATA 的数据大小为 SINT[400]，而⑦中设置的组态数据大小为 0，意味着不需要 AnyBus 模块将其组态信息传输到 RSlogix 5000。

⑧模块的 RPI 时间：RPI 的设定值应该根据 CntrolNet 的 NUT 时间和实际数据需要的采集时间设定。

3）导入 AnyBus 模块的触发子例程，再进行 CtrolNet 网络优化，即可完成 AnyBus 在 RSlogix 5000 软件中的配置。

9.3　ESD 保护系统

9.3.1　站场 ESD 保护系统

站场 ESD 紧急停站的触发条件有站场任一 ESD 按钮触发，中心下发 ESD 命令，压缩机厂房同一区域两个或两个以上火焰探测器报警。以上条件触发并且站场未处于 ESD 休眠状态时，将执行站场 ESD 紧急停站流程。当站场进行正常维检修作业时，为了防止 ESD 信号误触发，站场可以通过上位机下发 ESD 休眠命令，这样即使现场触发了全站 ESD 条件，也不会执行全站 ESD 紧急停站流程。

站场的 ESD 休眠和解除休眠是依靠自定义功能块实现的。ESD 休眠命令只能由站场控制，当发出 ESD 休眠命令时，整个压气站进入了 ESD 休眠状态，如图 9-23 所示。此时任何信号触发全站 ESD 都不会被响应。站场在进行维检修作业时，为避免 ESD 误触发，可以将系统置于 ESD 休眠状态。作业结束时，确认 ESD 系统状态正常后应及时解除 ESD 休眠状态。解除 ESD 休眠状态同样由站场进行控制，如图 9-24 所示。无论是站场 ESD 休眠命令，还是站场解除 ESD 休眠命令，在触发 2s 后都会自动解锁。

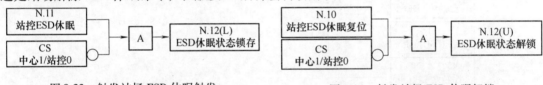

图 9-23　触发站场 ESD 休眠触发　　　　图 9-24　触发站场 ESD 休眠解锁

站场 ESD 紧急停站触发后，当确定了触发原因并解决完存在的问题后，站场需要重新启站，此时必须先复位站场的 ESD 触发状态，站场的 ESD 复位命令如图 9-25 所示。ESD 触发状态可以被全站综合复位和 ESD 复位命令复位，在站控状态下必须由站场下发这两个命令，在中控权限下则只能由中心下发命令。这两种复位的区别是，ESD 复位命令仅复位 ESD 触发状态，全站综合复位命令还可以复位其他如设备故障等异常状态。来自

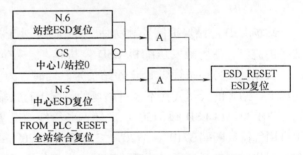

图 9-25　触发站场的 ESD 复位

PLC 的综合复位命令、站控 ESD 复位和中心 ESD 复位指令都在触发 2s 后自动解锁。

ESD 全站停站的触发条件包括工艺站场的 5 个 ESD 触发按钮(站内工艺装置区及压缩机厂房外巡检道路上设置多个站场 ESD 按钮，用于巡检人员在现场发生火灾或紧急事故时，人工触发站场 ESD 程序)、站场控制室和机柜间各有一个 ESD 触发按钮，当这些按钮有任意一个触发延时 0.5s 后，站场在没有 ESD 休眠的状态下，将进行 ESD 全站停站流程。ESD 全站停站触发条件还包括中心下发 ESD 命令、联合运行时另一条管线的 ESD 触发命令、火焰探测器报警触发的全站 ESD 信号。当 ESD 触发时，ESD 报警指示灯和机柜门指示灯亮起，

如图 9-26 所示。

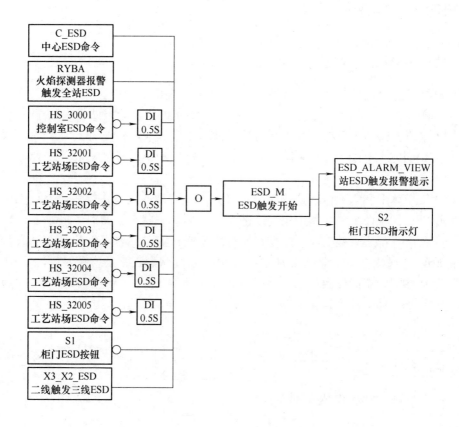

图 9-26　站场 ESD 的触发条件

　　站场 ESD 停站保护信号触发时，若站场未处于 ESD 休眠状态，则站场就进入了 ESD 停站保护流程。站场触发压缩机 ESD 停机信号、停运厂房风机命令和同一站场内一条管线 ESD 联锁触发另一条管线 ESD 停站信号。同时，为不影响天然气的输送，打开越站阀 31101 使从上一站来的天然气在不经过站场的情况下直接输送到下一压气站，关闭站场的入口 ESD 阀 31201 和出口 ESD 阀 31301，关闭两条管线的工艺联络阀 1601 和 1602、4501 和 4502，关闭自用气撬截断阀 37107、37207、37109 和 37209，如图 9-27 所示。站场的进口阀和出口阀全关到位后，打开站场工艺区放空阀；自用气撬进口截断阀或出口截断阀全关到位后，打开自用气撬放空阀，将站场天然气紧急放空，如图 9-28、图 9-29 所示。

　　当站场的越站阀全开到位，站场工艺区三个放空阀（31206、34502、34603）全开到位，站场自用气撬放空阀（37105）全开到位，并且压缩机组都处于停止状态时，则判断 ESD 紧急停站成功，如图 9-30 所示。否则，在触发 ESD 信号后 10min 计时结束后，判断 ESD 紧急停站失败。ESD 紧急停站成功后，发出切断站场用电命令（有些站场还配有发电机，此时还发出发电机停运命令）。

　　站场的 ESD 停站流程如图 9-31 所示。触发全站 ESD 紧急停站会联锁压缩机 ESD 紧急停机，紧急停机的控制流程见下一节。

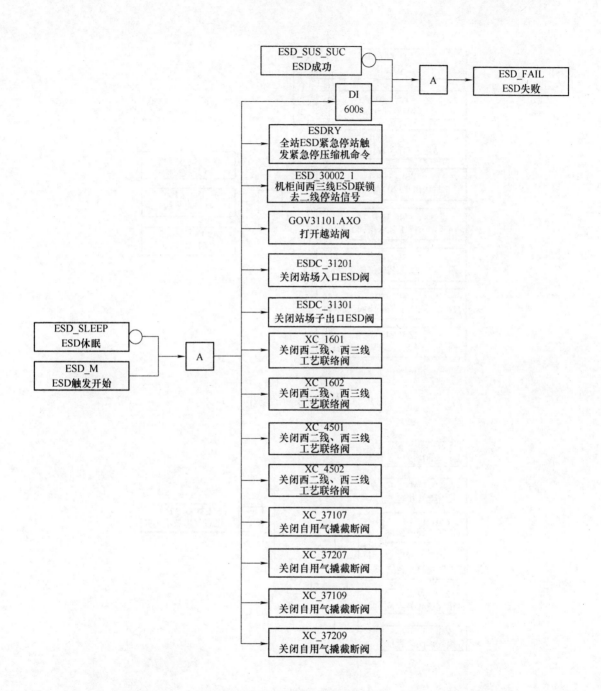

图 9-27　ESD 触发后的动作(一)

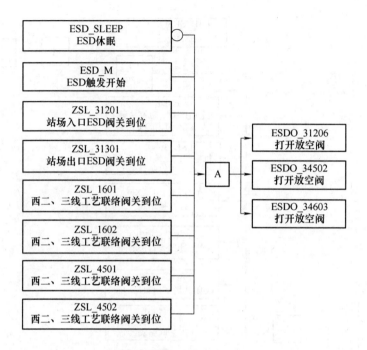

图 9-28　ESD 触发后的动作（二）

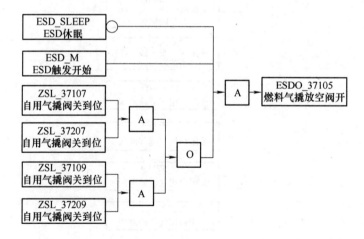

图 9-29　ESD 触发后的动作（三）

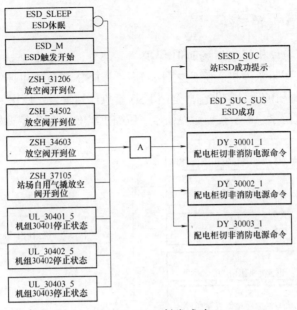

图 9-30　ESD 触发成功

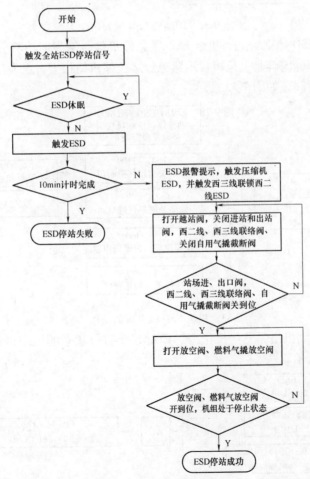

图 9-31　站场 ESD 停站流程图

9.3.2 压缩机 ESD 保护系统

压缩机组 ESD 紧急停机属于站场 ESD 保护的一部分，当触发全站 ESD 紧急停站时，会联锁触发压缩机组 ESD 紧急停机。除此之外，压缩机 ESD 紧急停机还有其他的触发条件。

压缩机 ESD 紧急停机的触发条件包括全站 ESD 紧急停站触发、厂房两个或两个以上可燃气体高高报警、压缩机厂房紧急停机按钮触发信号。压缩机组 ESD 触发逻辑如图 9-32 所示。

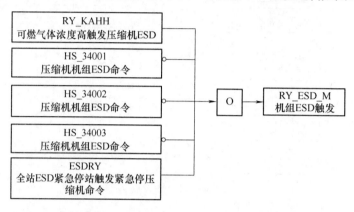

图 9-32　压缩机 ESD 触发命令

当站场不处于 ESD 休眠状态，机组 ESD 紧急停机信号触发时，将分三部分执行紧急停机保护逻辑。第一部分内容是上位机显示紧急停运压缩机组报警，触发厂房声光报警和关闭压缩机组燃料气截断阀，如图 9-33 所示。

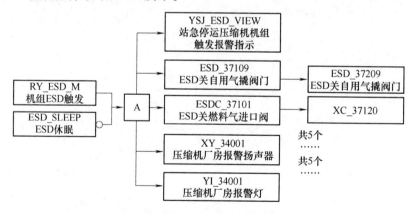

图 9-33　机组 ESD 触发后的动作(一)

第二部分执行压缩机组紧急停机指令，即对处于运行状态的压缩机组输出 ESD 紧急停机命令，如图 9-34 所示。

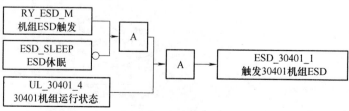

图 9-34　机组 ESD 触发后的动作(二)

　　第三部分为厂房通风系统联锁动作部分。此时需考虑两种情况，若紧急停机是由全站 ESD 紧急停站命令触发，则关闭全部风机如图 9-35 所示；若紧急停机是由机组 ESD 按钮或可燃气体高高报警触发，则联锁打开全部风机，如图 9-36 所示。

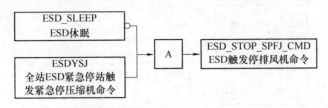

图 9-35　机组 ESD 触发后的动作（三）

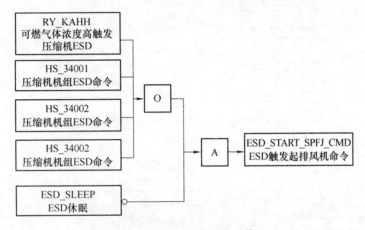

图 9-36　机组 ESD 触发后的动作（四）

　　合建站场的压缩机组既可以单独运行，也可以联合运行。联合运行状态由中心或站控发出的联合单体切换信号决定。当西三线处于单独运行状态时，只要该管线全部压缩机组停机，则判断压缩机 ESD 紧急停机成功，如图 9-37 所示。

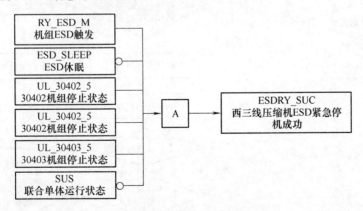

图 9-37　压缩机 ESD 触发成功

　　当处于联合运行状态时，需要判断两条管线全部压缩机组停机，才认为联合运行压缩机组紧急停机成功，如图 9-38 所示。

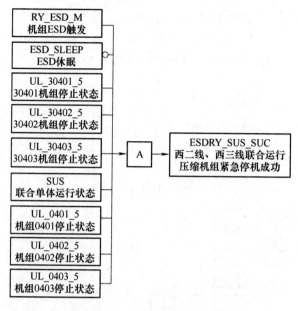

图 9-38　联合运行压缩机 ESD 触发成功

压缩机 ESD 保护系统流程，如图 9-39 所示。

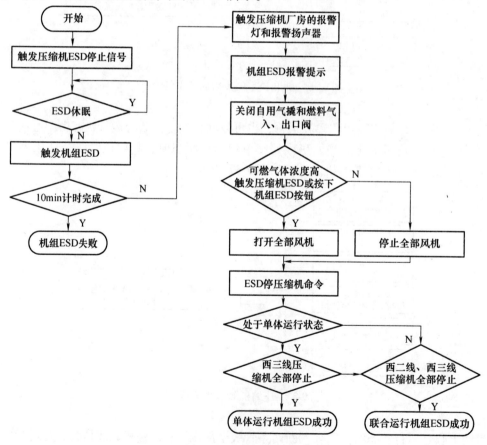

图 9-39　压缩机 ESD 流程

第 10 章

PID 分输系统

- 日指定系统
- PID 分输系统

压气站在天然气运输中除起到增压、过滤作用外，部分压气站还具有分输功能，即可向当地城市提供天然气，满足供气需求。以某压气站为例，该压气站向两个站场分输天然气，天然气站内经过滤分离器后，如果有分输要求，站场将会打开相应阀门，并根据流量要求控制阀门阀位的大小。

10.1　日指定系统

日指定，指的是每日早上八点，对分输累计总流量进行清零，重新计数，调控中心会重新设定每日分输总量，当流量累计值大于调控中心给分输管线指定天然气总量的95%时，会在上位机上显示报警。

为了实现日指定功能，程序利用GSV指令获取系统时间，并存储到相应变量中，参与逻辑运算，如图10-1所示。

每日早上8点，系统会自动实现"清零"，即将去往某分输站流量累加值归0，然后中心会通过上位机设置今日去往该分输站的流量值，系统实现按小时累计流量功

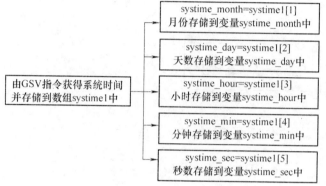

图 10-1　获取系统时间

能，当累计流量大于日指定流量设定值的95%时，会产生报警信号。如图10-2所示。

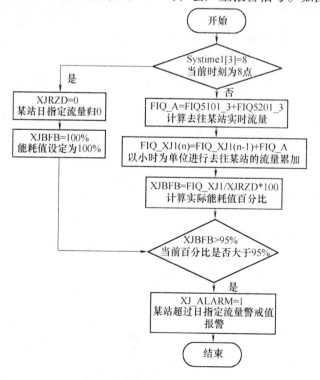

图 10-2　能耗值百分比计算

当停止分输时，需要关闭相应阀门，图 10-3 所示为某分输区管线截断分输。

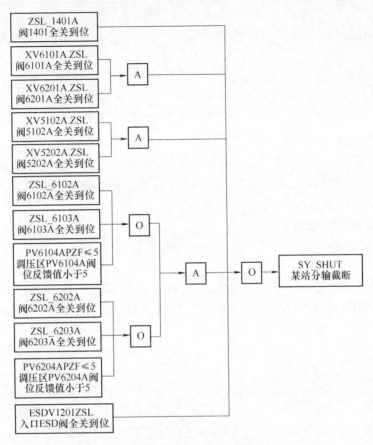

图 10-3　某分输管线截断

去往红雁南末站分输流程逻辑与某站相似，这里就不在赘述了。

10.2　PID 控制系统

　　PID 功能块主要针对分输工艺而编制，可实现手动调节、自动调节，并且可调节分输天然气的压力及流量，具体调节方式由现场工艺决定。下面主要介绍 PVPIDPF 功能块的控制逻辑，见表 10-1。

表 10-1　PVPIDPF 功能块的控制逻辑

变量名	描　述	变量名	描　述
PSP	阀门的压力调节设定值（中间变量）	N7.0	中心压力 0/流量 1 调节 切换命令
FSP	阀门的流量调节设定值（中间变量）	N7.1	中心手 0/自动 1 命令
FWSP	阀门的手操值（中间变量）	N7.2	站控压力 0/流量 1 调节 切换命令
PZF	阀位反馈信号	N7.3	站控手 0/自动命令 1
PZC	阀位命令	N7.4	压力调节 0/流量调节 1
XS	远程 0/就地 1	N7.5	PID 手 0/1 自动命令
XUS	阀故障 0/无故障 1	N7.6	高流量保护
FV	流量过程值	N7.7	高压保护
CV	PID 模块控制值输出	N7.8	低压保护

（续）

变量名	描述	变量名	描述
PV	压力过程值	N7.9	压差过大保护
PFSPH	流量高限值	N7.10	流量差过大保护
PFSPL	流量低限值	N7.11	调压区 PV 阀开到位
HPSPH	压力高限值	N7.12	调压区 PV 阀关到位
HPSPL	压力低限值	N7.13	1：没故障，0：有故障
—	—	N7.14	调压区 PV 阀就地 0：远控：1

1. PID 控制变量

当处于站控模式时，将站控压力、流量和手操值放到临时变量中，同时将该值赋予中心设定值。当处于中心模式时，将中心压力、流量和手操值放到临时变量中，同时将该值赋予站控设定值，如图 10-4 所示。

2. 现场调节阀 PID 控制

现场调节阀 PID 控制分别自动、手动控制两种模式，另外 PID 调节方式分为压力和流量调节。

当分输调节阀没有故障，处于远控状态，PID 手动控制模式下，将临时手操值、FV 流量、PV 压力作为中心和站控的设定值，将阀位反馈作为 PID 的设定输出，将阀门手操值作为 CV 和阀位命令，如图 10-5 所示。

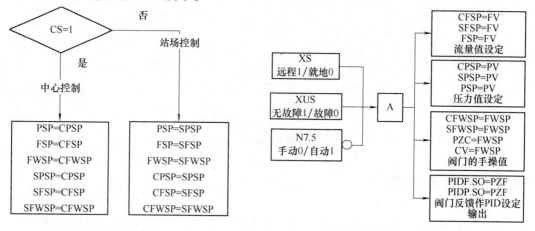

图 10-4　控制变量设定（一）　　　　图 10-5　控制变量设定（二）

当阀门处于远程模式，并且没有故障，PID 处于自动时，判断 CV 是否在阀门上下限开度值内。如果在，则将 CV 作为命令，同时将阀位反馈作为阀门手操值。当该阀门没有故障，并处于远程模式，且 PID 处于自动模式，阀门处于压力调节模式时，将 FV 流量值作为中心和站控的流量调节设定值；阀门处于流量调节模式时，将 PV 压力值作为中心和站控的压力调节设定值，如图 10-6 所示。

当调节阀处于故障状态或是就地模式时，将 FV 流量、PV 压力、阀门反馈值作为中心和站控的流量、压力调节设定值、手操值，将阀位反馈作为阀位命令，同时作为 PID 的 CV 输出，如图 10-7 所示。

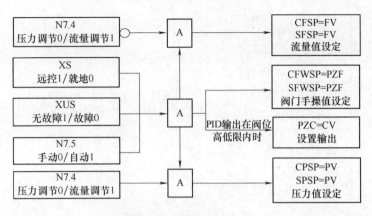

图 10-6　控制变量设定（三）

3. PID 手、自动模式下一些保护设定值的赋值

由图 10-8 可知，当 PID 控制模式为手动控制时，高压保护、低压保护和高流量保护三种模式均被禁掉。另外，当选择流量调节时，高流量保护模式禁掉；当选择为压力调节时，高压保护和低压保护均被禁掉。

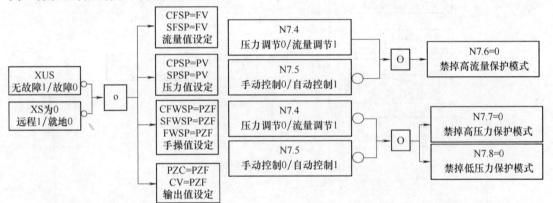

图 10-7　控制变量设定（四）　　　　　　　　图 10-8　压力调节及流量调节模式

当阀门处于 PID 自动状态，且处于压力调节模式，当流量 FV 超过保护流量设定值上限，持续 10s，锁定超流量保护，如图 10-9 所示。当阀门处于 PID 自动状态，且处于压力调节模式，且流量 FV 超过保护流量设定值上限，持续 10s 时，如果压力调节设定值小于 PV 压力且 FV 流量在上下限内，持续 10s 后，解锁超流量保护信号，如图 10-10 所示。

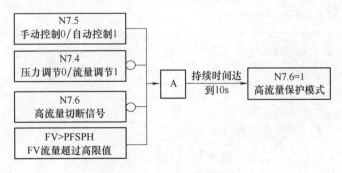

图 10-9　高流量保护触发

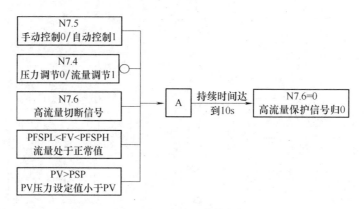

图 10-10　高流量保护解锁

当阀门处于 PID 自动状态，且处于流量调节模式，当压力 PV 超过保护压力设定值上限，持续 10s，锁定高压保护信号，如图 10-11 所示。

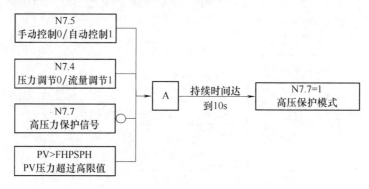

图 10-11　高压保护触发

当阀门处于 PID 自动状态，且处于流量调节模式，且压力 PV 超过保护压力设定值上限，持续 10s 时，如果流量调节设定值小于 FV 流量且 PV 压力在上下限内，持续 10s 后，解锁高压保护信号，如图 10-12 所示。

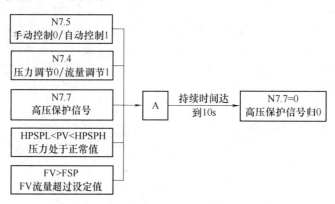

图 10-12　高压保护解锁

　　当阀门处于 PID 自动状态，且处于流量调节模式，当压力 PV 小于低压保护压力设定值下限，持续 10s，锁定低压保护信号，如图 10-13 所示。

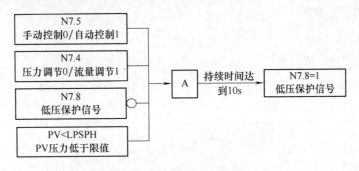

图 10-13　低压保护触发

　　当阀门处于 PID 自动状态，且处于流量调节模式，且压力 PV 小于低压保护压力设定值下限，持续 10s 时，如果 FV 流量小于流量调节设定值，且 PV 压力在上下限内，持续 10s 后，解锁低压保护信号，如图 10-14 所示。

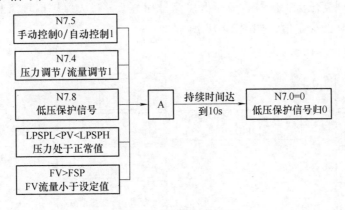

图 10-14　低压保护解锁

　　当 PID 处于自动状态，且处于压力模式时，计算压力值 PV 与压力设定值的偏差 DELTAP，当偏差大于 0.2 时，锁定差压过大保护信号，如图 10-15 所示。

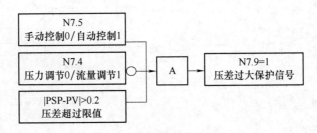

图 10-15　压差过大保护

当 PID 处于自动状态，且处于流量模式时，计算流量值 FV 与流量设定值的偏差 SUBF，当偏差大于 500 时，锁定流量差过大保护信号，如图 10-16 所示。

4. 自动模式下的赋值

如果没有出现超流量保护信号和差压过大保护信号情况，则将压力设定值赋值给压力 PID 的设定值，如图 10-17 所示。

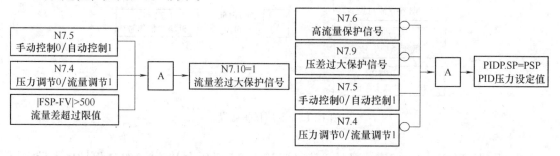

图 10-16　流量差过大保护　　　　　　图 10-17　PID 压力值设定

当有高流量保护信号时，则将流量设定值赋值给流量 PID 的设定值，如图 10-18 所示。

如果没有出现高压保护信号、低压保护信号和流量差过大保护信号情况，则将流量设定值赋值给流量 PID 的设定值，如图 10-19 所示。

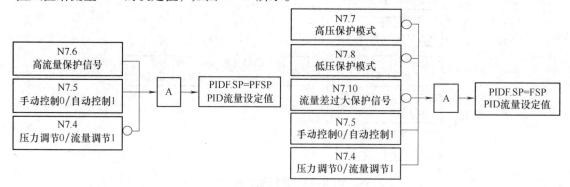

图 10-18　PID 流量值设定（一）　　　　　图 10-19　PID 流量值设定（二）

当有高压保护信号时，则将压力高设定值赋值给压力 PID 的设定值，如图 10-20 所示。

当有低压保护信号时，则将压力低设定值赋值给压力 PID 的设定值，如图 10-21 所示。

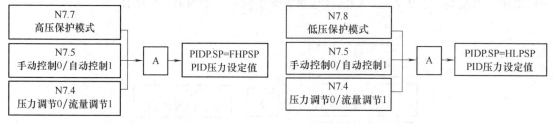

图 10-20　PID 压力设定（一）　　　　　图 10-21　PID 压力设定（二）

调用 PID 块进行控制。

该程序逻辑中含有两个 PID 功能块，分别为压力调节 PID，流量调节 PID，由图 10-22 可知，每种调节方式含有多种触发方式。

　　压力调节时，此时程序逻辑由 N7.6（高流量保护模式）决定调用哪一种 PID 调节，当流量未超出所设定的流量保护设定高限值 PFSPH 时，调用压力 PID 调节，压力设定值为 PSP，当调节过程中如流量超过流量保护设定高限值 PFSPH，则触发高流量保护模式，此时进入流量 PID 调节，设定值为流量保护设定值 PFSP，调节过程中，当压力反馈值 PV 大于压力设定值 PSP 且流量反馈值处于流量保护设定值高低限幅值（PFSPH，PFSPL）内时，退出高流量保护模式，再次进入压力 PID 调节。

　　流量调节时，两种 PID 调节方式的选择由压力反馈值决定，当压力反馈值 PV 大于 FHP-SP 时，进入高压保护模式，执行压力调节 PID，此时 PID 设定值为 FHPSP。当 PV 处于流量保护限幅值（HPSPL，HPSPH）范围内且 FV 大于 FSP 时，退出高压保护模式。当 PV 小于 FLPSP 时进入低压保护模式，执行压力调节 PID，此时 PID 设定值为 FLPSP，当 PV 处于流量保护限幅值（HPSPL，HPSPH）范围内且 FV 小于 FSP 时，退出低压保护模式。高压保护模式及低压保护模式均未触发时，执行流量 PID 调节，此时设定值为 FSP，如图 10-22、10-23 所示。

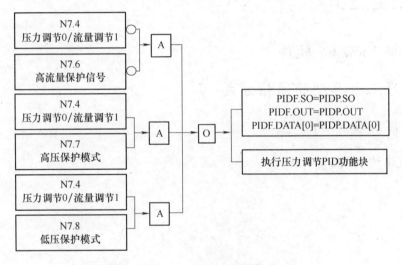

图 10- 22　PID 压力/流量调节（一）

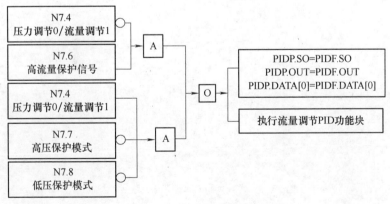

图 10- 23　PID 压力/流量调节（二）

第 **11** 章

组态软件 Viewstar 的使用

学习目标

- 掌握 Viewstar 软件
- 学习三种典型的通信方式
- 掌握数据库的建立
- 学习建立界面

本章主要以压气站天然气管道 SCADA 系统工程为背景，介绍上位机组态软件 Viewstar ICS 的实际应用。Viewstar ICS 是一种广泛应用于工业控制领域的图形化操作控制软件平台，主要具有以下功能：

- 现场工艺流程及参数状态显示；
- 针对特定事件或条件向操作员进行报警或提示；
- 通过鼠标、键盘等输入设备实现操作指令下达；
- 进行历史记录数据的归档，提供查询服务。

11.1 Viewstar ICS 概述

11.1.1 Viewstar ICS 软件架构

Viewstar ICS 软件架构如图 11-1 所示。

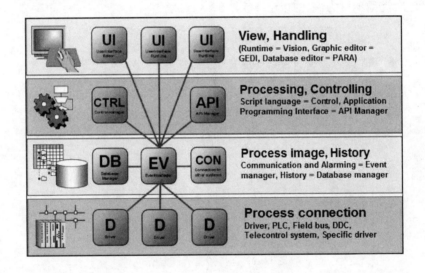

图 11-1 Viewstar ICS 软件架构

1）自上而下第一层为用户界面 UI，主要分为三部分：数据库管理员接口 PARA、系统工程师接口 GEDI，系统操作员接口 Vision。

2）第二层是内部语言控制器 CTRL 和通用编程接口 API。CTRL 管理器支持内置的脚本语言，不需编译即可实现内部算法和逻辑处理。API 是一个通用编程接口，允许软件开发人员调用 C++类库，通过编程实现预测、仿真、规划以及专有数据库等功能扩展。

3）第三层是中央处理中心事件管理器 CON，包括实时事件管理器 EV 和历史数据管理器 DB。

EV 是实时数据的管理中心，开展独立计算并实现报警的管理。

DB 为历史数据管理提供连接数据库，并支持用户对数据管理单元的查询。

4）第四层是 Viewstar ICS 驱动系统 Drivers，负责以特定模式实现与控制层面的通信。

11.1.2　项目控制台 Console

启动 Viewstar ICS 后，项目控制台 Console 会自动打开，如图 11-2 单击按钮，启动项目管理器（Project Administration）。

如图 11-3，在项目管理器（Project Administration）中单击新建按钮，创建一个 Viewstar ICS 项目。

图 11-2　启动项目管理器

图 11-3　创建 Viewstar ICS 项目

选择新建项目类型，项目类型包括：标准项目、远程界面项目、冗余项目、复制冗余项目、分布式项目、冗余分布式项目和远程驱动项目。

在此以标准类型项目为例，如图 11-4。

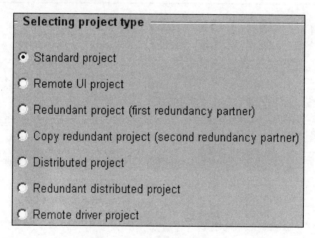

图 11-4　选择新建项目类型

输入项目名称（以 TEST_1 为例），选择项目语言（以英语为例），单击文件夹索引按钮，指定项目存储路径，如图 11-5 所示，即完成了项目的新建。

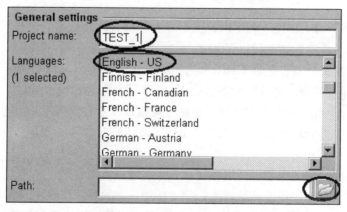

图 11-5　填写项目基本设置

每一个项目都由其项目控制台（Console）控制，在控制台中可以根据实际需求组态项目使用的各类组件。图 11-6 为新建项目"TEST_1"的默认控制台界面。

在 Project 区域内的按钮针对当前项目进行操作，如单击启动、停止项目按钮，项目包含的全部组件将依次启动或停止。

在 Manager 区域内，列出了项目包含的全部组件，区域右侧的按钮针对当前选择的组件进行操作，如启动、停止、重启和修改组件按钮，可以控制鼠标当前点选的某一指定组件。

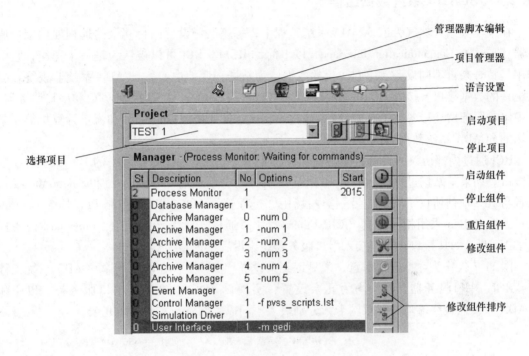

图 11-6　新建工程的控制台 Console

新建的项目控制台内已包含有多个默认组件：

1）Process Monitor　默认后台组件，负责监督协调其他组件的运行、操作和管理。

2）Database Manager　默认数据库管理组件，负责数据、报警状态变化的归档同时存储基础数据信息和预设值。

3）Archive Manager　默认的归档管理组件，由数据库管理组件统一控制和管理。

4）Event Manager　事件管理器，根据运行数据库的变化和指令生成、管理事件，并负责内部通信和消息分发。

5）Control Manager　控制处理单元，可以执行用户自定义的程序脚本，支持多线程控制。

6）Simulation Driver　仿真驱动管理器，用于工程调试组态过程中的仿真。

7）User Interface（GEDI）　系统工程师接口，提供了界面组态、数据库管理、通信组态和脚本编辑等多种组态调试接口。

11.2 Viewstar ICS 通信驱动

Viewstar ICS 支持多种通信驱动，其中最常见的为 IEC 104、OPC、Modbus 三种驱动。本节将以西气东输天然气管道 SCADA 系统工程为实例，介绍 IEC 104 通信驱动的应用，并对 OPC、Modbus 通信驱动的使用方法进行介绍。

11.2.1 SCADA 系统数据通信

在某压气站天然气管道 SCADA 系统工程中，每座站场设置两台冗余的远程通信接口服务器（Remote Communication Interface，以下简称 RCI）。RCI 可以被认为是一个黑箱，它的作用是整合来自不同设备、不同协议的数据，为站场和调控中心的 SCADA 系统监视终端提供统一的数据接口。接入 RCI 的数据主要来自过程控制 PLC、ESD 控制 PLC 和串口服务器，其中串口服务器连接各类第三方设备，如空气压缩机、UPS、Lineguard 和流量计算机等，某站场的 SCADA 系统数据通信结构如图 11-7 所示。

RCI 通过内部协议的转换，为站场和调控中心 SCADA 系统提供统一的 IEC 104 协议数据接口。如果某站场过程控制 PLC 和 ESD 控制 PLC 分别选用 ControlLogix 和 Safety Manager，二者与 RCI 通信协议不同。在另一类站场中，过程控制 PLC 和 ESD 控制 PLC 均为 ControlLogix，其与 RCI 采用相同方式（CIP Ethernet/IP）通信。所以该站场中，Lineguard 设备提供了 Modbus RTU 接口，直接接入串口服务器，未设置协议转换器。

图 11-7 仅作为数据通信示意，未显示冗余设置。实际上，在西气东输 SCADA 系统工程中，RCI、串口服务器、PLC 均为冗余设置，实现设备冗余；RCI、串口服务器、PLC 和 SCADA 系统监视终端均设置双网卡，分别接入不同以太网络，实现网络冗余。

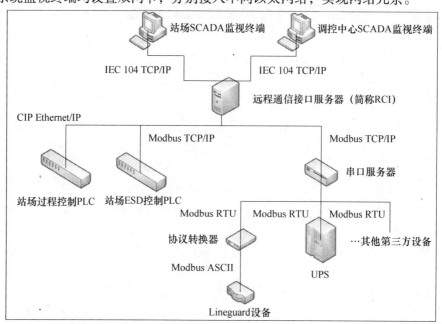

图 11-7 某站场的 SCADA 系统数据通信示意图

11.2.2 IEC 104 协议通信驱动

以 Viewstar ICS 和 RCI 通信为例,介绍 IEC 104 通信的建立过程。首先,在项目控制台中空白处右键,选择 Append a new manager,如图 11-8 所示。

添加 "IEC Driver" Manager,如图 11-9 所示。

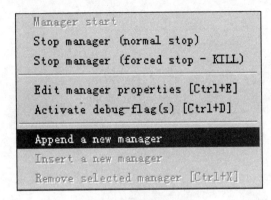

图 11-8 新建管理组件

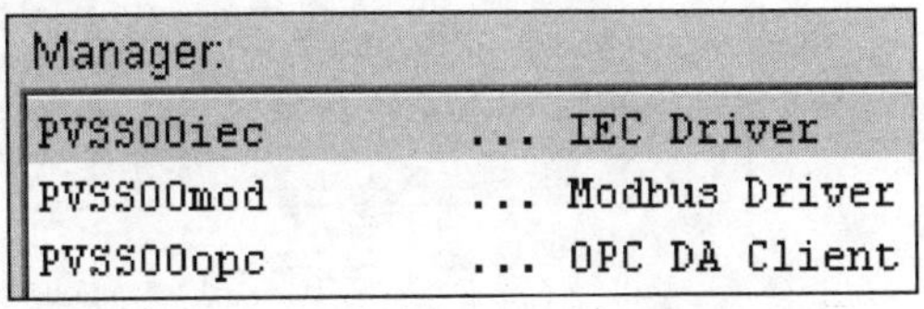

Manager:

PVSS00iec	... IEC Driver
PVSS00mod	... Modbus Driver
PVSS00opc	... OPC DA Client

图 11-9 选择 "IEC Driver" 管理组件

注意:在管理器中,需要对所有通信驱动指定 Options。本例中 IEC Driver 为第一个通信驱动,在 Manager 属性中,将 Options 指定为 -num 1,其余参数默认设置,最后单击 OK 按钮,完成组件新建,如图 11-10 所示。

IEC Driver Manager 添加成功后,在项目控制台的 Manager 区域内选择 IEC Driver,单击启动组件按钮,手动启动 IEC 驱动组件,如图 11-11 所示。

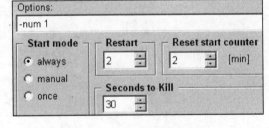

图 11-10 指定组件 Options

同样在 Manager 区域内,选择 User Interface(GEDI)组件,单击启动组件按钮,启动项目控制台工程师接口 GEDI,如图 11-12 所示。

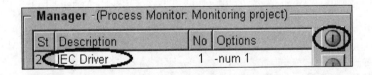

图 11-11 手动启动 IEC Driver Manager

在 GEDI 工程师接口界面中,单击 System Management 按钮,如图 11-13 所示。

在 Driver 选项内,选择 IEC Driver,如图 11-14 所示。

输入 IEC 驱动名称,单击新建按钮,创建一个新的 IEC 连接驱动,如图 11-15 所示。

在弹出窗口内,单击编辑按钮,打开 IEC 连接属性设置界面,如图 11-16 所示。

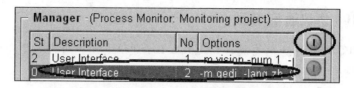

图 11-12　启动 GEDI 工程师接口组件

图 11-13　启动 System Management 组件

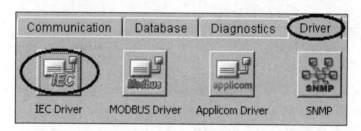

图 11-14　选择 IEC Driver 管理器

图 11-15　创建一个 IEC 连接驱动

　　以某站场 RCI 的 IEC 104 配置为例，Format 选择 104；Host 1 IP Address 填写此 RCI 的 IP
地址；Host 1 Port 填写 2404（注意此端口为默认端口，实际配置中需要根据从设备情况进行
设置）；Timeout 此处填写 10s；勾选 Connection 和配置的两个 Active 选框并保存。配置实例
如图 11-17 所示。

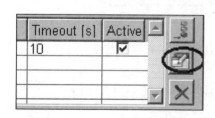

图 11-16　打开 IEC 连接属性设置界面

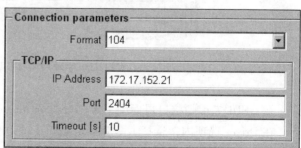

图 11-17　IEC Driver 属性配置实例

在项目控制台中，手动重启 IEC Driver Manager，回到图 11-15 所在的 IEC Connections 界面，Target 内选择刚刚建立的 IEC 连接驱动，如图 11-18 所示。

确认配置信息无误后，观察 Host 1 State 状态，如图 11-19 表示 IEC 通信连接成功。实际应用中的 IEC 104 协议支持逢变则报，可以有效降低网络数据流量，是 SCADA 系统监视终端的主要数据通信协议。

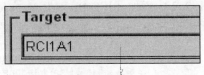

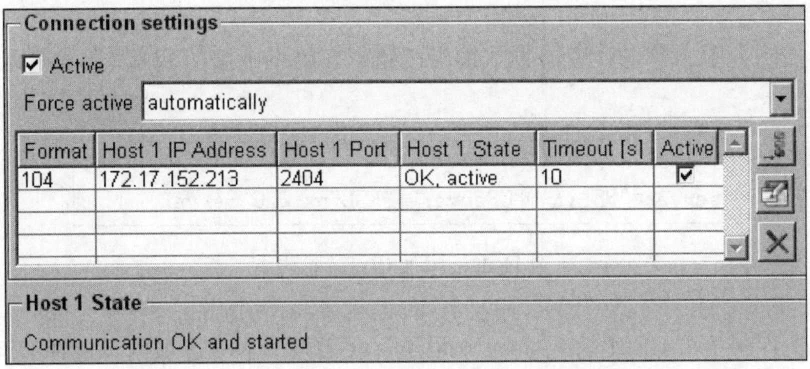

图 11-18　选择新建立的 IEC 连接驱动

图 11-19　某站场 RCI 与上位机 IEC Driver 连接实例

11.2.3　OPC 通信驱动

OPC 是 OLE for Process Control 的缩写，即把 OLE 规范应用于工业控制领域的一种标准的数据访问机制。Viewstar ICS 可以通过 OPC 机制与提供了该接口的其他系统建立通信。下面将以 Viewstar ICS 和 ControlLogix 系统建立 OPC 通信为例展开介绍。

ControlLogix 系统通过 RSLinx 建立 OPC 通信连接，首先需要对 RSLinx 进行配置。打开 RSLinx，在 ControlLogix 系统的 CPU 模块上单击右键，选择 Configure New DDE/OPC Topic 按钮，为新建的 OPC Topic 命名并配置数据刷新时间等参数，如图 11-20 所示。

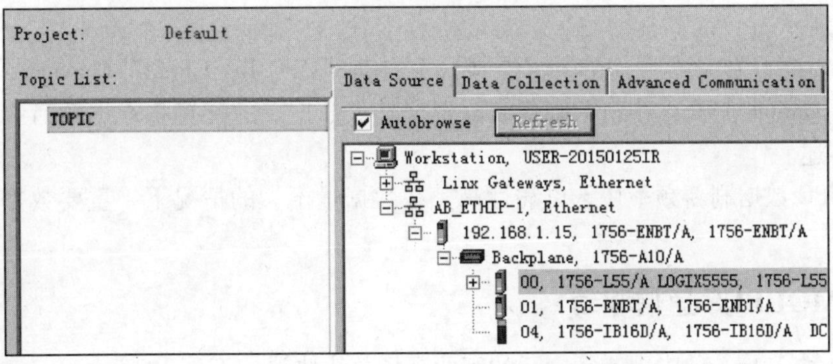

图 11-20　RSLinx 新建 OPC Topic

对 Viewstar ICS 进行配置，在项目控制台中添加"OPC DA Client"Manager，此步骤同 11.2.2 中添加"IEC Driver"Manager。因为此例中已有 IEC Driver 通信驱动，故将 Options 属性设置为-num 2，添加完成后如图 11-21 所示。

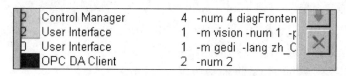

图 11-21　添加 OPC DA Client Manager

在项目控制台中，单击管理器脚本编辑按钮，在脚本中按图 11-22 所示写入 OPC 连接脚本。

```
[opc]
server="RSLinxOPCServer" "RSLinx OPC Server
```

图 11-22　添加 OPC 连接脚本

在系统工程师接口 GEDI 的 System Management 面板 Driver 选项内，选择 OPC Driver，新建 Sever 并选择 RSLinx OPC Server 作为 OPC Server，如图 11-23 所示。

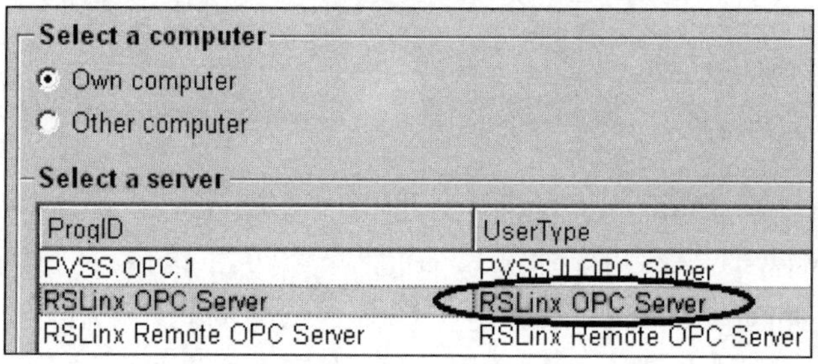

图 11-23　新建 OPC Sever

新建 OPC Server 保存退出后，新建 OPC Group。填写 Group 名称，Data Source 勾选为 Device，Status 勾选为 Active，Callback 勾选为 Enabled，并根据实际情况填写数据刷新时间，如图 11-24 所示。

OPC Driver 设置完成后，在项目控制台中启动"OPC DA Client"Manager，图 11-25 中数据 Last Update 时间开始刷新，则代表配置成功。数据点的配置将在本章后续数据库管理部分详细阐述。

由于 OPC 数据刷新频率快、可靠性高，在数据量不大的情况下，重要数据可以采用此通信方式。

11.2.4　MODBUS 通信驱动

Modbus 协议是一种应用非常广泛的工业现场总线协议，下面以 Viewstar ICS 采用 Modbus TCP/IP 通信驱动为例展开介绍。

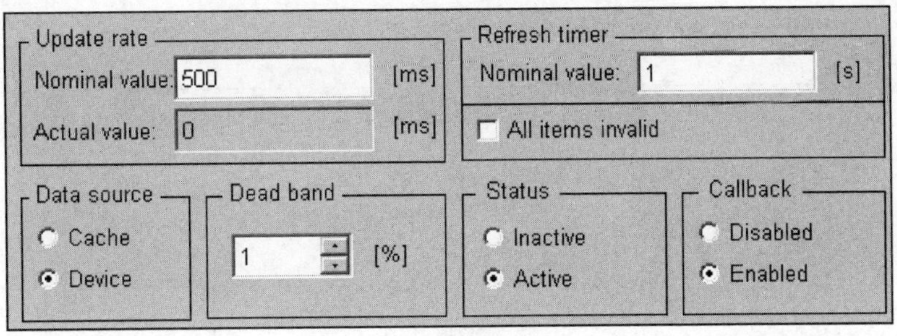

图 11-24　新建 OPC Group

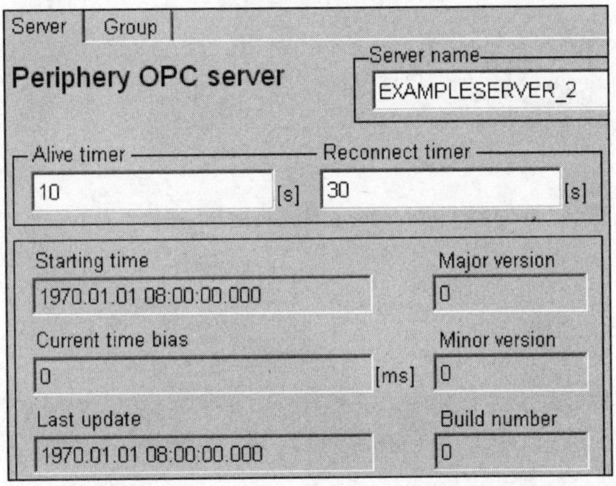

图 11-25　OPC Driver 的 Sever 状态

首先，在项目控制台中添加"Modbus Driver"Manager，此步骤同 11.2.2 中添加"IEC Driver"Manager，设置其 Options 并手动启动（此例为第三个通信驱动，故将 Options 设为-num 3），如图 11-26 所示。

在系统工程师接口 GEDI 的 System Management 面板 Driver 选项内，选择 Modbus Driver。PLC number 定义此连接

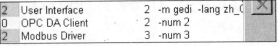

图 11-26　添加 Modbus Driver Manager

的唯一编号，Transaction timeout 定义连接超时时间，Frame coding 选择 TCP，代表采用 Modbus TCP 方式，Unit address 选择对端设备的 Modbus 节点号，在 Hostname：port number 中填写对端设备地址和端口号，勾选 Active 选框并保存连接。配置实例如图 11-27 所示。

11.3　Viewstar ICS 的数据结构

Viewstar ICS 数据库采用分层数据结构，不同层级的数据结构在数据库的管理中发挥着不同的作用，掌握数据结构对理解和操作 Viewstar ICS 数据库至关重要。本节将主要介绍 Viewstar ICS 的数据结构。

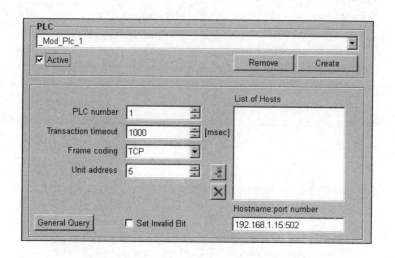

图 11-27　配置 Modbus Driver 参数

11.3.1　数据结构的分析

Viewstar ICS 的数据有三重结构，分别是数据点类型（Data Point Type）、主数据点（Master Data Point）和普通数据点（Data Point）。

（1）数据点类型（Data Point Type）

数据点类型（Data Point Type）仅规定数据的类型和结构，其中包含的每一个节点均称为一个 Node，在定义时必须根据实际需求为每一个 Node 指定其类型。图 11-28 显示了某压气站自定义数据点类型"XDX_AI_FLOAT_AC"的结构，这是一个模拟量输入数据点类型。

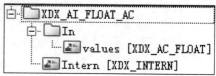

图 11-28　XDX_AI_
FLOAT_AC 数据点类型

从图 11-28 中可以看出，XDX_AI_FLOAT_AC 数据点类型包含三个 Node，信息见表 11-1。

表 11-1　XDX_AI_FLOAT_AC 数据点类型 Node 信息

序号	Node 名称	Node 类型
1	In	Struct（结构）
2	Values	XDX_AC_FLOAT（自定义数据点类型）
3	Intern	XDX_INTERN（自定义数据点类型）

图 11-29 显示了自定义数据点类型 XDX_AC_ FLOAT 的结构。
XDX_AC_FLOAT 数据点类型的部分 Node 信息见表 11-2。

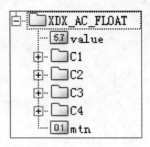

图 11-29　XDX_AC_FLOAT 数据点类型

表 11-2　XDX_AC_FLOAT 数据点类型部分 Node 信息

序号	Node 名称	Node 类型
1	Value	Float（浮点数）
2	C1	Struct（结构）
3	C2	Struct（结构）
4	C3	Struct（结构）
5	C4	Struct（结构）
6	mtn	Bool（逻辑型）

表 11-2 仅列出了 XDX_AC_FLOAT 数据点类型的第一层 Node，在 Struct（结构）类型节点（如 C1、C2、C3、C4）的下层仍包含更多 Node，在此不一一列举。XDX_AC_FLOAT 数据点类型被 XDX_AI_FLOAT_AC 数据点类型引用，作用是存储其以 Value 命名的浮点数实时值和处于不同归档周期内的历史数值。

图 11-30 显示了自定义数据点类型 XDX_INTERN 的结构。

XDX_INTERN 数据点类型的 Node 信息见表 11-3。

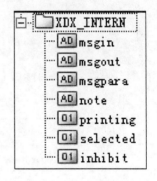

图 11-30　XDX_INTERN
数据点类型

表 11-3　XDX_INTERN 数据点类型 Node 信息

序号	Node 名称	Node 类型
1	msgin	String（字符串）
2	msgout	String（字符串）
3	msgpara	String（字符串）
4	note	String（字符串）
5	printing	Bool（逻辑型）
6	selected	Bool（逻辑型）
7	inhibit	Bool（逻辑型）

XDX_INTERN 数据点类型被 XDX_AI_FLOAT_AC 数据点类型引用，包含了其数据点的状态反馈信息，可以在脚本语言编程时调用。

（2）主数据点（Master Data Point）

主数据点（Master Data Point）继承其上层的数据点类型结构，并进一步定义每一个 Node 的 PowerConfig 标签类型。不同的 PowerConfig 标签规定了 Node 的不同属性，只有在主数据点内才可以更改 PowerConfig 标签的属性。

继续以某压气站工程数据库为例，如图 11-31 所示，XDX_AC_FLOAT 类型的主数据点为 _mp_XDX_AC_FLOAT，在主数据点内为 value 这一 Node 的定义了 _address（通信地址）、_archive（归档配置）、_alert_hdl（报警配置）、_PV_range（量程）、_distrib（描述）等 9 个 PowerConfig。

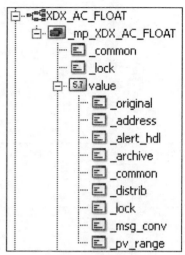

图 11-31　value 节点
的 PowerConfig 列表

（3）普通数据点（Data Point）

普通数据点（Data Point）同时继承其上层的数据点类型的结构和主数据点定义的 PowerConfig 标签属性。在普通数据点内仅能对 PowerConfig 标签的值进行修改，不能添加、删除、改变数据结构和 PowerConfig 标签属性。普通数据点（Data Point）是 Viewstar ICS 数据库的实际载体。

11.3.2　建立数据点类型（Data Point Type）

打开项目控制台工程师接口 GEDI ，在 GEDI 窗口中，单击 PARA 按钮，启动数据库管理员接口，如图 11-32 所示。

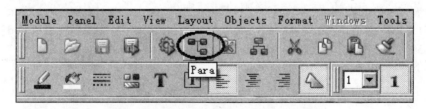

图 11-32　启动数据库管理员接口 PARA

在 PARA 界面左侧数据区域鼠标右键，选择 Create datapoint type 可以新建一个数据点类型，如图 11-33 所示。

在弹出的 Dp-Type Editor 中，填写类型名称，单击确认，如图 11-34 所示。

在新建的数据点类型上，单击右键，选择 Add node 为数据点类型添加节点，如图 11-35 所示。一个数据点类型中包含的所有节点都被称为 Node。

新的 Node 创建时，默认是 Struct 类型，也称为结构类型，其下层可以继续添加子节点，形成多层结构。如果要修改 Node 的类型，在 Node 上单击右键，选择 Element-Type，如图 11-36 所示。

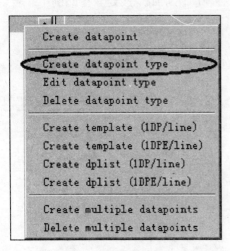

图 11-33　新建数据点类型

图 11-34　填写数据点类型名称

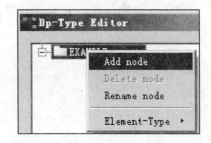

图 11-35　为数据点类型添加节点

在图 11-37 中菜单内选择 Node 的类型，例子中选择新建的节点为浮点型。

每一个 Node 既可以是 BOOL、INT 和 FLOAT 等基本类型，也可以是已创建好的其他数据点类型（Data Point Type）。如果要将 Node 指定为其他数据点类型（Data Point Type），则在图 11-37 中菜单内选择 embed DP-Type。在新弹出的窗口内会列出所有已定义的数据点类型（Data Point Type），以供选择，如图 11-38 所示。

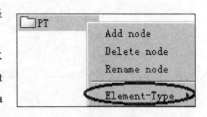

图 11-36　修改节点的类型

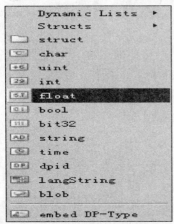

图 11-37　在 Node 中，选择基本节点类型

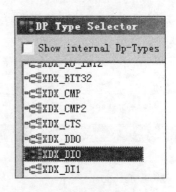

图 11-38　为 Node 选择其他数据点类型

在示例中，新建了一个名称为 EXAMPLE 的数据点类型，其包含一个名称为 PT 的浮点型节点、一个名称为 OUT 的结构。在其 OUT 结构中，分别包含一个名称为 PT 的浮点型节点和一个名称为 newNode 的 XDX_DIO 型自定义类型，如图 11-39 所示。

值得注意的是，引用的数据点类型无法修改，必须前往原始定义处。在此例中，若要修改 EXAMPLE. OUT. newNode 的属性必须要前往 XDX_ DIO 数据点类型中修改。若尝试在 EXAMPLE 数据点类型中修改 XDX_DIO 的定义，会被禁止，提示信息如图 11-40 所示。

在删除数据点类型之前，必须先将其主数据点和全部普通数据点删除，否则无法执行删除指令，如图 11-41 所示。

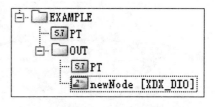

图 11-39　新建数据点类型示例

图 11-40　引用类型禁止修改原始定义属性

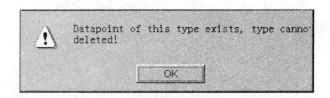

图 11-41　禁止删除存在数据点的数据点类型

11.3.3　建立主数据点（Master Data Point）

完成数据点类型的创建后，在新建的数据点类型上单击鼠标右键，选择 Create master datapoint，创建一个主数据点，如图 11-42 所示。

主数据点默认名称为"_mp_ *"，其中 * 代表数据点类型的名称。主数据点完成创建后，如图 11-43 所示。关于在主数据点中，对 PowerConfig 标签的操作，将在 11.4 中进行详细介绍。

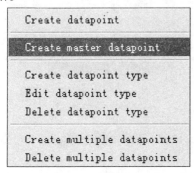

图 11-42　选择创建主数据点

图 11-43　完成主数据点创建

11. 3. 4　建立普通数据点（Data Point）

　　完成数据点类型的创建后，在数据点类型上单击鼠标右键，选择 Create datapoint，新建一个普通数据点，如图 11-44 所示。

　　Viewstar ICS 允许数据点类型内不创建主数据点，单独创建普通数据点。此时每一个普通数据点的 PowerConfig 都必须被单独配置，在实际的工程中数据点数量庞大，应用主数据点是一种高效、快捷、安全的方法。在图 11-44 中，因为之前已创建主数据点，故菜单中的 Create master datapoint（创建主数据点）选项消失。

　　普通数据点自动从主数据点继承所有的 PowerConfig 标签属性，如图 11-45 所示，新建的三个普通数据点与主数据点具有相同的属性。

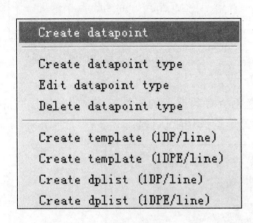

图 11-44　新建普通数据点

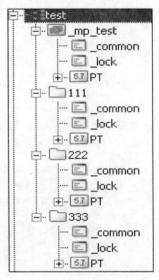

图 11-45　普通数据点示例

11. 4　数据库的配置方法

　　Viewstar ICS 提供数据库管理员接口 PARA，以进行数据配置。常用的数据配置包括：数据点的组态、数据归档和报警信息配置等。本节将以某压气站工程的模拟量输入点为例介绍数据的配置过程。

11. 4. 1　数据点的配置

　　下面将分别对三种通信连接方式中所对应的数据点进行配置。

　　在主数据点上单击鼠标右键，选择 Insert PowerConfig，插入一个新的 PowerConfig，如图 11-46 所示。

　　对于采用 IEC 104 协议通信的数据，为主数据点勾选 Periphery address 标签，在 Address 属性中选择 IEC 协议点，在此以 IEC input 为例，如图 11-47 所示。

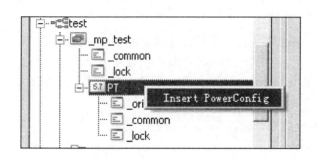

图 11-46　插入新的 PowerConfig

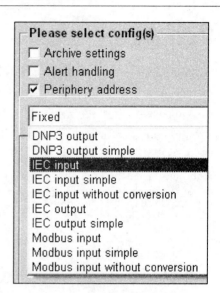

图 11-47　选择 IEC 通信协议

在弹出的提示框选择继续，如图 11-48。为避免所有数据点的属性被设置成相同，对接下来 IEC 地址、量程设置、工程量整定和归档设置等均选用默认设置。

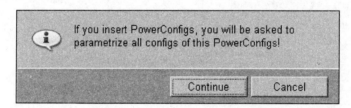

图 11-48　选择继续修改 PowerConfigs

完成以上设置后，会弹出提示信息是否接受以上修改，选择 yes，如图 11-49 所示。

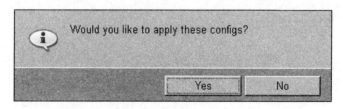

图 11-49　选择接受修改

接受修改后，对主数据点插入的 PowerConfig，将自动同步应用于全部数据点，如图 11-50 所示。

对主数据点的 PowerConfig 也可以手动同步至全部数据点，在主数据点右键选择 Transfer to all DPEs，如图 11-51 所示。

在弹出的提示框内选择确定，如图 11-52 所示，之后主数据点的 PowerConfig 就被手动同步到各数据点。

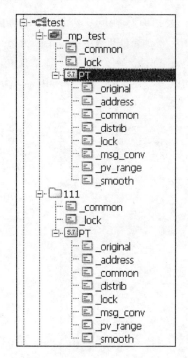

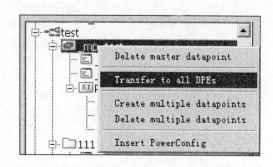

图 11-51　主数据点 PowerConfig 手动同步

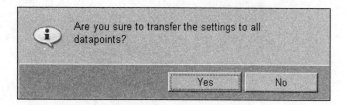

图 11-50　主数据点 PowerConfig 自动同步　　　图 11-52　确认同步主数据点 PowerConfig

以某压气站工程为例，如图 11-53 所示，数据点的 IEC 连接配置如下：Driver Number 为 Viewstar ICS 管理器中"IEC Driver"Manager 的 NO 号，Type 类型按 IEC 104 协议规定填写，即 1 表示数字量输入、45 表示数字量输出、13 表示模拟量输入、50 表示模拟量输出，此例中为模拟量输入填写编号为 13；Common Address 的 HB 位为站场代码，LB 位为设备 COP 号；Information Object Address 填写 RCI 中转换的 IEC 地址；Direction 填写数据输入输出类型；Connection name 选择建立的 IEC 连接名称。

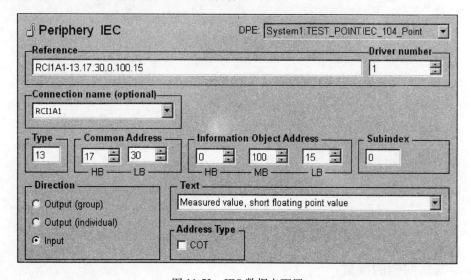

图 11-53　IEC 数据点配置

对于采用 OPC 通信的数据，其新建主点 PowerConfig 步骤和 IEC 相同，在图 11-46 页面的地址属性中选择 OPC 协议。配置如下：在 Address 属性中，选择 OPC Client，Driver number 为 Viewstar ICS 管理器中"OPC DA Client Driver"Manager 的 NO 号，Item 按照 [TOPIC] TEST 的格式填写，其中 TOPIC 为 RSLinx 中建立的 OPC TOPIC 名，TEST 为 ControlLogix 内的全局变量标签，如图 11-54 所示。

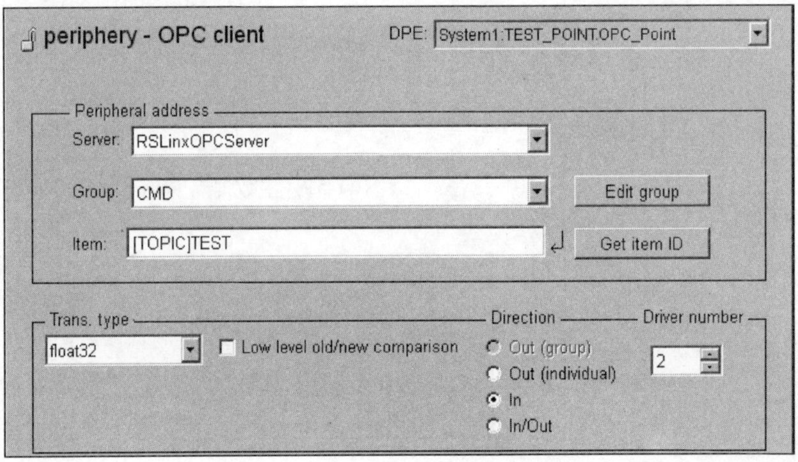

图 11-54 OPC 数据点配置

对于采用 Modbus 通信的数据，其新建主点 PowerConfig 步骤和 IEC 相同，在图 11-46 页面的地址属性中选择 Modbus 协议。配置如下：在 Address 属性中，选择 MODBUS，Driver Number 为 Viewstar ICS 管理器中"Modbus Driver"Manager 的 NO 号，FC/SFC 填写 Modbus 数据区代码，如图 11-55 所示。

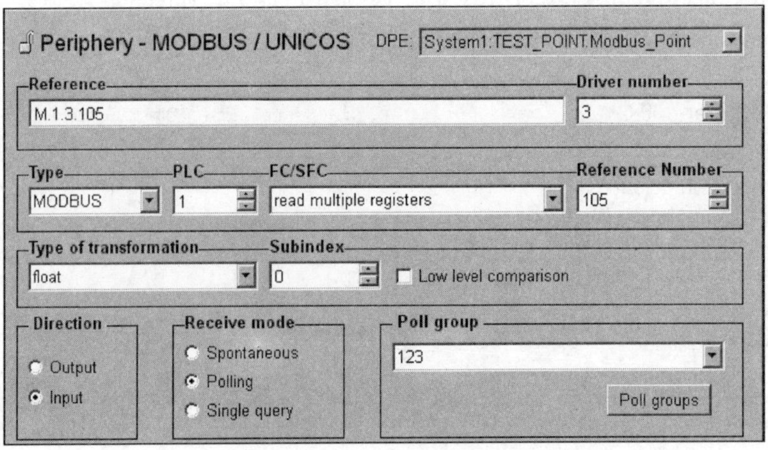

图 11-55 MODBUS 数据点配置

11.4.2 数据归档的配置

首先介绍在数据库接口 PARA 中，对数据归档信息的配置方法。数据点的归档配置可以从主数据点统一设置，在主数据点上单击鼠标右键，选择 Insert PowerConfig，插入一个新的 PowerConfig，勾选 Archive settings，如图 11-56 所示。

在弹出窗口内选择合理的数据归档方式，此配置将自动从主数据点同步至所有普通数据点，如图 11-57 所示。

某压气站的 Viewstar ICS 工程配置了六种默认归档方式，进入工程师接口 GEDI，打开 System Management 面板，使用 Database 管理工具内可以对这六种归档方式进行修改，在此不再赘述。

在普通数据点的 Archive Settings（Archiv）标签中可以修改自身归档配置信息。图 11-58 为某压气站某压力变送器的归档配置，该压力值选用第六种归档方式，即按实际数值变化归档，同时对归档数据按时间平滑处理。

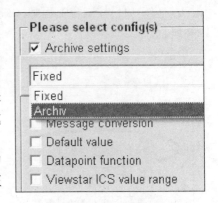

图 11-56　主数据点插入
数据归档 PowerConfig

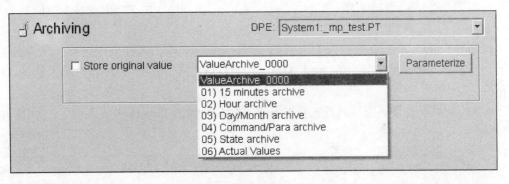

图 11-57　选择数据归档设置

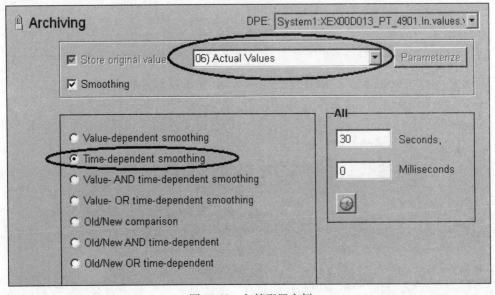

图 11-58　归档配置实例

上述方法需要针对每一类数据重复操作数据库接口 PARA，在实际系统工程中，数据点数量庞大，借助数据归档工具可以有效地提高组态工作效率。下面将介绍数据归档工具的使用方法。启动项目控制台工程师接口 GEDI，双击工程目录-Panels-AISmooth. pnl 界面，如图 11-59 所示。

单击 Save and run 按钮，将界面实际运行，如图 11-60 所示。

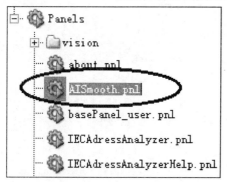

图 11-59　打开数据归档工具　　　　　　　　图 11-60　打开数据归档工具

AISmooth. pnl 运行后，在窗口右上方的 Datapoint Type 中，选择要配置归档信息的数据点类型，并单击 Select 按钮，在此以 XDX_AI_FLOAT_AC 数据点类型为例，如图 11-61 所示。

选择的数据点类型下所有的普通数据点将被列在左侧的 Datapoint 信息栏中，如图 11-62 所示。

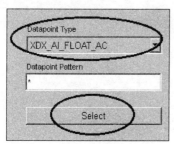

图 11-61　选择配置归档信息的数据点类型　　　　图 11-62　普通数据点信息

单击 Write Table to File，将这些普通数据点信息以文件的形式存储在工程目录下 dplist 文件夹中，文件名称随系统时间自动生成，如图 11-63 所示。

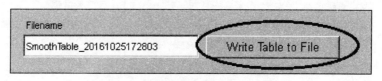

图 11-63　将普通数据点信息存储至文件

在工程目录下的 dplist 文件夹中，找到并打开刚刚导出的文件，对各数据点归档进行配置。文件中每个普通数据点占有一行，其 STD TYPE 列表示归档类型，0 代表按实际数值归档；1 代表定时归档；2 代表按实际数值和时间归档。STD TIME 列表示以秒为单位的归档时间，STD TOL 列表示归档数值，一般常用归档数值见表 11-4。

表 11-4　常用归档数值表

序号	类别	归档数值	单位
1	温度	0.1	℃
2	压力	0.001	MPa
3	流量	500	Nm^3
4	差压	0.5	kPa
5	过滤分离器液位	50	mm
6	排污罐液位	100	mm
7	阴保电位	0.1	V
8	阴保电压	1	V
9	阴保电流	1	A

在文件中完成数据点归档配置后，将文件保存关闭。回到 AISmooth. pnl 界面，单击 Read from File to Table 按钮，将修改后的归档文件读取至 Datapoint 信息栏中，如图 11-64 所示。

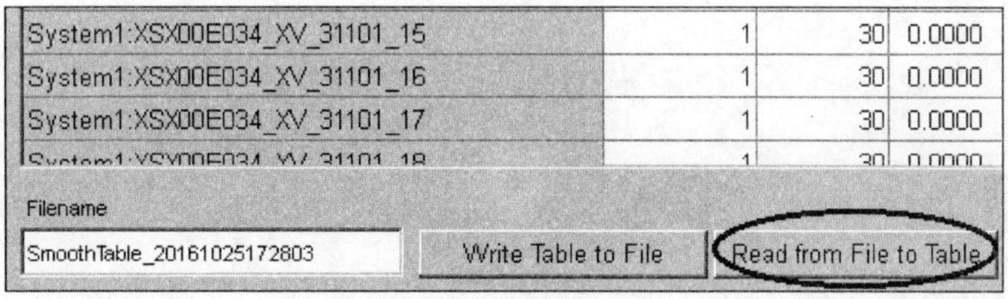

图 11-64　将修改后的配置导入 DataPoint

单击 Check Content of Table，检查归档设置，确认无误后，单击 Write Table to DPs，将归档设置导入数据库，即可完成数据归档的批量修改，如图 11-65 所示。

11.4.3　数据报警的配置

数据点的报警配置可以从主数据点统一设置，在主数据点，单击鼠标右键，选择 Insert PowerConfig，插入

图 11-65　检查配置并写入
数据库完成批量修改

一个新的 PowerConfig，选择 Alert handling，此处以 5 段数据区间报警为例，如图 11-66 所示。

在弹出窗口内可以进行具体报警配置，此配置将自动从主数据点同步至所有普通数据点，因为具体各数据点的报警配置不同，因此在主数据点内一般不进行统一的报警配置，单击确定，关闭配置窗口。

在普通数据点的 Alert handing 标签中，针对每个数据点组态报警信息，根据实际需求对不同报警区间逐一组态报警等级，如图 11-67 所示。

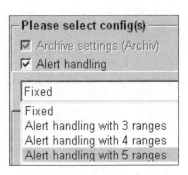

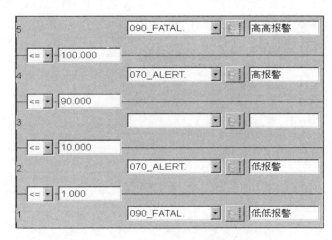

图 11-66　主数据点插入
报警配置 PowerConfig

图 11-67　报警配置实例

11.5　界面的组态

11.5.1　界面的规范

在某压气站工程中，上位机界面按照以下统一规范进行组态：

（1）图例的位置

界面选择条坐标（X = 10，Y = 0），流程图名称文本框坐标（X = 693，Y = 36）；箭头与描述文本框的位置关系为描述在上、箭头在下，外沿对齐；不同管路的相同图例左对齐，如同一区域的过滤分离器、前后电动阀，各路的图例上下距离均分。

（2）管线交汇及对齐

主管线交汇打断纵向管线，与横向管线距离不易过大；主管线与放空、排污管线交汇打断放空、排污管线，与主管线距离不易过大，如多条管线并列要上下对齐、左右均分；放空、排污管线交汇，打断纵向管线，与横向管线距离不易过大，如多条管线并列要上下对齐、左右均分。

（3）管线分层

旁通、放空、排污管线都分列位于主管线及设备图层以下。

（4）字体

系统配置、PID、PCD、ESD、自用气撬、空冷、空压和冷却塔图中文本框属性为宋体10号字；压缩机、火警图中文本框属性为宋体9号字。

11.5.2　新建界面

打开工程师接口 GEDI 后，左侧是系统界面管理面板，其中 Panels 目录存储各类界面，

SystemPanels 存储工程界面。在目录下，单击鼠标右键可以添加子目录或添加一个新的界面，以添加一个子目录为例，如图 11-68 所示。

当选择新建一个界面后，空白的界面会自动显示在右侧。在界面左侧 Property Editor 中，可以对界面的基本属性（如大小、背景颜色、起始位置和是否可见等）进行设置。以更改界面背景颜色为例，首先单击 Panel Background shows 属性按钮，然后点选 Color，如图 11-69 所示。

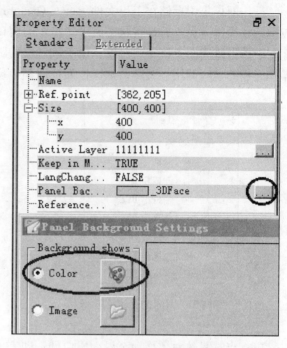

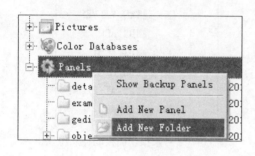

图 11-68　添加界面子目录

图 11-69　选择修改背景颜色

在 Color Selector 中，选择要设置的背景颜色，单击 OK 按钮，完成设置，如图 11-70 所示。

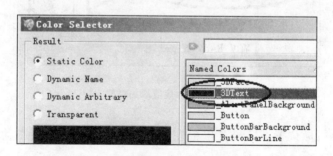

图 11-70　设置界面背景颜色属性

11.5.3　界面的组成

在 Viewstar ICS 工程中，界面主要由线段、文本、对象和操作面板构成。其中线段、文本可以利用 Viewstar ICS 界面工具，方便地绘制和编辑。对象是现场工艺设备或界面操作元素的载体，包括但不限于阀门、压缩机组、风机、工艺参数和按钮等。对象集中存储在工程文件-Panels-objects 目录下，如图 11-71 所示。在界面组态时，根据实际需求选择不同类别的新建对象，就可以继承其不同的属性。对象的显示、逻辑都依赖于嵌入其中的脚本语句，此部分内容将在下节介绍。

操作面板集中存储在工程文件-Panels-OperatingPanels 目录下，如图 11-72 所示。操作面板是站场操作人员查看设备状态或下达指令的窗口，例如：当操作人员要打开某阀门时，鼠标左键单击流程图上该阀门对象，由于该对象的脚本语言已将鼠标左键单击这一动作同阀门操作面板的显示调用相关联，则操作面板即刻显现，供操作人员使用。

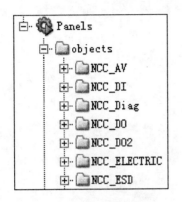

图 11-71　对象的存储位置

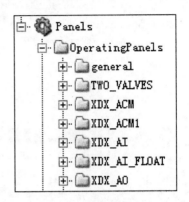

图 11-72　对象操作面板的存储位置

鼠标点选具体对象拖动至界面空白处，即完成对象的添加，如图 11-73 在界面中添加了 GV_EABV_h.pnl 这个对象。

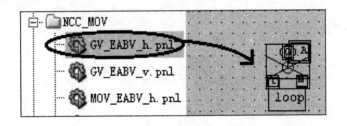

图 11-73　拖拽添加对象

将对象拖动至目标位置，并松开鼠标左键后，对象定义面板会自动弹出，如图 11-74 所示。

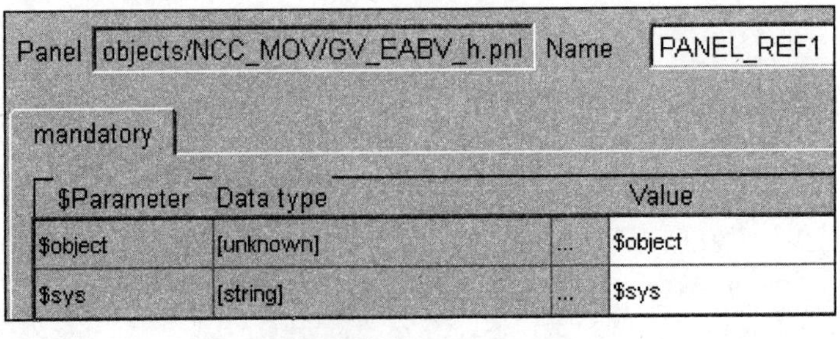

Panel	objects/NCC_MOV/GV_EABV_h.pnl	Name	PANEL_REF1

mandatory			
$Parameter	Data type		Value
$object	[unknown]	...	$object
$sys	[string]	...	$sys

图 11-74　对象定义面板

　　每一个对象必须和数据库关联，对象数据库的关联方法将在下一节中详细介绍。在界面编辑窗口内还有其他绘图工具，包括线段、组件和填充图案等，这些元素和对象通过有序组合，形成不同的 SCADA 系统操作界面。

11.5.4　对象和数据库的关联

　　界面中的对象需要与数据点相关联才能正常工作。新建某一对象后，对其双击可弹出对象定义面板，在其中 Object 的 Value 属性填入相对应的数据库普通数据点的点名，即完成了对象和数据点的关联。

　　例如，图 11-75 表示了名字为 PANEL_REF298 的对象，其对象类别是 MOV_EABV_h.pnl，其关联数据点为 XEX00D008_XV2101，这是一个电动阀对象。

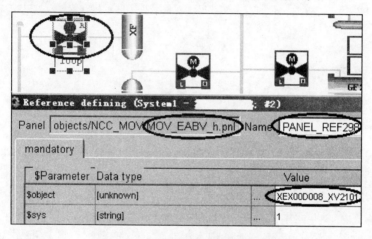

图 11-75　电动阀对象数据关联示例

　　图 11-76 表示了名字为 PANEL_REF675 的对象，其对象类别是 GOV_GLABV_h.pnl，其关联数据点为 XEX00D008_ESDV_1301，这是一个气液联动阀对象。

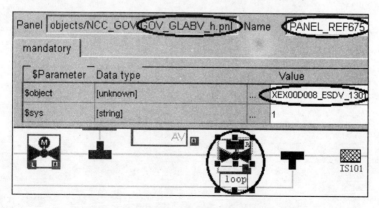

图 11-76　气液联动阀对象数据关联示例

　　图 11-77 表示了名字为 PANEL_REF755 的对象，其对象类别是 AV.pnl，其关联数据点为 XEX00D008_TT_1001，这是一个参数显示对象。

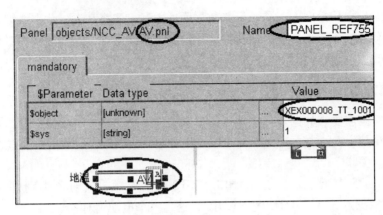

图 11-77 参数显示对象数据关联示例

11.6 脚本语言的应用

11.6.1 脚本语言

脚本语言通过逻辑运算,对界面的对象进行更为智能、复杂的操作和控制。窗口或操作面板的弹出、消失,设备状态改变的反馈显示,报警信息的显示和确认等都离不开脚本语言,可以说在 Viewstar ICS 中,脚本语言发挥着非常关键的作用。

完成界面组态后,界面中的任意一个对象(Object)都与数据点实现了相互关联。同时,在 Object 的内部,Viewstar ICS 通过脚本语言编程,把数据点的数据作为输入,对所有组件进行控制和初始化,一个非常典型的例子就是电动阀门的控制。表 11-5 为工程中,采用 XDX_MOV 数据类型的电动阀门信号清单。

表 11-5 XDX_MOV 类型电动阀信号清单

序号	点名	类型	描述
1	open	Out	开阀命令
2	close	Out	关阀命令
3	stop	Out	停阀命令
4	manual	Out	手自动选择命令
5	remote	In	就地/远控状态 0 就地/1 远控
6	opened	In	全开到位状态
7	closed	In	全关到位状态
8	opening	In	正在开状态
9	closing	In	正在关状态
10	fault	In	故障状态
11	manual	In	手自动状态 0 手动/1 自动

例如,组态数据库时,建立 XDX_MOV 类型的数据点 XSX00D013_XV_32101;在界面中,新建一个 MOV_EABV_h. pnl 类型的电动阀对象 PANEL_REF50,并将其与 XSX00D013_XV_32101 数据点相关联,如图 11-78 所示。

此时，MOV_EABV_h.pnl 的脚本以 XSX00D013_XV_32101 的输入为参数，实现对象 PANEL_REF50 这个阀门状态初始化、操作控制等功能。

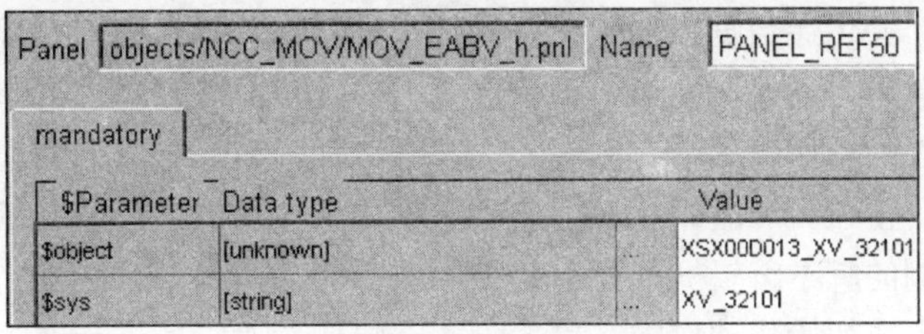

Panel objects/NCC_MOV/MOV_EABV_h.pnl	Name	PANEL_REF50

mandatory

$Parameter	Data type		Value
$object	[unknown]	...	XSX00D013_XV_32101
$sys	[string]	...	XV_32101

图 11-78　对象与数据点关联示例

11.6.2　脚本语言的嵌入

脚本语言嵌入在对象类别中，每一个对象类别由多个不同基础组件组成。以气液联动阀对象为例，其初始化、鼠标单击动作等整体交互功能编写在对象的背景组件，打开对象编辑面板，在对象边框上右键选择 Open Panel Reference 即可调出背景组件，如图 11-79 所示。

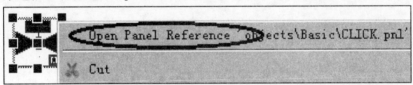

图 11-79　对象背景组件的调用

选择 Open Panel Reference 后，背景组件编辑面板将会自动弹出。在编辑面板中，选中背景组件，针对元素初始化、鼠标单击、双击、上方停留、拖放和拖动等一系列动作均可以嵌入脚本语言，左侧脚本编辑框内显示当前组件的脚本语言嵌入情况。在此示例中，仅初始化、鼠标左键单击和右键单击 3 个事件被嵌入了相应的脚本语言，如图 11-80 所示。

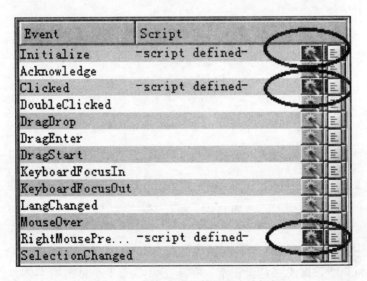

图 11-80　对象背景组件的脚本编辑框

其中，初始化脚本主要作用包括获取对象名称、数据点名称等一系列基础数据，以及检测到数据通信中断显示特殊底色等；鼠标左键单击脚本的主要作用是调用此对象的控制面板，使其上层显示，并传递数据以初始化控制面板的基本数据；鼠标右键单击脚本的主要作用是显示一个下拉菜单，通过下拉菜单项的选择，可以对对象属性进行修改。

对象中基础组件的动作脚本语言则嵌入在基础组件本身。仍以气液联动阀为例，阀门全开、全关、正在开、正在关和故障状态依靠阀门本体颜色加以区分。当鼠标左键选中阀门本体基础组件时，左侧的脚本编辑框则显示其脚本语言嵌入情况。如图 11-81 所示，阀位状态逻辑判断脚本被嵌入在初始化动作中，单击脚本编辑按钮对脚本进行编辑。

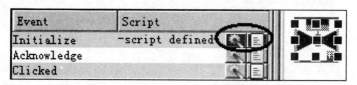

图 11-81　对象其他基础组件脚本语言的嵌入

11.6.3　脚本语言示例

下面以阀位状态显示为例，解读该脚本程序。阀位状态显示脚本代码如图 11-82、图 11-83 所示。

```
1  main()
2  {
3    dyn_errClass err;
4    string sysObject, type;
5
6    sysObject = getSysObject($sys,$object);
7
8    if (strlen($object) < 6) return;
9
10   if( !dpExists(sysObject) )
11   {
12     this.backCol = "_dpdoesnotexist";
13     return;
14   }
15
16   type = dpTypeName(sysObject);
17   dpConnect( "DisplayStateRun2", sysObject + ".In.closed:_online.._value",
18                                  sysObject + ".In.opened:_online.._value",
19                                  sysObject + ".In.opening:_online.._value",
20                                  sysObject + ".In.closing:_online.._value");
21
22   err = getLastError();
23   if (dynlen(err) > 0)
24   {
25     this.backCol = "_dpdoesnotexist";
26   }
27 }
28
```

图 11-82　脚本实例一

主函数 6 行使用 getSysObject 函数返回数据点名存于 sysObject；8 至 14 行判断数据点合法性，22 至 26 行判断数据读取是否正常，在非正常状态下，将阀门本体颜色初始化为 "_dpdoesnutexist"；17 至 20 行调用 dpConnect 函数，得到数据点的 closed、opened、opening、 closing4 个状态值，并作为参数调用 DisplayStateRun2 函数。

```
30 DisplayStateRun2(string sDP, bool bClosed,
31                  string sDP2, bool bOpened,
32                  string sDP3, bool bOpening,
33                  string sDP4, bool bClosing)
34 {
35   if (!bOpening &&!bClosing && bClosed && !bOpened)
36   {
37     this.backCol ="Ce_Valve_Closed";
38   }
39   else if (!bOpening &&!bClosing && !bClosed && bOpened)
40   {
41     this.backCol ="Ce_Valve_Opened";
42   }
43   else if (!bOpening &&bClosing && !bClosed && !bOpened)
44   {
45     this.backCol ="FCamUna";
46   }
47   else if (bOpening &&!bClosing && !bClosed && !bOpened)
48   {
49     this.backCol ="ICamUna";
50   }
51   else
52   {
53     this.backCol ="Ce_Valve_Middle";
54   }
55   ValveHeart.backCol = this.backCol;
56 }
```

图 11-83　脚本实例二

DisplayStateRun2 函数被调用后，通过判断 4 个参数的状态，对阀门本体颜色进行初始化，执行结果见表 11-6。

表 11-6　阀门本体颜色判断逻辑

序号	全关信号	全开信号	正在关	正在开	代表状态	阀门颜色
1	1	0	0	0	全关到位	Ce_Valve_Closed
2	0	1	0	0	全开到位	Ce_Valve_Opened
3	0	0	1	0	正在关	FCamUna
4	0	0	0	1	正在开	ICamUna
5	其他				中间状态	Ce_Valve_Middle

11.7　Viewstar ICS 项目的系统管理

11.7.1　手动创建界面的拓扑结构

在系统工程师接口 GEDI 中，选择 Panel Topology 工具，组态界面的拓扑结构，如图 11-84 所示。

在 Panel Topology 工具打开后，逐级建立界面的拓扑结构。在顶层级界面，鼠标单击右键，选择 Insert child node，建立一个子节点，如图 11-85 所示。

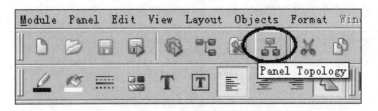

图 11-84 选择 Panel Topology 工具

图 11-85 建立拓扑结构子节点

在弹出的界面拓扑组态界面（Panel parameter）中，填写节点名称、描述说明和界面位置等信息，即可完成拓扑结构节点的添加。首先，单击节点名称修改按钮，填写节点的中、英文名称，如图 11-86、图 11-87 所示。

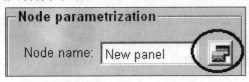

图 11-86 单击节点名称修改按钮

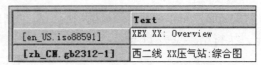

	Text
[en_US.iso88591]	XEX XX: Overview
[zh_CN.gb2312-1]	西二线 XX压气站:综合图

图 11-87 填写界面中、英文名称

单击目录按钮，并指定界面文件存储的目录，即可完成界面拓扑结构的创建，如图 11-88 所示。

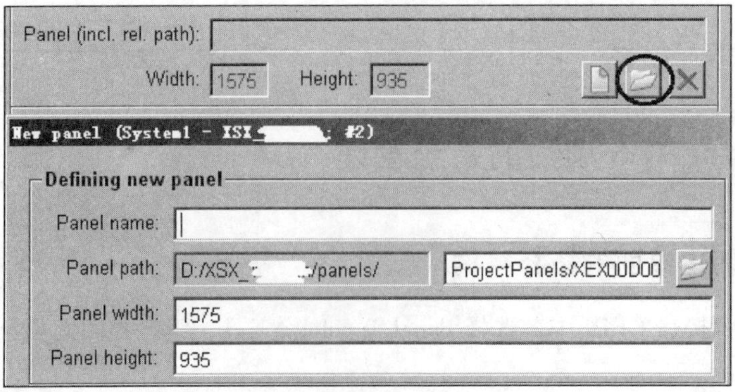

图 11-88 指定界面文件存储目录

拓扑结构的最顶层和最底层节点均为普通界面，但中间节点需要指定为 ov. pnl，它的作用是以下拉菜单的形式列出其下所有子节点，并实现子节点的界面跳转。在某压气站系统中，拓扑结构的第二层节点均为 ov. pnl，如图 11-89 所示。

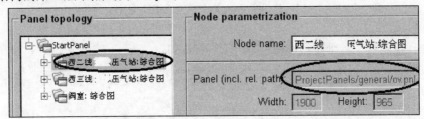

图 11-89　ov. pnl 中间节点

11. 7. 2　使用工具创建界面的拓扑结构

为方便工程组态，Viewstar ICS 自带拓扑结构导入工具，默认存储在工程文件的 Engineering 文件夹下，名称为 TopoNodes_NCC. xls。

· 打开工具 PanelTopology. manu 的界面，在 Structure 列中，填写拓扑层级编号；在 nodeNamEnglish 和 nodeNameChinese 列中分别填写本站不同拓扑层级界面的英文、中文名称；在 folder 列中，填写界面所在文件夹目录；在 file 列中，填写界面文件名称；在 PN 列中，填写工程代码；在 SC、SN 列中，填写站场或阀室的类型和编号；在 GTD 列中，填写所在地区分公司代码，如图 11-90 所示。

	Structure	nodeNamEnglish	nodeNameChinese	folder	file	$PN	$SC	$SN	$GTD
1									
2	1	WestEast3 Overview	WestEast3 Overview	ProjectPanels/Overviews/	WestEast_map.pnl				
3									
4	1.1	XSX : Overview	西三线 压气站:综合图	ProjectPanels/general/	ov.pnl	XSX00	D	003	Xinjiang
5									
6	1.1.1	XSX : CFG	西三线 压气站:配置图	ProjectPanels/XSX00D003/	cfg.pnl	XSX00	D	003	Xinjiang
7	1.1.2	XSX : PID	西三线 压气站:控制图	ProjectPanels/XSX00D003/	pid.pnl	XSX00	D	003	Xinjiang
8	1.1.3	XSX : PCD	西三线 压气站:工艺图	ProjectPanels/XSX00D003/	pcd.pnl	XSX00	D	003	Xinjiang
9	1.1.4	XSX : ESD	西三线 压气站:ESD	ProjectPanels/XSX00D003/	esd.pnl	XSX00	D	003	Xinjiang
10	1.1.5	XSX : CMP1	西三线 压气站:压缩机	ProjectPanels/general/	cmp.pnl	XSX00	D	003	Xinjiang
11	1.1.6	XSX : FAN	西三线 压气站:空冷图	ProjectPanels/XSX00D003/	fan.pnl	XSX00	D	003	Xinjiang
12	1.1.7	XSX : KL	西三线 压气站:空压图	ProjectPanels/general/	ky.pnl	XSX00	D	003	Xinjiang
13	1.1.8	XSX : LQT	西三线 压气站:冷却塔	ProjectPanels/XSX00D003/	lqt.pnl	XSX00	D	003	Xinjiang
14	1.1.9	XSX : SCS	西三线 压气站:scs操作	ProjectPanels/XSX00D003/	scs.pnl	XSX00	D	003	Xinjiang
15	1.1.10	XSX : FIR	西三线 压气站:火警	ProjectPanels/XSX00D003/	fir.pnl	XSX00	D	003	Xinjiang
16	1.1.11	XSX : FLOW	西三线 压气站:流量表	ProjectPanels/general/	flow.pnl	XSX00	D	003	Xinjiang
17	1.1.12	XSX : GAS	西三线 压气站:分析仪	ProjectPanels/general/	gas.pnl	XSX00	D	003	Xinjiang
18	1.1.13	XSX : PAR	西三线 压气站:参数表	ProjectPanels/general/	par.pnl	XSX00	D	003	Xinjiang
19									
20	1.2	XSX LVS: Overview	西三线 阀室:综合图	ProjectPanels/general/	ov.pnl				
21									
22	1.2.1	XSX LVS: #PID	西三线 阀室: #控制图	ProjectPanels/RTU/	rtu.pnl	XSX00	I	011	Xinjiang
23	1.2.2	XSX LVS: #PID	西三线 阀室: #控制图	ProjectPanels/RTU/	rtu.pnl	XSX00	E	012	Xinjiang
24	1.2.3	XSX LVS: #PID	西三线 阀室: #控制图	ProjectPanels/RTU/	rtu.pnl	XSX00	E	013	Xinjiang
25	1.2.4	XSX LVS: #PID	西三线 阀室: #控制图	ProjectPanels/RTU/	rtu.pnl	XSX00	E	014	Xinjiang
26	1.2.5	XSX LVS: #PID	西三线 阀室: #控制图	ProjectPanels/RTU/	rtu.pnl	XSX00	I	015	Xinjiang

图 11-90　在 PanelTopology. manu 中，填写拓扑信息

打卡工具的 Functions 界面，修改文件存储路径为本工程的 dplist 文件夹下，单击 Export Topology 按钮，即可生成拓扑文件，如图 11-91。若弹出就绪窗口，则说明拓扑文件已成功生成，文件名称为 PanelTopology. manu. dpl。

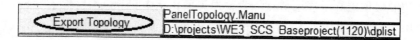

图 11-91　在 Functions 中生成拓扑文件

启动项目控制台工程师接口 GEDI，打开 System Management 面板，如图 11-92 所示。

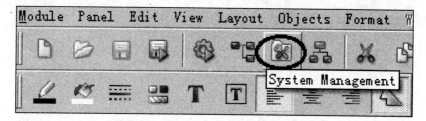

图 11-92　打开 System Management 面板

在 Database 选项内，单击 Archive，Exprt Raima 工具，如图 11-93 所示。

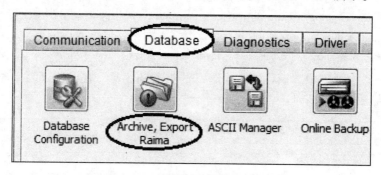

图 11-93　启动数据库，导入导出工具

在数据库导入导出工具窗口中，选择 Import，同时将 ASCII File 选择为拓扑文件路径（此处为本工程的 dplist 文件夹下），单击导入按钮，即可创建界面的拓扑结构，如图 11-94 所示。

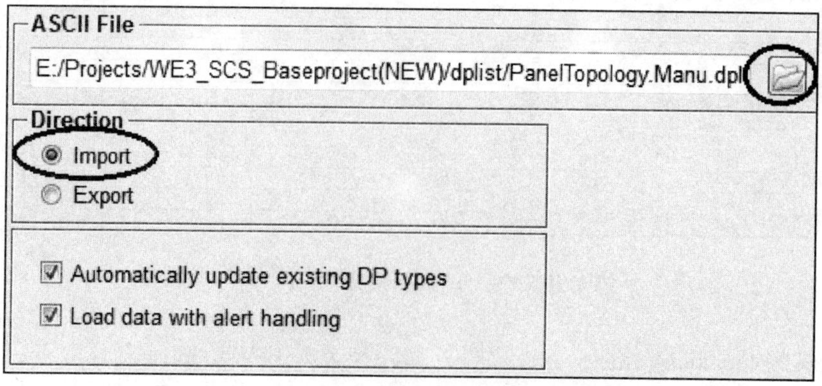

图 11-94　导入拓扑文件

　　使用拓扑结构导入工具，可以非常快捷的建立工程界面拓扑结构，在 Viewstar ICS 项目的系统管理中经常使用。

11.7.3　多级用户权限

　　Viewstar ICS 支持多级用户权限设置，包括访客、数据库工程师、系统工程师和超级用户。当需要添加或修改一个用户权限时，选择 User Interface（GEDI）组件，单击组件启动按钮，启动项目控制台工程师接口 GEDI，如图 11-95 所示。

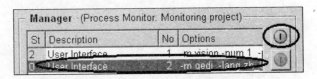

图 11-95　启动 GEDI 工程师接口组件

　　在 GEDI 工程师接口界面中，单击 System Management 按钮，如图 11-96 所示。

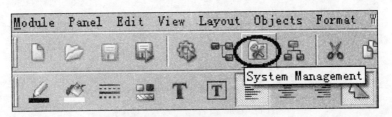

图 11-96　启动 System Management 组件

　　在面板 Permission 选项内，单击 UserAdministration，如图 11-97 所示。
　　在弹出的新窗口内，单击 Add，添加新用户，如图 11-98 所示。对已有用户，可以单击 Change 或 Deactivate，对其修改或删除。

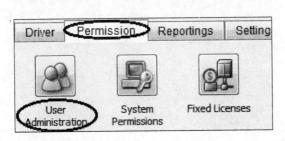

图 11-97　用户管理模块

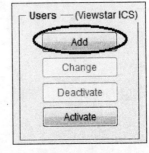

图 11-98　添加新用户

　　在 User properties 面板内，填写新用户的 User name 和 Full name；填写用户权限等描述信息；在 Language 中，选择 zh_CN. gb2312-1，如图 11-99 所示。
　　在 Group Membership 面板内，Member of 和 Not member of 分别对应了此用户具有/没有的权限级别，单击左、右箭头，可以为用户添加、删除权限级别。单击 Password，可以为此用户设置密码，面板如图 11-100 所示。

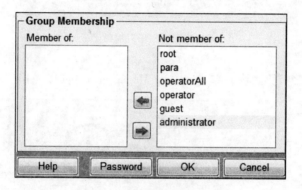

图 11-99　设置用户信息

图 11-100　设置用户权限、密码

参 考 文 献

[1] 钱晓龙. ControlLogix 系统组态与编程 [M]. 北京: 机械工业出版社, 2013.

[2] 邓李. PAC 编程基本教材 [M]. 北京: 机械工业出版社, 2012.

[3] 邓李. ContrlLogix 系统使用手册 [M]. 北京: 机械工业出版社, 2008.

[4] 钱晓龙, 李晓理. 循序渐进 PowerFlex 变频器 [M]. 北京: 机械工业出版社, 2007.

[5] 钱晓龙, 李晓理. 循序渐进 SLC500 控制系统与 PanelView 训练课 [M]. 北京: 机械工业出版社, 2008.

[6] 钱晓龙. ControlLogix 系统电力行业自动化应用培训教程 [M]. 北京: 机械工业出版社, 2008.

[7] William M. Goble. 控制系统的安全评估与可靠性 [M]. 白焰, 等译. 北京: 中国电力出版社, 2008.

[8] 汪晋宽, 马淑华. 工业网络技术 [M]. 北京: 北京邮电大学出版社, 2006.